U0240158

MDATA Cognitive Model Theory and Applications

MDATA认知模型理论及应用

贾焰 顾钊铨 李建新 方滨兴 著

人民邮电出版社
北京

图书在版编目（CIP）数据

MDATA认知模型理论及应用 / 贾焰等著. -- 北京 :
人民邮电出版社, 2024.3
ISBN 978-7-115-63074-2

Ⅰ. ①M… Ⅱ. ①贾… Ⅲ. ①计算机网络－网络安全
－研究 Ⅳ. ①TP393.08

中国国家版本馆CIP数据核字(2023)第208199号

内 容 提 要

本书主要介绍 MDATA 认知模型的理论及应用。首先，本书通过分析人类认知过程，介绍 MDATA 认知模型的定义、组成部分及工作原理。然后，本书从 MDATA 认知模型的知识表示与管理、知识获取、知识利用这 3 个角度分别介绍 MDATA 认知模型的关键技术和实现方案。最后，本书从网络攻击研判、开源情报分析、网络舆情分析、网络空间安全测评等网络安全领域的主要应用出发，介绍 MDATA 认知模型如何应用于对网络空间安全事件的认知。

本书适合高等院校网络安全相关专业的本科生和硕士生阅读，也可供从事网络安全、人工智能等领域相关工作的技术人员和研究者参考。

◆ 著　　　贾　焰　顾钊铨　李建新　方滨兴
责任编辑　张晓芬
责任印制　马振武
◆ 人民邮电出版社出版发行　北京市丰台区成寿寺路 11 号
邮编　100164　电子邮件　315@ptpress.com.cn
网址　https://www.ptpress.com.cn
北京捷迅佳彩印刷有限公司印刷
◆ 开本：710×1000　1/16
印张：15　　2024 年 3 月第 1 版
字数：273 千字　　2024 年 9 月北京第 3 次印刷

定价：128.00 元

读者服务热线：(010)53913866　印装质量热线：(010)81055316
反盗版热线：(010)81055315

Preface
前 言

网络空间安全是国家安全战略的重要组成部分，在国家网络安全重大需求牵引下，编者团队长期从事网络空间安全领域理论技术研究工作与工程系统建设工作，研发的网络攻击研判系统 YHSAS、网络舆情分析系统鹰击、开源情报分析系统天箭、鹏城网络靶场等，在网信、公安和安全等国家职能部门取得成功应用，极大地提高了我国网络安全保障能力。研制上述重要工程系统需要从理论技术研究上解决准确研判网络空间安全事件的难题，即对网络空间安全事件进行全面、准确、实时的检测或发现，并对其手段、路径、趋势、危害进行全面分析。

网络空间安全事件是指发生在网络空间中的安全事件，从系统层而言包括网络系统中的攻击行为，从内容层而言包括网络舆情事件、开源情报事件等，从应用层而言包括网络欺诈、网络窃取等针对具体应用的安全事件。网络空间安全事件具有三大特性：巨规模、演化性、关联性。其中，巨规模指网络空间安全事件数量多、规模大，涉及的网络空间数据规模巨大；演化性指网络空间安全事件会随着技术的发展而不断演化；关联性指网络空间安全事件在时间、空间等多个维度上具有复杂的关联关系。研判网络空间安全事件存在全面、准确、实时三方面的需求，其中，全面指需要覆盖所有已知的网络攻击行为、所有涉及的网络舆情事件和开源情报，不能漏检任何一个安全事件；准确指发现的安全事件真实存在，并非虚惊误报；实时指能快速检测并处置安全事件，对网络攻击等安全事件甚至能达到秒级响应，从而实现对安全事件的有效处置。由于网络空间安全事件所存在巨规模、演化性、关联性三大特性，全面、准确、实时研判网络空间安全事件是一个计算复杂度呈指数增长的关联计算问题，是一个不可实时计算的世界性难题。

借鉴人类对网络空间安全事件认知的过程及经验，编者团队提出了 MDATA 认知模型，从时间、空间及它们相互关联的维度出发，对人类认知中知识表示与管理、知识获取、知识利用这 3 个角度进行模拟，基于网络空间安全知识的预先获取和有效管理，将网络空间安全事件研判的计算复杂度降为基于大图的子图计算的复杂度，从而解决了全面、准确、实时研判网络空间安全事件的计算难题。

MDATA 认知模型由三部分组成，其中知识表示与管理指对网络空间安全知识进行有效的表示和管理；知识获取指面向多模态网络空间数据，进行网络空间安全知识的自动获取；知识利用指基于网络空间安全知识开展安全事件研判等工作。MDATA 认知模型通过这三部分不断协同工作与反馈修正，是一个活化的模型，也是网络空间安全领域的首个认知模型。MDATA 认知模型针对网络空间安全巨规模、演化性、关联性的三大特性，能满足全面、准确、实时研判网络空间安全事件的需求。为了让读者深入理解 MDATA 认知模型如何支撑对网络空间安全事件的研判，本书在前 4 章介绍 MDATA 认知模型的理论体系，在后 4 章阐述 MDATA 认知模型在网络攻击研判、开源情报分析、网络舆情分析、网络空间安全测评等领域的应用。

第 1 章认知模型概述由贾焰、顾钊铨、方滨兴主笔。该章重点介绍网络空间安全事件研判的背景和需求，分析网络空间安全事件存在的巨规模、演化性、关联性三大特性，以及研判网络空间安全事件的全面、准确、实时三大需求。同时，该章从多个已有认知模型的角度分析人类对事件的认知过程，介绍 MDATA 认知模型的组成部分和工作原理。

第 2 章 MDATA 认知模型知识表示与管理由贾焰和李建新主笔。该章重点介绍 MDATA 认知模型的知识表示与管理子模型，在分析通用的知识表示与管理方法的基础上，对网络空间安全事件研判中知识表示与管理的需求进行总结。之后，该章详细介绍适合网络空间安全领域的多种知识表示与管理方法。

第 3 章 MDATA 认知模型知识获取由贾焰和李爱平主笔。该章重点介绍 MDATA 认知模型的知识获取子模型，在传统的知识抽取与推演方法的基础上，对传统知识抽取与推演方法应用于网络空间安全领域所面临的难点和挑战进行分析。之后，该章详细介绍面向 MDATA 认知模型的知识自动抽取与知识推演方法。

第 4 章 MDATA 认知模型知识利用由贾焰和杨建业主笔。该章重点介绍 MDATA 认知模型的知识利用子模型，介绍如何将 MDATA 认知模型知识利用映射到基于大图的子图计算上。在介绍已有的子图匹配、可达路径计算等图计算方法的基础上，该章分析网络空间安全事件研判中知识利用的难点和挑战，并详细介绍面向

MDATA 认知模型的多种知识利用方法。

第 5 章 MDATA 认知模型在网络攻击研判中的应用由顾钊铨和贾焰主笔。该章重点介绍如何将 MDATA 认知模型用于网络攻击研判。在分析已有的网络攻击检测与研判技术的基础上，该章对网络攻击研判面临的难点和挑战进行总结，并介绍基于 MDATA 认知模型的网络攻击研判技术及应用效果。该章还介绍网络攻击研判系统 YHSAS 的架构、功能及典型应用。

第 6 章 MDATA 认知模型在开源情报分析中的应用由周斌、方滨兴和王晔主笔。该章重点介绍如何将 MDATA 认知模型用于开源情报分析。在分析已有开源情报分析技术的基础上，该章以科技情报为例，对当前开源情报分析所面临的难点和挑战进行总结，并介绍了基于 MDATA 认知模型的开源情报分析技术及应用效果。该章还介绍开源情报分析系统天箭的系统架构、功能及典型应用。

第 7 章 MDATA 认知模型在网络舆情分析中的应用由徐贯东和方滨兴主笔。该章重点介绍如何将 MDATA 认知模型用于网络舆情分析。在介绍网络舆情分析的背景及相关技术的基础上，该章对网络舆情分析的难点和挑战进行总结，并介绍基于 MDATA 认知模型实现主体、客体、网络结构关联分析的技术及应用效果。该章还介绍网络舆情分析系统鹰击的系统架构、功能及典型应用。

第 8 章 MDATA 认知模型在网络空间安全测评中的应用由韩伟红和贾焰主笔。该章重点介绍如何将 MDATA 认知模型用于网络系统全生命周期的安全测评。在介绍已有网络空间安全测评政策和方法的基础上，该章对目前网络空间安全测评面临的难点和挑战进行总结，并介绍基于 MDATA 认知模型的信息系统全生命周期安全测评技术及应用效果。该章还通过一个基于鹏城网络靶场的实际案例对测评的方法和效果进行介绍。

全书由贾焰、顾钊铨、李建新、方滨兴统稿。来自鹏城实验室、哈尔滨工业大学（深圳）、广州大学、国防科技大学等单位的老师和学生在本书的撰写过程中参与了材料搜集和整理工作，他们是宋翔宇、张家伟、冯文英、景晓、高翠芸、夏文、李诗逸、王乐、李树栋、张登辉等。在此对他们表示诚挚的谢意！人民邮电出版社的邹文波和张晓芬两位编辑为本书的出版做了大量工作，在此也对他们表示感谢！

MDATA 认知模型已在网络攻击研判、开源情报分析、网络舆情分析、网络空间安全测评等多个网络空间安全方向进行应用，但是网络空间安全领域复杂，涉及很多更具体的应用和场景，本书未能一一涉足。同时，如何对网络空间安全事件进行分析，不同学者仍然存在着不同的见解和方法，因此，本书也很难涵盖所有学术流派的研究思路。本书仅抛砖引玉，希望能给从事网络空间安全研究的学者一个新的思路。对于存在的疏漏之处，还望读者海涵。

编者团队

2023 年 12 月

Contents
目录

第1章 认知模型概述

网络空间安全是国家安全战略的重要组成部分，受到了各国的高度重视。网络空间数据属于典型的大数据，具有来源广、种类多、体量大的特征；网络空间发生的安全事件存在典型的巨规模、演化性、关联性三大特性，如何面向三大特性全面、准确、实时研判网络空间安全事件是一个世界性难题。借鉴人类认知网络空间安全事件的过程，在全面分析已有认知模型的基础上，本章将介绍网络空间安全领域的新认知模型——MDATA 认知模型，并介绍 MDATA 认知模型的组成原理及工作原理。

本章的结构如下。1.1 节介绍网络空间安全的背景，通过网络空间安全事件的特性来分析研判网络空间安全事件的需求和挑战。1.2 节从认知模型的角度分析人类对网络空间安全事件的认知过程，并介绍多个经典的认知模型，分析已有认知模型的优缺点。1.3 节介绍首个适用于网络空间安全领域的 MDATA 认知模型，并重点介绍该模型的组成部分和工作原理。1.4 节对本章内容进行小结。

1.1 网络空间安全的背景

随着互联网、物联网、移动互联网等信息技术的飞速发展，网络空间已经成为政治、经济、文化、社会、军事等领域的重要组成部分。网络空间的相关数据呈现出典型的大数据特征：从数据规模上来看，数据量庞大、数据增长速度快、数据种类和数据来源多样；从数据内容上来看，数据的价值性和真实性都亟须提升，这些特性为网络空间安全带来了更大的挑战。在研判网络空间安全事件时需要考虑事件的性质、来源、影响等多方面因素，通过对网络空间数据进行分析来得到事件的发生时间、攻击手段、攻击目标、攻击者身份等信息，以便采取有效的应对措施。

1.1.1 网络空间安全事件

网络空间是人类通过“网络角色”、依托“信息通信技术系统”进行“广义信号”交互的人造“活动”空间[1]，其中，“网络角色”是指产生、传输信号的主体，“信息通信技术系统”包括互联网、物联网以及各种连接信息设备的联网技术系统。随着信息技术的发展，网络空间已成为人们交流、交互、传递及处理信息的载体，是特殊的、具有高价值的空间。

网络空间安全事件是指发生在网络空间中的安全事件，我们认为其包括发生在系统层、内容层、应用层等的安全事件。从系统层而言，网络空间安全事件指发生在网络系统中的攻击行为，例如针对网络系统的渗透攻击；从内容层而言，网络空间安全事件包括网络舆情事件、开源情报事件等；从应用层而言，网络空间安全事件包括网络欺诈、网络窃取等针对具体应用的安全事件。网络空间安全事件可能会破坏网络空间的完整性、可用性和机密性，造成经济损失，影响社会稳定，并且所产生的影响会持续蔓延。

例如在勒索事件中，攻击者可以利用“永恒之蓝”等系统存在的漏洞，通过感染计算机和服务器来加密和获取用户数据，并以此向被攻击者勒索比特币赎金，从而造成用户的经济损失。SonicWall 发布的 2022 年网络威胁报告[2]显示，仅在 2022 年上半年就发生了 2.361 亿次勒索软件攻击事件，此类攻击事件是网络空间系统安全方面的典型代表。

2018 年 3 月 17 日，社交媒体巨头脸书（Facebook）公司被曝出发生重大数据泄露事件。据报道，Facebook 公司 5000 万个用户的个人信息数据遭到一家名为“剑桥分析”（Cambridge Analytica）公司的泄露。事后不久，Facebook 公司的股票价格下跌了 7%，公司市值减少了整整 370 亿美元。在这个关键时刻，Facebook 公司的首席执行官扎克伯格不仅没有及时公开回应，反而抛售股票、逃避问题，进一步损害了用户对 Facebook 公司数据保护能力的信任，也让美国政府和监管机构对其数据管理能力提出了严格的质疑。在事件发生后，美国及欧盟相关部门敦促 Facebook 公司进行调查并给出新的数据分享政策，这才让这一事件逐渐平息。从该事件可以看出，网络空间中的舆情会综合多方面的因素。只有挖掘舆情兴起的根本原因并采取应对措施，才可以有效平息网络空间的舆情。网络舆情事件是网络空间内容安全方面的典型代表。

开源情报也属于网络空间内容安全方面的典型代表，例如1950年朝鲜战争时期的格林斯潘军用材料预测事件。为了预测备战时期美军对金属原材料的需求，格林斯潘从美国军方发布的新闻报道以及政府发布的公告中获取了美国空军规模和装备的信息，预测了朝鲜战争时期各个型号战斗机的需求量，并推算出了美国政府对原材料的总需求量。最终，格林斯潘对金属原料需求量的预测非常接近当时美国政府保密文件中的数字。投资者们根据格林斯潘的预测提前购买相关金属原料，获得了高额收益。这是一起很典型的情报收集案例，格林斯潘通过收集美国军方发布的新闻报告，并综合其他维度的信息进行分析，推测出美国军方装备的规模，预测出美国军方对金属的需求量，让投资者们获利。

通过以上案例可以发现，网络空间安全事件的影响很大，会造成经济损失，甚至影响社会稳定造成严重后果。准确研判网络空间安全事件有助于及时发现网络空间安全事件，并有效防止网络空间受到进一步的恶意攻击。

1.1.2 网络空间安全事件的三大特性

网络空间安全事件具有典型的巨规模、演化性、关联性三大特性。

巨规模是指网络空间安全事件的数量多、规模大，所涉及的网络空间数据规模巨大。以网络舆情事件为例，根据Datareportal、Melwater、We Are Social联合发布的《数字2023：全球概览报告》（“Digital 2023：Global Overview Report”）[3]，全球社交媒体的用户量为47.6亿，这相当于世界人口总数的60%；根据国际数据公司（IDC）发布的白皮书[4]，全球每年产生的数据将从2018年的33 ZB增长到2025年的175 ZB，相当于每天产生约491 EB的数据。网络舆情事件每时每刻都在发生，例如网络舆情处理系统识微商情日处理10亿多条实时舆情数据[5]，这些舆情数据覆盖新闻媒体、社交媒体、主流门户网站等多个平台。由此可以看出，网络舆情事件具有明显的巨规模特性。再以网络攻击为例，巨规模是指网络空间中存在的亿种攻击、十万级漏洞、百万级资源，以及它们的复杂组合。据《中国互联网网络安全监测数据分析报告》统计，仅在2021年上半年，国家互联网应急中心捕获的恶意程序样本数量约为2307万个，日均传播次数达582万次。截至2022年，国家信息安全漏洞库发布的漏洞信息合计有199465条。截至2023年，通用平台枚举库（CPE）已收录的信息技术资源超百万种[6]。网络空间的攻击是多种类的攻击、资产、漏洞的复杂关联，准确研判网络攻击需要先应对其巨规模的特性。

演化性是指网络空间安全事件会随着技术的发展而不断演化。网络空间安全技术是信息技术发展的伴生技术。随着互联网、大数据、人工智能技术的发展，网络空间安全技术也日新月异，比如2007年物联网领域中出现了终端设备破解技术，紧接着攻击者利用该技术进行窃听攻击；再比如2014年人工智能领域中出现了对抗样本技术，紧接着攻击者利用该技术进行换脸攻击，使人工智能模型出错。随着攻击行为越来越多样，攻击者的思路越发难以预料，这造成了网络空间安全事件越来越多且越来越复杂，研判难度越来越高。

关联性是指网络空间安全事件在多个维度上具有复杂的关联行为。例如高级可持续威胁（APT）攻击，它在攻击方法、漏洞、资源以及时空上有很强的关联性。在典型的海莲花攻击中，攻击者先利用办公软件存在的漏洞对计算机进行鱼叉攻击并安装木马病毒，然后通过路由器实现木马病毒对数据库服务器的感染，最后将数据库服务器中的敏感文件窃取并回传。这些步骤之间存在联系，其中包括时间上的先后联系、IP地址上的联系等。同时，攻击者入侵的系统和漏洞之间也存在联系，不同服务器之间也存在联系。网络空间安全事件复杂的关联性导致仅使用单一维度的数据很难实现网络空间安全事件的准确研判。

1.1.3 研判网络空间安全事件的需求和挑战

网络空间安全事件的三大特性为准确研判网络空间安全事件带来了巨大的挑战，主要体现在全面、准确和实时三方面。

全面指研判网络空间安全事件时需要覆盖所有已知的网络攻击行为、所有涉及的网络舆情事件和开源情报，不能漏检任何一个网络攻击或者敏感事件。由于网络攻击种类多、攻击危害大、多个攻击行为之间的关联度高，因此研判网络空间安全事件要做到全面，避免漏检，确保能完整检测针对网络系统的攻击。

准确指发现的网络空间安全事件是真实存在的，并非凭空捏造的。对于研判网络攻击事件而言，准确是指检测的攻击行为并非虚警误报，而是真实存在的网络攻击行为。只有准确研判网络攻击事件，才能更好地分析网络系统当前的安全状况。很多安全防护设备生成安全告警的形式比较单一，导致出现大量的虚警误报，这对于准确检测出网络攻击来说是一个巨大的挑战。对于网络舆情事件或开源情报，特别是热点事件和敏感事件而言，研判不准确可能会导致采取错误的处理方式，对组织①的形象和声誉造成负面影响。然而，网络空间数据的体量大、更新速度快，这对于准确发现网络舆情事件或开源情报来说，是一个巨大的挑战。

实时指对网络空间安全事件的检测速度要快，处置要及时。对于网络攻击事件，要能够快速发现并进行预警处理，有时甚至要对网络系统进行修复，从而阻断攻击的进一步深入。对于网络舆情事件，需要在其发酵之前进行预警处理，以避免事件扩散，降低影响的程度。

准确研判网络空间安全事件是指对网络空间安全事件进行全面、准确、实时的检测，并对其手段、路径、趋势、危害进行全面分析和评估。例如，研判网络攻击事件不仅需要检测网络攻击，还需要对与其相关的攻击技术和战术、攻击发展趋势、攻击危害等进行全方位的分析。为了能够及时预警和快速响应网络空间安全事件，避免或最小化网络空间安全事件对组织造成的损失，准确研判网络空间安全事件必须满足全面、准确和实时的需求。

网络空间安全事件的巨规模、演化性、关联性三大特性使得实现全面、准确、实时检测网络空间安全事件变得极具挑战。人类研判网络空间安全事件的过程可以看作人类认知网络空间安全事件的过程，因此，我们借鉴了人类对网络空间安全事件的认知过程，通过对人类认知过程进行建模这种方法实现对网络空间安全事件的研判。

1.2 认知模型的概念及其发展历史

1.2.1 认知模型的概念

美国心理学家 George Miller[7]提出认知是指个体获取、加工、组织、存储和使用信息的过程，包括知觉、注意、记忆、思维、语言等方面。美国认知科学家 George Lakoff[8]提出认知是指个体对外部世界进行感知、理解和表达的过程，包括知觉、情感、意图、注意、记忆、推理、判断、决策等方面。在网络空间安全领域，我们认

① 本书中的组织指政府、企事业单位等机构。

为认知网络空间安全事件是指基于网络空间中的数据，全面获取网络空间安全知识，并对知识进行高效表示和管理，以及利用所获取的网络空间安全知识全面理解网络空间安全事件的过程。

美国计算机科学家 Herbert Simon 和 Allen Newell[9]提出认知过程是对外部信息进行加工和转换的过程，使该信息具有意义和价值，并且能够被存储和应用于以后的行为和决策中。彭漪涟等人[10]提出认知过程是指人脑通过感觉、知觉、记忆、思维、想象等形式反映客观对象的性质及对象间关系的过程。在网络空间安全领域中，我们认为认知过程是指通过收集、分析和管理网络空间中的数据，对网络空间安全事件进行表示、转换和管理，以便识别、理解、检测和评估网络空间安全事件的规模、影响、威胁等方面的信息。

Anderson 等人[11]提出认知模型是一个关于某种认知能力的描述，其中包括输入的信息如何被编码、如何被处理和如何被存储，以及输出如何被产生。维基百科中关于认知模型的定义是认知模型对动物（主要是人类）认知过程的近似，人们可以通过这种模型理解认知过程，并基于此进行一些预言。

目前，认知模型并没有一个统一的定义，我们认为认知模型是对认知过程可计算的建模，是一种面向知识的模型及应用过程。

1.2.2 认知模型的发展历史

经典的认知模型可以分为两类：一类是模拟人脑的结构，另一类是模拟人类的学习过程。近年来也有面向典型领域的认知模型被提出，下面我们介绍这些认知模型，并分析它们用于网络空间安全事件研判的优缺点。

1.2.2.1 模拟人脑结构的认知模型

人类对大脑的认知最早见于古希腊时期。在此之前，虽然有不少生理学家对大脑结构进行剖析，但是直到 5 世纪，人们才逐渐认可大脑的重要性。随着解剖人体禁忌的解除、比较解剖学的产生、颅相学的诞生，以及显微镜、脑电图仪等设备的出现，众多哲学家、医学家、解剖学家、伦理学家加入到对大脑的研究中。关于大脑结构的研究百花齐放，硕果累累，提高了人们对大脑的认知水平。

米开朗基罗是一位文艺复兴时期伟大的艺术家。在 16 世纪初，米开朗基罗创作了绘画作品《创造亚当》，通过该作品展示了人类对于解剖结构的深入观察与理解。

这幅作品描绘了上帝创造人类始祖亚当的场景，其中上帝用手指和亚当相接，将生命之火通过指尖传递给亚当。该作品通过其背景描绘了大脑的侧面轮廓，促进了人们对大脑结构的思考，激发了后来的科学家们对大脑结构的深入研究，并对人们关于认知、感知和行为的理解产生了深远的影响。

20 世纪是大脑结构和功能研究形成的关键时期。1906 年，Ramón y Cajal 提出了神经元学说，揭示了大脑处理信息的过程。在该学说中，感官输入的信息通过突触传递给神经元，并通过神经元之间相互连接所形成的神经网络进行传递和处理，从而使大脑可以完成各种认知任务，因此，神经元学说是建立认知模型必不可少的基础。不仅如此，神经元学说还为认知模型的发展提供了生物学依据。在神经元学说的基础上，科学家们可以借鉴神经系统的结构和功能来设计计算模型，进而将计算模型应用到认知模型的研究中。

时至今日，大脑结构的研究取得了重大进展，从脑电图到功能性磁共振成像，再到分子及细胞层面的研究都为科学家们提供了研究大脑结构和功能的新视角。大脑结构和功能的科学研究不仅有助于人们理解认知、思维、意识、语言等脑功能的机理，还有助于科学家们更好地理解智能的根本原理，从而极大地促进了模拟人脑结构的认知模型的发展。

模拟人脑结构的认知模型是一种由人工智能科学家和认知科学家共同研究出来的方法，其目的是在有限的资源和时间内，尽可能准确地模拟真实的大脑功能，帮助人们理解和解决认知行为中的复杂问题。图 1-1 展示了模拟人脑结构的认知模型发展脉络，如今常见的认知模型包括执行程序/互动控制（EPIC）、思维–理性的自适应控制（ACT-R）、层级时间记忆（HTM）等认知模型。

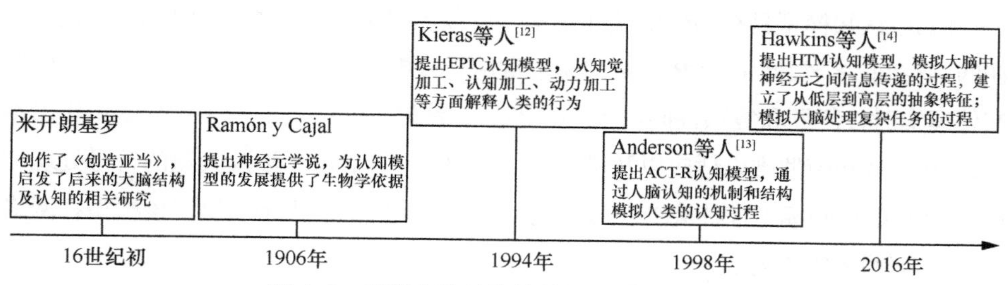

图 1-1 模拟人脑结构的认知模型发展脉络

（1）EPIC 认知模型

EPIC 认知模型最早由 Kieras 和 Meyer 提出[12]，该认知模型从多任务的并行加工来解释实际环境中的用户行为。知觉加工系统可以接收和处理来自环境的信息，该系统在 EPIC 认知模型中被称为处理器。图 1-2 所示 EPIC 认知模型的系统架构中包括听觉处理器、视觉处理器、声音加工处理器等。认知加工系统由工作记忆、长期记忆（产品记忆）和产品规则解释器组成，其中，工作记忆存储多种信息元素；产品记忆可以作为长期记忆的一部分，用于存储已完成任务的结果或产品的信息。认知加工系统传递的信息需要转化为具体的动作特征，该动作特征如果满足预先设定的反应动作的条件，那么大脑会接受命令，促使用户完成相应的实际行动。

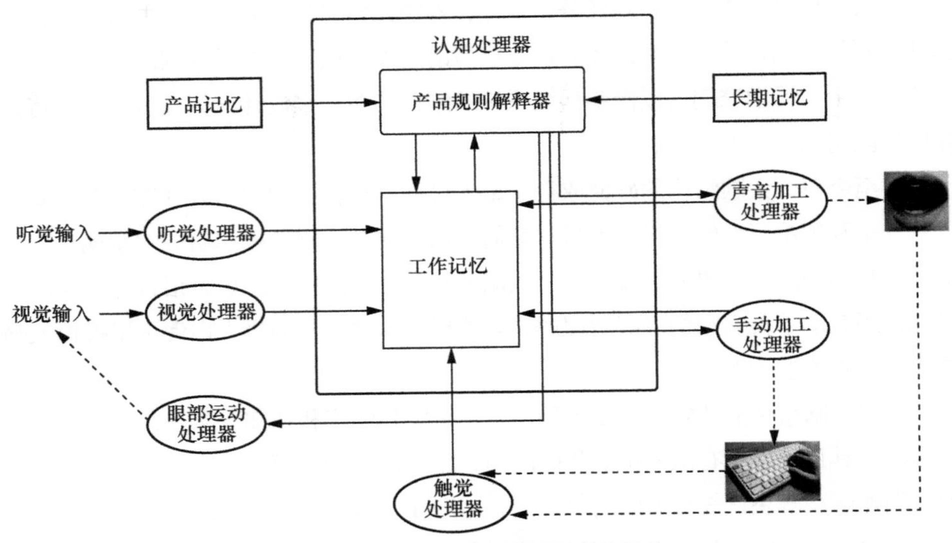

图 1-2　EPIC 认知模型的系统架构

EPIC 认知模型具有高效的认知架构，可以更好地模拟人类的思维和认知过程。在网络空间安全领域中，EPIC 认知模型常用于分析和模拟安全事件。然而，该模型在处理实时性问题和复杂性问题上存在不足。首先，网络攻击的形式及变化层出不穷，EPIC 认知模型难以适应以及进行有效调整。其次，由于涉及大量的符号处理和推理，EPIC 认知模型往往会产生较长的时延。这些缺陷极大地限制了该模型在网络空间安全领域中的应用。

网络空间安全领域涉及的因素众多，除了模拟认知过程外，技术、法律、政策等方面的因素也需要考虑在内，这需要更加智能和强大的认知模型，从而更好地提高人们对网络空间安全事件的处理能力。

（2）ACT-R 认知模型

ACT-R 认知模型由 Anderson 等人[13]提出，旨在通过人脑认知的机制来模拟人类的认知过程，实现从记忆中提取和操作信息的方法。该认知模型包括目标模块、视觉模块、动作模块和描述性知识模块，这些模块均由系统协调。在图 1-3 所示 ACT-R 认知模型的系统架构[15]中，目标模块和视觉模块分别负责描述复杂信息和视觉体验；动作模块主要包含驱动器和执行器这两个子模块，驱动器根据当前的情景和规则生成行动方案，执行器将行动方案转化为具体的行动；描述性知识模块用于组织和管理知识，帮助认知模型分析和处理复杂信息，并根据规则和表达形式提供结果。

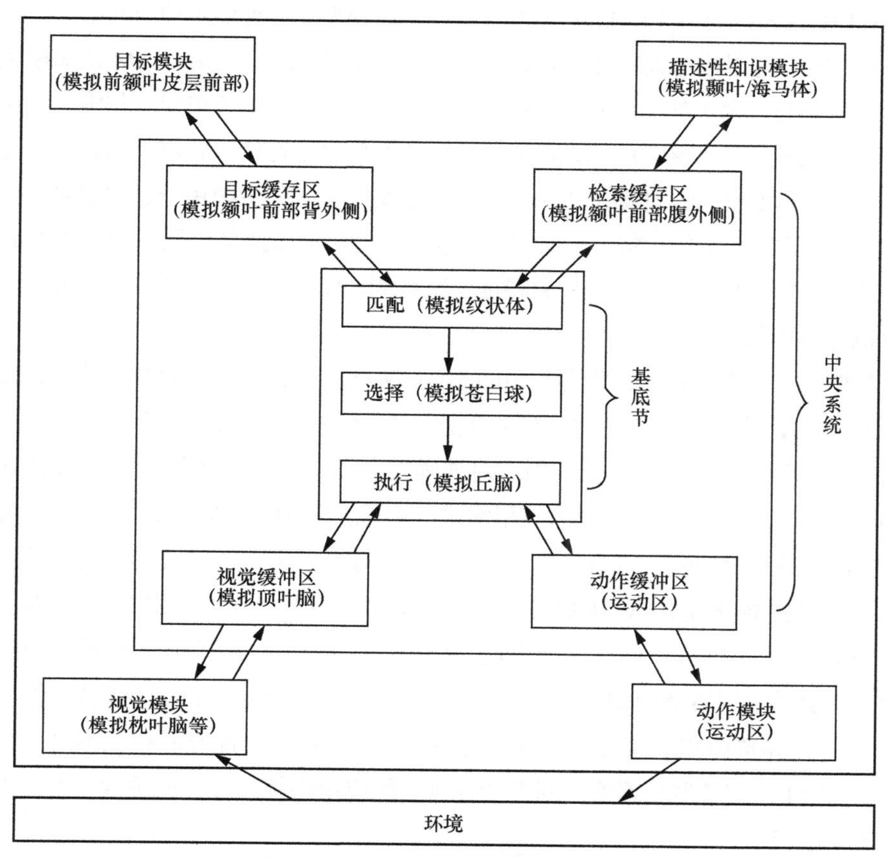

图 1-3 ACT-R 认知模型的系统架构

ACT-R 认知模型基于人脑的认知机理和结构，能够对认知过程提供有力的解释。在网络空间安全领域中，ACT-R 认知模型提供了一种可以精确模拟人类行为的有效工具。然而在全面性和准确性上，ACT-R 认知模型还存在不足。首先，ACT-R 认知模型主要关注认知过程的高层次抽象，但是无法模拟感知、记忆和情感方面的内容。例如，在描述网络钓鱼攻击时，ACT-R 认知模型无法准确描述用户在收到钓鱼邮件时的情感反应和行为。其次，ACT-R 认知模型的分析和预测基于模型的假设和参数设置，这些假设和参数设置可能与实际情况存在一定的差异，因而影响处理结果的准确性。ACT-R 认知模型难以涵盖网络空间安全领域复杂多样的因素，不能有效地提供全面的网络空间安全事件分析和预测。

（3）HTM 认知模型

HTM 认知模型由 Hawkins 等人提出[14]，该模型是一种仿生神经网络，其结构为分层结构，可以模拟大脑神经元间信息的传递模式。具体来讲，HTM 认知模型将输入信号划分为角色加工单元、忽略加工单元以及元认知加工单元，其中，角色加工单元接收来自外部环境的输入信号，并对这些信号进行初步处理和编码，以便实现模型的可理解功能；忽略加工单元关注有意义的输入，主要用于过滤重复的信息或噪声；元认知加工单元将上一层抽象特征转化为当前层抽象特征。这样，HTM 模型建立了一个从低层到高层的抽象特征层次结构，模拟人类大脑在感知、过滤、学习预测等认知任务中的功能。

HTM 认知模型基于层级结构，能够建立从低层到高层的不同抽象特征，使模型更加灵活，从而有效地处理复杂的任务，如异常模式识别、未来走势预测、数据分析等。然而，网络空间安全领域对准确性和实时性的要求极高，HTM 认知模型难以符合网络空间安全场景的应用需求。首先，HTM 认知模型需要量大且可信的数据，并基于这些数据进行训练和预测，而网络空间安全数据集规模小且获取困难，这必然会导致 HTM 认知模型训练不够，预测能力不足。例如，在应对复杂的网络攻击时，HTM 认知模型会出现误报和漏报的情况，这会极大地影响模型的准确性。其次，网络空间安全领域需要快速识别和响应攻击，而 HTM 认知模型需要大量的计算资源和时间进行训练，这会导致模型在实时性方面存在不足。综上所述，HTM 认知模型在网络空间安全领域中的应用仍然面临一些挑战，需要进一步改进和完善。

模拟人脑结构的认知模型可以帮助我们制订更好的人工智能解决方案，从而使智能技术更好地应用于自然语言处理、信息检索、图像处理等领域，为人们提供高效的服务。然而，由于人脑的结构及各个部分的交互十分复杂，基于人脑结构的认知模型很难完全精确地模拟人脑的结构和功能，无法迅速适应环境变化或新任务的出现。当应用于网络空间安全领域时，基于人脑结构的认知模型难以像人脑一样具有灵活性和适应性，无法较好地满足实时且复杂的场景需求。

1.2.2.2 模拟人类学习过程的认知模型

模拟人类学习过程的认知模型通常将人脑的学习过程抽象为数学模型，从而模拟人类对真实世界的认知。这类模型基于人类学习新知识的方式，建立了一种基于经验和反馈的学习框架。例如，计算机可以通过观察大量已经被正确标注的数据集，自动发现和提取与任务相关的特征，从而学习如何正确地完成这些任务。此外，这类模型还可以对数据进行聚类或分类，通过数据之间的相似性和不同点找到一种新的模式，从而有效地解决各种问题。图 1-4 展示了模拟人类学习过程的认知模型的发展脉络，经典的模拟人类学习过程的认知模型包括状态运算和结果（SOAR）、基于实例的学习理论（IBLT）等。

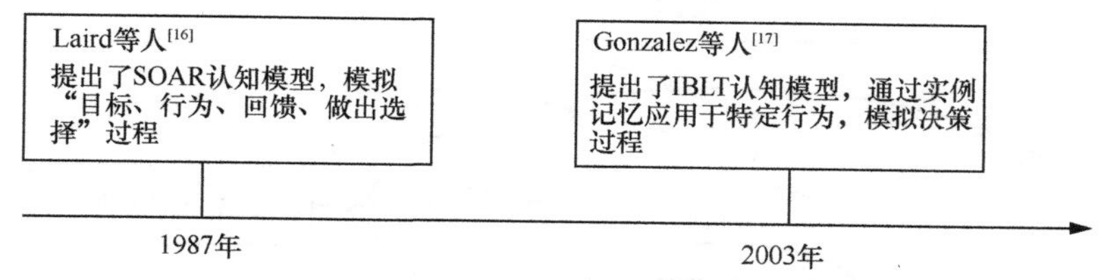

图 1-4 模拟人类学习过程的认知模型的发展脉络

（1）SOAR 认知模型

SOAR 认知模型于 1987 年由 Laird 等人[16]提出。该模型包括 3 个核心元素：状态、算子和结果，其中，状态指知识结构中所有已知的信息，算子指执行任务或操作的步骤或方法，结果指算子执行后所产生的影响或结果。SOAR 认知模型使用状态、算子和结果来模拟人类的思维过程，使机器能够像人类一样解决问题和做出决策。从图 1-5 所示 SOAR 认知模型的系统结构中可以看出，SOAR 认知模型包括产生式记忆和工作记忆，其中，产生式记忆是按产生式规则进行编码的信息，（基于符号的）工作记忆是一种存储和加工符号表示信息的临时存储区域。工作记忆的内容来源于其他模块，并且可以通过决策过程进行修改和更新，以支持任务的执行和完成。

SOAR 认知模型主要用于解决复杂的推理和决策问题，可以灵活地处理不同类型的任务。在网络空间安全领域中，SOAR 认知模型可以集成多个安全工具和系统，帮助安全分析师更快速地识别、分析和响应威胁，提高网络的防御能力。然而，网络空间安全领域对准确性和实时性的要求非常高，SOAR 认证模型依然难以满足，这主要表现在：①SOAR 认知模型需要大量的知识和规则进行建模和推理，但网络空间安全领域中的攻击方式和攻击技术变化迅速，而 SOAR 认知模型难以及时更新和适应，从而导致模型准确性下降；②SOAR 认知模型需要完整的安全数据（例如含有时空特性的数据）和大量的计算资源来进行长时间的推理和决策，而网络空间安全领域需要快速识别和响应攻击，因此，SOAR 认知模型难以实时地保障网络空间安全。综上所述，SOAR 认知模型需要进一步完善，才可以更好地应用于网络空间安全领域。

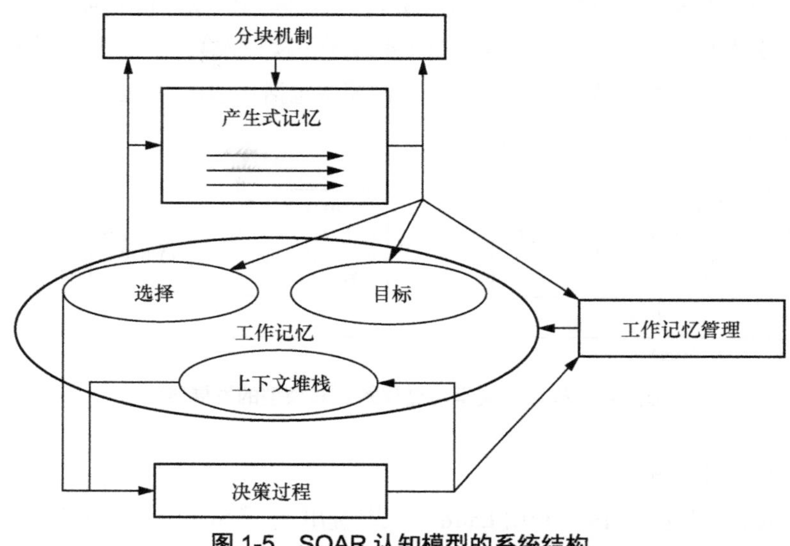

图 1-5　SOAR 认知模型的系统结构

（2）IBLT 认知模型

IBLT 认知模型由 Gonzalez 等人[17]提出，该模型在思考过程中要求学习者将所遇到的每个实例集合起来，以单独的实例作为基础进行分门别类，以达到更为深入的理解目的。通过将这种特定的实例记忆过程应用于特定行为上的方式可以有效地分离出不同的值，从而使学习者能够根据具体的情况做出恰当的抉择。IBLT 认知模型的决策过程如图 1-6 所示，可以看出，该模型在动态决策过程中通过积累来学习和完善实例，其中一个实例被定义为情景–决策–效用（SDU）三元组。当需要与动态任务交互来进行决策时，用户会根据与过去实例相似的任务识别情况，将判断策略从基于启发式的方法调整为基于实例的方法，并根据实际的行动结果反馈来完善积累的知识。

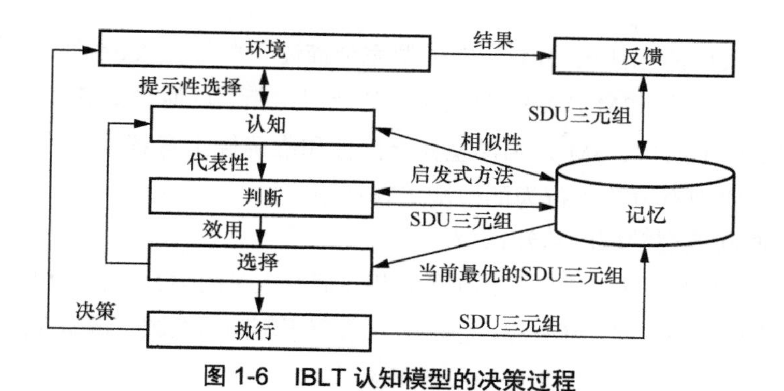

图 1-6　IBLT 认知模型的决策过程

IBLT 认知模型可以通过认知判断机制从已有的记忆中检索出类似的发生过的实例，全面考虑决策过程中的多个因素，并结合效用函数来更好地处理复杂的问题。然而，在网络空间安全领域中，该模型难以满足全面性和实时性的要求。首先，攻击者会采用多种攻击方式和技术来实施攻击，而 IBLT 认知模型主要关注信息的量化和表示，难以同时考虑多种攻击方式和技术，从而导致其在全面性上存在不足。其次，在处理大规模数据时，IBLT 认知模型需要更长的计算时间，这导致其在实时性方面存在不足。例如，攻击者会利用分布式拒绝服务（DDoS）攻击来淹没网络流量，这种攻击方式需要实时响应和处理，而 IBLT 认知模型无法及时进行推理和决策。综上所述，IBLT 认知模型侧重于分析和研究决策过程和决策结果，并不能很好地预测和防范网络空间安全攻击。

除了上述两种经典的认知模型，还有一种认知模型可以模拟人类学习过程，即 3M 认知模型。

（3）3M 认知模型

一般而言，人类对客观世界的认知可以简化为对 3 个问题的回答，即“是什么”“为什么”“怎么”。“是什么”关乎事物的本质和功能特性，用于区分该事物和其他事物的内在属性，例如可以通过事物的形式、属性、特征、性质等和事物本质直接相关的问题进行理解。“为什么”是探究事物产生的原因，即认为任何事件的发生都存在因果关系，只有正确认识事物产生的原因，才能真正地认识该事物。“怎么”则是人类理解事物具体产生的过程，具有明显的时序特性。

3M 认知模型旨在通过回答上述 3 个问题来探索和研究人类大脑的思维机制。在网络空间安全领域中，该模型可以帮助安全分析师了解各种攻击的特征以及做出有效的应对策略，提升安全分析师的专业水平，但难以全面和准确地处理网络空间安全事件。例如，某些攻击者会利用漏洞或恶意代码来实施攻击，这种攻击方式可能无法被 3M 认知模型完全描述。此外，攻击者的攻击手段和攻击策略变化多样，3M 认知模型无法做到及时更新，从而导致其在准确性方面存在不足。综上所述，3M 认知模型在全面性和准确性上有着极大的限制，这导致该模型在实现有效攻击行为的检测上存在不足。

1.2.2.3 面向典型领域的认知模型

认知模型最初是由心理学家提出的，用于研究人类的学习、思考和决策行为。随着计算机技术的发展，认知模型已经广泛应用于不同的领域，帮助人们更深入地理解和掌握业务流程，进而更好地服务于应用需求。

四维实时控制系统（4D/RCS）认知模型是基于认知过程的框架[18]，同时也是面向无人驾驶领域的认知模型。具体来讲，4D/RCS 认知模型通过将数据、描述、识别、意义这 4 种元素组合起来，实现一种多模态的感知和推理框架，可以在不同的环境中完成目标识别、行为分析、决策制定等任务。

尽管面向无人驾驶领域的认知模型和网络空间安全领域都是高度演化的领域，但它们所面临的问题和挑战有很大不同。例如，在无人驾驶领域，传感器可以提供大量质量相对较高的数据来帮助决策，而在网络空间安全领域，攻击者可以通过伪造或篡改数据来误导防御者，从而影响决策结果的准确性。不仅如此，攻击者还会随时更改攻击方式，防御者需要对这种动态的时空变化作出反应，因此面向无人驾驶领域的 4D/RCS 认知模型难以直接应用于网络空间安全领域。

虽然已有的认知模型各有特点，但在网络空间安全领域中，这些模型均存在一些问题，如实时性不强、准确性不足、全面性不够好等，因而无法全面、准确、实时研判网络空间安全事件。网络空间安全领域需要更加合适的认知模型来针对性地解决这些问题。

1.3 MDATA 认知模型

1.3.1 MDATA 认知模型的定义

MDATA 认知模型面向网络空间安全事件研判的全面、准确、实时的要求，从符合人类认知的时间、空间和时空关联这三大维度出发，基于人类对知识认知的三大步骤——知识获取、知识表示和管理、知识利用，实现了对网络空间安全事件的全面、准确、实时研判，有效解决网络空间安全事件三大属性所导致的研判难的问题。MDATA 认知模型是一种以知识为核心，结合认知方法和认知过程的新型认知模型，也是网络空间安全领域的首个认知模型。

MDATA 认知模型适用于网络空间安全领域。由于该领域的数据源众多、知识表示（KR）形式各异，MDATA 认知模型首先对该领域的知识进行统一表示与管理，消除知识表示不一致导致的认知差异；然后对不同来源、不同维度、不同形态的网络空间数据进行关联和融合，并利用人工智能、大数据等技术对知识进行抽取和自动推演，为网络空间安全事件的全面认知奠定基础；最后对网络空间安全事件进行智能分析，结合网络空间安全领域的知识，对网络空间安全事件的产生规律、影响范围、发展趋势等进行全方位的分析和研判，从而实现对网络空间安全事件的认知和准确研判。

1.3.2 MDATA 认知模型的组成部分

MDATA 认知模型包括三大组成部分：知识表示与管理、知识获取、知识利用。其中，知识表示与管理将知识合理地展示出来，为知识利用提供支撑，知识获取从海量数据（网络空间数据）中归纳出知识，为知识表示与管理提供基础；知识利用可进一步促进对知识的推演和补全，为知识获取提供更新后的数据。MDATA 认知模型的系统框架如图 1-7 所示。

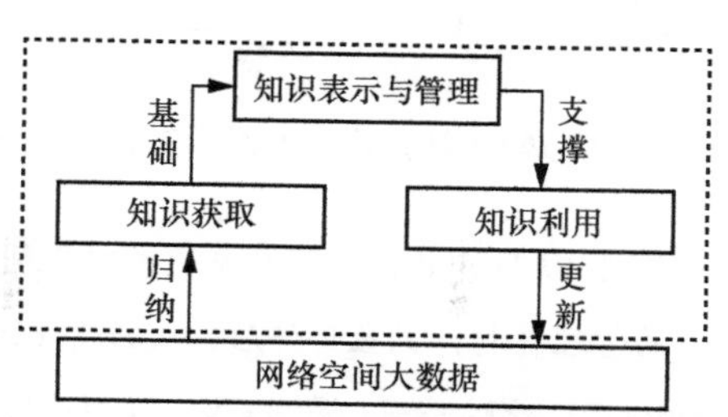

图 1-7 MDATA 认知模型的系统框架

1.3.2.1 知识表示与管理

知识表示是将复杂的、人类可理解的高阶语言转换成简单的、计算机可理解的低阶形式，便于计算机进行处理。MDATA 认知模型中的知识表示指从语义、时间、空间、时空关联等维度对网络空间安全知识进行表示。知识表示可以提高计算机的处理效率和知识表示能力，从而使计算机能够更好地理解和处理复杂的知识，更好地支撑知识利用。目前已有较多关于知识表示方面的研究，由于网络空间安全领域的知识来源广、更新速度快、时间和空间动态关联，因此已有的知识表示法无法有效地支撑网络空间安全知识的高效表示和利用。

为了对网络空间安全知识进行有效表示，MDATA 认知模型提出了图示、动态五元组、向量等知识表示法，并基于实体关系叠加时空属性，引入了时间向量、空间标量等属性，实现了复杂的动态知识的高保真表示，很好地应对了网络空间安全事件的巨规模、演化性和关联性这三大特性。此外，MDATA 认知模型还通过时空索引实现了巨规模网络攻击事件的全面覆盖与高效管理。

MDATA 认知模型的图示知识表示法如图 1-8 所示，在图 1-8 中，每个实体叠加了时间属性（T）和空间属性（S），可以有效表示网络空间安全知识的时空特性。我们以海莲花攻击事件的报告为例，展示 MDATA 认知模型的图示知识表示法如何表达一个攻击事件。

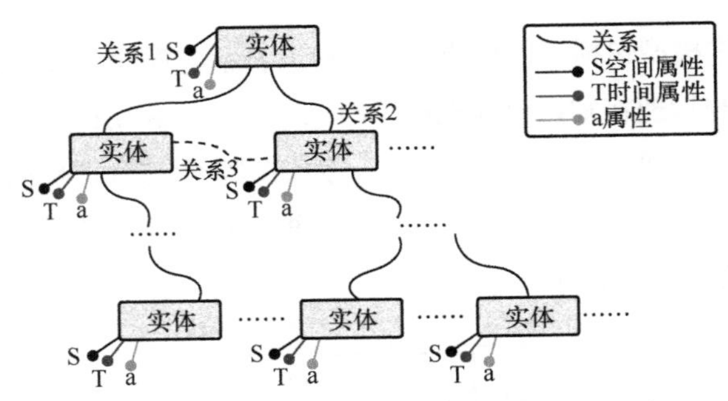

图 1-8　MDATA 认知模型的图示知识表示法

【案例 1】从 2019 年 10 月 19 日开始，某网络系统持续收到钓鱼邮件。Web 服务器（IP 地址为 192.168.12.58）的管理员打开钓鱼邮件后，攻击者（IP 地址为 101.1.35.X）利用 Microsoft.NET Framework URL 欺骗漏洞（漏洞 CVE-2011-3415）将该管理员重定向至恶意 URL（IP 地址为 101.1.35.X）进行网络钓鱼攻击。同年 10 月 20 日，攻击者利用恶意网站 Apache Web Server 安全漏洞（漏洞 CVE-2002-0840）释放远控木马，并于 10 月 22 日通过后门程序与 Web 服务器建立持久连接。之后，攻击者潜伏了一年左右。2020 年 11 月 1 日，攻击者利用 Artifex Ghostscript 漏洞（漏洞 CVE-2018-16509）从被其攻陷的 Web 服务器进行内网横向渗透，并获取了 IP 地址为 192.168.12.143 的文件服务器的控制权限。从 11 月 2 日开始，攻击者利用建立的连接将该文件服务器上的数据回传。

MDATA 认知模型从资产维度、漏洞维度和攻击维度对网络空间安全知识进行表示。例如在案例 1 中，MDATA 认知模型对该事件的第一步攻击可用知识“网络钓鱼攻击利用 CVE-2011-3415 漏洞，该漏洞存在于服务器 192.168.12.58 中”进行表示，其图示如图 1-9 所示。可以看出，网络钓鱼攻击、服务器等实体均含有时间和空间（IP 地址）属性，可有效表示动态变化的网络空间安全知识。

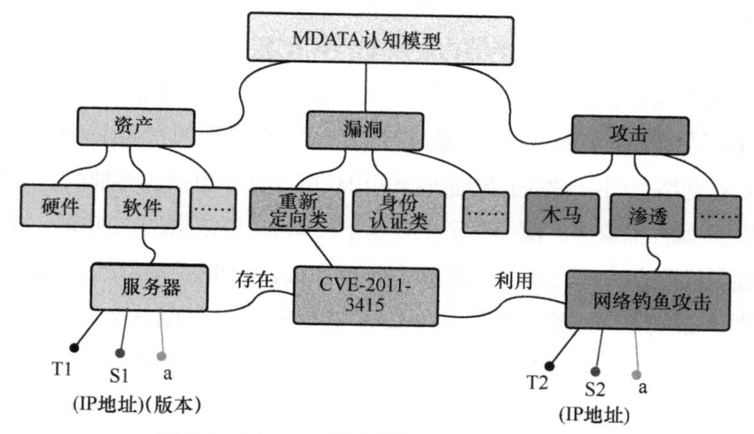

图 1-9　MDATA 认知模型对案例 1 的图示

同时，上述知识也可以通过 MDATA 认知模型的五元组（后文将详细介绍）进行表示，具体如下。

<网络钓鱼攻击，利用，CVE-2011-3415，[2019−10−19，—]，{101.1.35.X，192.168.12.58}>；

<CVE-2011-3415，存在于，服务器，—, 192.168.12.58>。

在五元组中，时间属性表示攻击发生的时间或漏洞存在于服务器的时间，空间属性表示攻击者 IP 地址、目的 IP 地址等信息。

MDATA 认知模型的向量知识表示法则将实体和关系表示为可计算的向量，通过向量计算支撑知识的推演。

知识管理（KM）是对知识进行组织、分类和存储，以提升知识的利用率，改善知识的产生率，提高知识的分享率。在知识管理中，为了更好地管理和检索知识，MDATA 认知模型建立了属性索引来帮助定位知识所在的存储位置。此外，MDATA

认知模型还针对网络空间安全知识的存储管理提出了多种时间索引和空间索引方法，实现了网络空间安全知识的高效查询，提升了知识查询效率。本书第 2 章将详细介绍 MDATA 认知模型知识表示与管理的内容。

1.3.2.2 知识获取

知识获取是指通过各种途径（如专家访谈、调查研究、文献检索等）获取知识，并将知识转化为资源，以支持组织更好地掌握知识资源。MDATA 认知模型的知识获取指基于多维度、多来源、多模态的网络空间数据，获取时空关联的网络空间安全知识。网络空间安全领域中的数据体量大、来源广泛、更新速度快，而且数据的格式多种多样，大部分数据是半结构化或非结构化数据，因此，知识获取在网络空间安全领域尤为重要，支撑着网络空间安全知识的表达和处理。

MDATA 认知模型包括一组用于获取网络空间安全知识的归纳算子和演绎算子。归纳算子主要对网络空间中的海量数据进行知识获取，其中包括实体抽取、关系/属性抽取、时间/空间属性抽取等。演绎算子主要基于已知知识来推演未知知识，其中包括基于产生式规则推理方法、基于最大似然概念推理方法、基于时空信息的关系推演方法等。

例如对于案例 1，根据归纳算子，MDATA 认知模型可以从文本“从 2019 年 10 月 19 日开始，某网络系统持续收到钓鱼邮件。Web 服务器（IP 地址为 192.168.12.58）的管理员打开钓鱼邮件后，攻击者（IP 地址为 101.1.35.X）利用 Microsoft .NET Framework URL 欺骗漏洞（漏洞 CVE-2011-3415）将该管理员重定向至恶意 URL（IP 地址为 101.1.35.X）进行网络钓鱼攻击”和“攻击者利用恶意网站 Apache Web Server 安全漏洞（漏洞 CVE-2002-0840）释放远控木马”中归纳出网络空间安全知识，这些知识的五元组如下，图示如图 1-10 所示。

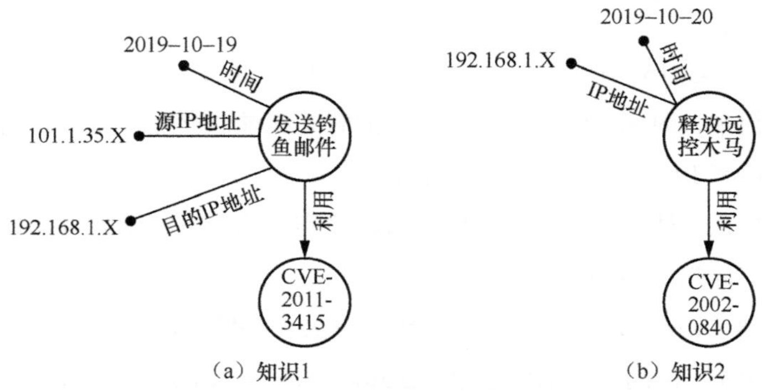

图 1-10　归纳算子获取的网络空间安全知识图示

知识1：<发送钓鱼邮件，利用，CVE-2011-3415，[2019−10−19]，[101.1.35.X, 192.168.12.58]>。

知识2：<释放远控木马，利用，CVE-2002-0840，2019−10−20，[192.168.1.X]>。

演绎算子可以对潜在的网络空间安全知识进行推演。例如，通过观察IP地址可以发现："发送钓鱼邮件"的目的IP地址是"释放远控木马"的IP地址，并且知识1发生的时间"2019−10−19"早于知识2发生的时间"2019−10−20"，所以推断出"发送钓鱼邮件"是"释放远控木马"的前序攻击步骤，即可以推理出图1-11所示知识。图1-11中虚线箭头指向的即是通过知识推演得到的知识：发送钓鱼邮件→释放远控木马。本书第3章将详细介绍MDATA认知模型知识获取的内容。

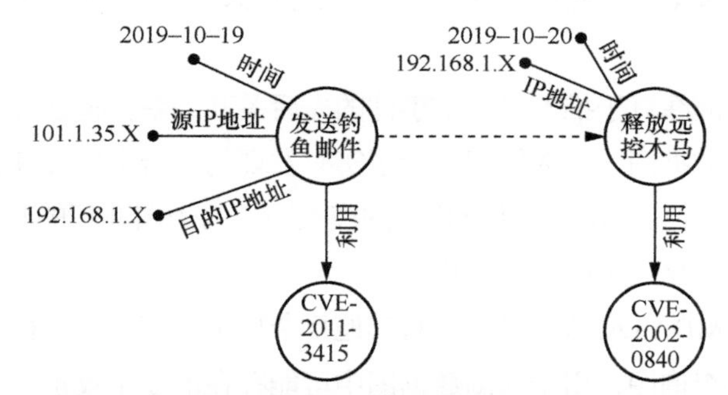

图1-11 演绎算子获取的网络空间安全知识图示

1.3.2.3 知识利用

知识利用指的是通过计算机程序（算法）将模型中蕴含的知识进行分析和提取，并应用于下游不同领域中，完成用户指定的任务和功能。对于网络空间安全事件而言，MDATA认知模型中的知识利用指的是对网络攻击事件进行全面、准确、实时的研判。

MDATA认知模型包括一系列知识利用算法，如子图匹配、可达路径查询、子图查询等图计算算法，可实现网络空间安全事件的实时检测。例如，对于案例1所展示的海莲花攻击事件，MDATA认知模型可以通过归纳算子和演绎算子获取海莲花攻击的模式图，如图1-12所示，即攻击步骤之间的关联关系。该模式图可作为子图匹配算法的查询图。

在海莲花攻击的模式图中，一个节点表示一个具体的攻击行为，如发送钓鱼邮件、释放远控木马等；边表示两个攻击行为之间的关联关系。MDATA认知模型基于该模式图检测实际发生的海莲花攻击的流程如下。

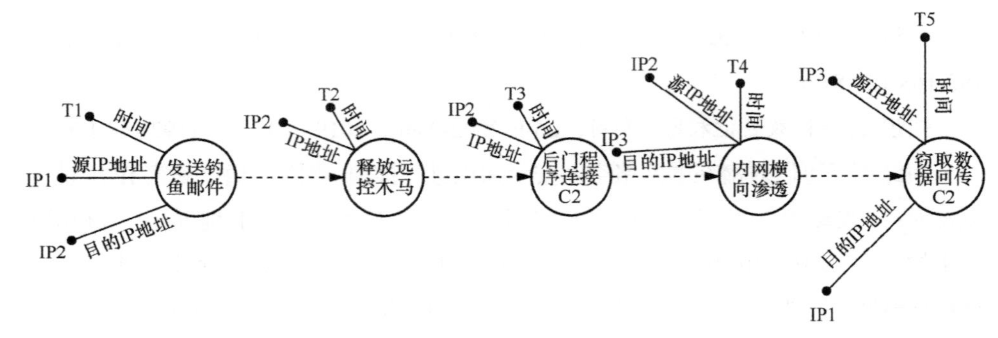

图 1-12　海莲花攻击的模式图

首先，根据采集的网络空间安全数据（如日志数据、告警数据等）抽取出其中的攻击事件。

然后，基于演绎算子推理出攻击事件的先后关联关系，将这些攻击事件动态组成一个大规模的数据图，该数据图包含了实时发现的攻击事件及其先后关联关系。

最后，将图 1-12 所示的海莲花攻击的模式图作为子图匹配的查询图，通过知识利用算法检测出数据图中的海莲花攻击。

依次类推，MDATA 认知模型可对其他复杂攻击的模式进行抽取，并将复杂攻击的模式图作为查询图，用于检测数据图中可能存在的复杂攻击。

网络空间安全领域的知识体量巨大，而网络空间安全事件的研判需要满足实时性，基于图计算的知识利用算法的复杂度会随着知识体量的增大而越来越高，因此，如何提升计算效率是 MDATA 认知模型知识利用的一个重点问题。针对该问题，MDATA 认知模型提出了基于雾云计算体系结构的解决方法。该方法将大图划分为多个小图，其架构包括雾端、中间层、云端这 3 层。雾端知识体在小图中进行快速检测，中间层知识体对检测的结果进行融合，云端知识体综合多个知识体的检测结果，并进行协同计算，从而实现完整的复杂攻击链路的检测①。

雾云计算体系结构可以对不同维度的知识库②进行融合和协同，能从全局角度对网络空间安全知识进行全面覆盖，其中的雾端能及时获取知识，进而提升网

① 这里的知识体是一个智慧的软构件，它可以是前端面向目标的简单知识抽取软构件，也可以是在云端形成的超大规模知识云，如健康知识体、天气预报知识体、人类常识知识体，等等。

② 这里的知识库可以理解为特殊维度、特殊场景下的知识体资产维度的知识库；漏洞维度或不同漏洞对应的知识库；威胁维度发生的攻击行为的知识库。我们可以将其看作雾云计算体系结构中的知识体。

络空间安全事件检测的实时性。本书第 4 章将详细介绍 MDATA 认知模型知识利用的内容。

1.3.3 MDATA 认知模型的工作原理

MDATA 认知模型的工作逻辑如图 1-13 所示。MDATA 认知模型基于采集的网络空间数据，利用归纳算子对已知网络空间安全知识进行抽取；知识表示与管理对抽取的知识进行高效表示，形成网络空间安全知识库，并通过多种索引提升知识的检索效率，支撑各种图计算算法、雾云计算体系结构的知识利用。MDATA 认知模型知识表示法可理解、可计算，支撑演绎算子推演出未知的网络空间安全知识，从而完善和更新已有的网络空间安全知识库。MDATA 认知模型是一个活化模型，通过知识表示与管理、知识获取、知识利用以及反馈和迭代来持续更新和完善网络空间安全知识。

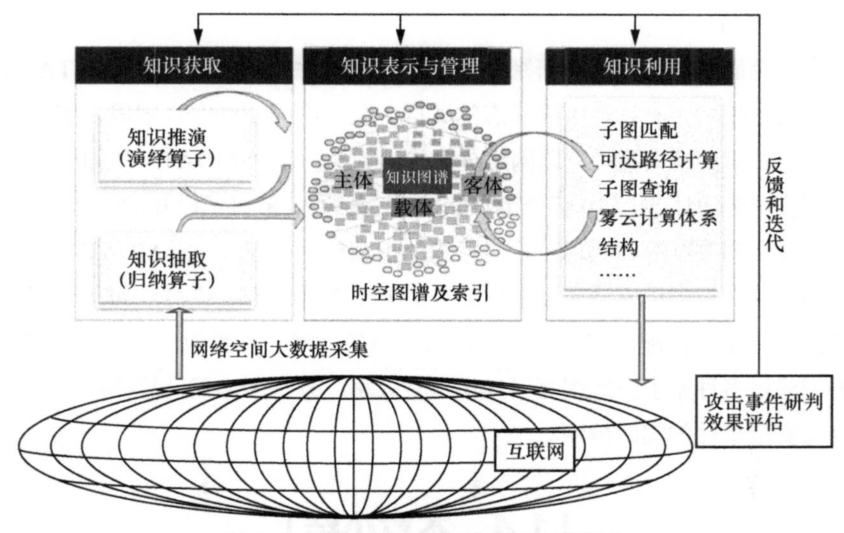

图 1-13　MDATA 认知模型的工作逻辑

1.3.4 MDATA 认知模型的创新与贡献

MDATA 认知模型是网络空间安全领域的首个认知模型，解决了全面、准确、实时研判网络空间安全事件的问题。和已有认知模型模拟人脑结构或人类认知过程不同，MDATA 认知模型是首个以知识为核心的认知模型。

MDATA 认知模型可有效满足网络空间安全事件的巨规模、演化性、关联性三大特性。MDATA 认知模型通过多种归纳算子和演绎算子，实现已知网络空间安全知识的抽取以及未知网络空间安全知识的推演，同时基于雾端、中间层、云端等多层次的知识管理，实现巨规模网络空间安全知识的表示和管理。

MDATA 认知模型知识表示构建了多种属性索引（如时间索引、空间索引和时空索引）方法，能有效表示具有时空演化特点的网络空间安全知识，满足网络空间安全事件的演化性。

网络空间安全事件具有高度关联性，如网络攻击事件和资产、漏洞、威胁行为高度关联，网络舆情事件和舆情主题、传播载体、事件信息高度关联。MDATA 认知模型知识利用如子图匹配、可达路径查询、子图查询等多种知识利用方法，实现了多维度网络空间安全知识的共享和关联，可满足网络空间安全事件的关联性。

在应对全面、准确、实时研判网络空间安全事件的挑战方面，MDATA 认知模型是一个活化模型，支持从不同模态的数据中获取网络空间安全知识，实现了对网络空间安全知识的全面覆盖。以网络攻击知识为例，基于 MDATA 认知模型构建的网络空间安全知识库包括 10 亿个节点、100 亿条边[①]，覆盖了已知的网络攻击行为、已有资产及漏洞关联等，实现了攻击行为的不漏检。不仅如此，MDATA 认知模型还通过不同的知识利用方法实现了网络空间安全事件的准确检测，如基于复杂攻击的模式图进行子图匹配，实现了复杂攻击链路的准确、完整检测。此外，MDATA 认知模型通过多种索引方式提高了知识检索效率，并基于雾云计算体系结构实现了网络空间安全事件的实时检测。

1.4 本章小结

网络空间安全事件存在巨规模、演化性和关联性三大特性，如何全面、准确、实时研判网络空间安全事件是一个世界性难题。本章介绍了网络空间安全领域的首

① 这里的数据从现实知识库中统计而来，是客观且可靠的。

个认知模型——MDATA 认知模型。MDATA 认知模型以知识为核心，对认知网络空间安全事件的过程进行建模，包括知识表示与管理、知识获取、知识利用三大组成部分，持续通过效果评估反馈进行修正，攻克了网络空间安全事件准确研判的世界性难题，支撑了网络空间安全事件三大特性。

参考文献

[1] 方滨兴. 论网络空间主权[M]. 北京：科学出版社, 2017.
[2] SONICWALL. 2022 SonicWall cyber threat report[R/OL]. (2022-10-27)[2023-06-25].
[3] KEMP S. Digital 2023: global overview report[R/OL]. (2023-01-26)[2023-06-25].
[4] REINSEL D, 武连峰, GANTZ J F, 等. IDC：2025 年中国将拥有全球最大的数据圈[R]. (2019-01)[2023-06-25].
[5] 蚁坊. 有哪些短视频舆情数据分析系统？视频舆情监测分析平台推荐[EB/OL]. (2022-03-30)[2023-06-25].
[6] BUTTNER A , ZIRING N. Common platform enumeration (CPE) — specification: version 2.1[EB/OL]. (2008-01-31)[2023-06-25].
[7] MILLER G. The magical number seven, plus or minus two: some limits on our capacity for processing information[J]. Psychological Review, 1956, 63(02): 81-97.
[8] LAKOFF G. Women, fire, and dangerous things: what categories reveal about the mind[M]. Chicago: University of Chicago Press, 2008.
[9] SIMON H, NEWELL A. Heuristic problem solving: the next advance in operations research[J]. Operations Research, 1958(06): 1-10.
[10] 彭漪涟, 马钦荣. 逻辑学大辞典: 修订本[M]. 上海: 上海辞书出版社，2010.
[11] ANDERSON J R, CRAWFORD J. Cognitive psychology and its implications[M]. San Francisco: W. H. Freeman and Company, 1980.
[12] KIERAS D E, MEYER D E. The EPIC architecture for modeling human information-processing: a brief introduction[R]. Ann Arbor: University of Michiga, 1994.
[13] ANDERSON J R, LEBIERE C J. The atomic components of thought [M]. Hillsdale: Lawrence Erlbaum Associates Publishers, 1998.
[14] HAWKINS J, AHMAD S. Why neurons have thousands of synapses, a theory of sequence memory in neocortex[J]. Frontiers in Neural Circuits, 2016(10): 1-13.
[15] 贾焰, 方滨兴. 网络安全态势感知[M]. 北京：电子工业出版社, 2020.
[16] LAIRD J E, NEWELL A, ROSENBLOOM P S. SOAR: an architecture for general intelligence[J]. Artificial Intelligience, 1987, 33(01): 1-64.

[17] GONZALEZ C, LERCH J F, LEBIERE C. Instance-based learning in dynamic decision making[J]. Cognitive Science, 2003, 27(04): 591-635.

[18] ALBUS J S. 4-D/RCS: a reference model architecture for intelligent unmanned ground vehicles[C]//Proceedings of 2000 ICRA Millennium Conference, IEEE International Conference on Robotics and Automation, Symposia Proceedings. Piscataway: IEEE, 2000: 3260-3265.

第2章

MDATA认知模型知识表示与管理

知识表示与管理是MDATA认知模型的组成部分。知识表示主要通过将人类可理解的语言转化为计算机可处理的形式，从而提高模型的知识表示能力与计算机处理效率，实现知识的自动利用。知识管理通过对知识进行有效的组织、分类、存储及检索来提高知识的利用效率。在网络空间安全领域，MDATA认知模型通过五元组和图示的形式嵌入重要的时空信息，实现对网络空间安全事件的知识表示。此外，我们还提出了基于时空信息检索的MDATA认知模型知识存储管理方法，实现对网络空间安全事件的实时研判。

本章的结构如下。2.1节介绍知识表示与管理的基本概念和研究现状。2.2节从网络空间安全事件的三大特性与网络空间安全领域的知识表示与管理的需求出发，分析并总结网络空间安全领域中现有知识表示法的需求和所面临的挑战。2.3节详细介绍适合网络空间安全领域的MDATA知识表示法、计算模型，以及知识管理方法。2.4节对本章内容进行小结。

2.1 知识表示与管理的基本概念和研究现状

2.1.1 知识表示与管理的基本概念

知识表示指通过规则将符号进行组合来描述客观世界的事实，使该事实能够被编码为计算机可处理的符号的组合，并且这些符号的组合可以由一些规则进行解释[1]。

知识管理指识别和利用组织中的集体知识来帮助组织竞争。知识管理包括知识的创建、存储、传递和应用，例如，创建内部知识、获取外部知识、将知识存储在文档中、更新知识、在内部或外部共享知识等[2]。

知识的表示和管理是相互联系、相辅相成的。只有通过知识表示将现实中的知识表示成可计算、可存储的具象化形式，知识管理才能将这些具象化的符号或模型进行整理、分类和存储，便于后续对知识进行利用。形式化的知识表示法可以使组织中的知识变得更加易于理解和处理，并能够进行自动推理和分析，因此，知识表示为知识管理提供了一种有效的知识处理方式，使组织能够更加有效地管理、利用和共享知识资源。例如，对于某安全中心在网络中监测到的一个攻击事件，该中心需要先通过知识表示法将这个攻击事件转化为计算机可以识别的形式，再通过知识管理法将该攻击事件进行归类，并存储在计算机中。当再次遇到此类攻击事件时，该安全中心可以通过查询并分析已存储的攻击事件来进行有效防御。

2.1.2 知识表示法的研究现状

常用的知识表示法包括谓词逻辑表示法（PLR）、产生式规则表示法（PRR）、知识图谱表示法、深度学习表示法、MDATA 认知模型知识表示法，图 2-1 展示了这些知识表示法的发展历程。下面，我们先介绍前 4 种知识表示法。

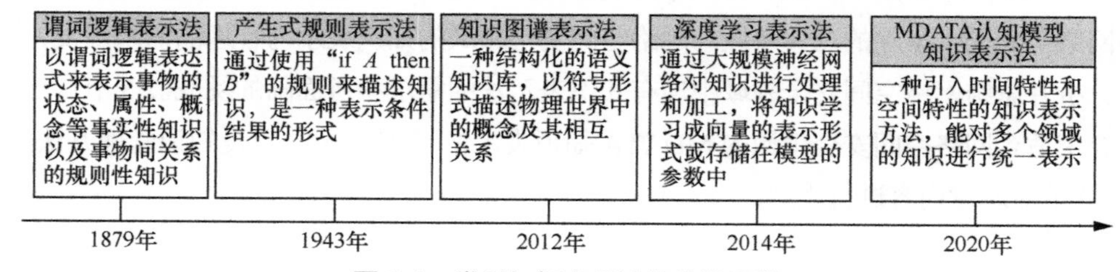

图 2-1　常用知识表示法的发展历程

2.1.2.1 谓词逻辑表示法

谓词逻辑表示法以谓词逻辑表达式来表示事物的状态、属性、概念等事实性知识，以及事物之间所具有的因果关系的规则性知识，因此是一种叙述性知识表示法[3]。用谓词逻辑表示法表示知识的一般过程为：首先定义谓词，确定每个谓词及个体的确切含义；然后根据所要表达的事物或概念，为每个谓词中的变量赋以特定的值；最后根据所要表达的知识的语义，用“与”“或”“非”等适当的逻辑联结词将各个谓词连接起来，形成谓词表达式。

例如，在海莲花攻击事件中，“发送钓鱼邮件并且释放远控木马连接后门程序”的行为可以用谓词逻辑表示法表示为：

连接（发送钓鱼邮件，释放远控木马，后门程序）←利用（发送钓鱼邮件，漏洞）∧利用（释放远控木马，漏洞）

其中，←表示条件联结词，$B \leftarrow A$ 表示当命题 A 为真时，可推理出命题 B 为真命题；∧表示合取联结词，$A \wedge B$ 表示当且仅当命题 A 和命题 B 都为真时，命题 $A \wedge B$ 为真命题。具体步骤如下。

步骤 1：定义谓词。

利用（A，C）

利用（B，C）

连接（A，B，D）

步骤 2：对谓词表达式变量进行赋值。

利用（发送钓鱼邮件，漏洞）

利用（释放远控木马，漏洞）

连接（发送钓鱼邮件，释放远控木马，后门程序）

步骤 3：通过逻辑联结词进行连接。

连接（发送钓鱼邮件，释放远控木马，后门程序）←利用（发送钓鱼邮件，漏洞）∧利用（释放远控木马，漏洞）

谓词逻辑表示法具有以下优势。

① 知识结构清晰：谓词逻辑表示法提供了一种严格的语法和语义，可以精确地描述不同类型的知识和关系。

② 推理性强：谓词逻辑表示法支持复杂的逻辑运算和推理机制，可以从已知的事实中推断出新的知识。

③ 通用性好：逻辑推理作为一种形式推理方法，具有较强的通用性，不依赖某个特定领域，可以描述不同领域的知识，例如数学、自然语言、物理、生物等领域的知识。

谓词逻辑表示法在支持知识表示上存在以下缺点。

① 知识表示过程复杂：谓词逻辑表示法的知识表示方式通常较为复杂，需要使用大量的符号和规则。

② 知识表示能力弱：谓词逻辑表示法不支持不确定性和模糊性的知识表示，也

不支持时空特性表示和关联性知识表示。

③ 可计算性差：谓词逻辑表示法的计算复杂度高，推理效率低，对于包含大规模知识的知识库查询及推理任务的计算代价高。

2.1.2.2 产生式规则表示法

产生式规则表示法通过规则来描述知识，通常使用 if *A* then *B* 语句表示条件–结果，是一种比较简单的表示知识的方法[3]，其中，*A* 描述规则的先决条件，*B* 描述规则的结论。产生式规则表示法主要用于描述知识和陈述各种过程知识之间的控制及其相互作用的机制。

例如，在海莲花攻击事件中，攻击者首先发送钓鱼邮件并释放远控木马连接后门程序，然后发动内网横向渗透攻击，最后窃取并回传数据的行为可以用产生式规则表示法表示为：

if 成功发送钓鱼邮件 then 释放远控木马

if 成功释放远控木马 then 连接后门程序

if 成功连接后门程序 then 内网横向渗透攻击

if 渗透攻击完成 then 窃取并回传数据

产生式规则表示法具有以下优点。

① 易于理解：产生式规则表示法可以用自然语言或近似自然语言的语言来表示知识，具有简单、直观的特点，易于人们理解。

② 具有双向推理性：产生式规则表示法可以实现前向推理和后向推理，适用于求解不同类型的问题。

产生式规则表示法在支持知识表示上存在以下缺点。

① 知识表示关联性差：不能很好地表示如层次关系、分类关系、时间/空间关系等复杂的结构化知识。

② 易存在矛盾规则或冗余规则：产生式规则表示法会导致规则数量过多，从而产生冗余或矛盾规则，并依赖如知识库、规则库、规则引擎等规则管理技术，使得知识的存储、管理、使用等成本大大增加。

2.1.2.3 知识图谱表示法

知识图谱（KG）是由节点和边构成的有向图，其中，节点表示现实世界中的实体，边表示两个节点之间的语义关系[4]。

知识图谱表示法表示知识的一般过程为：首先抽取实体，即识别出文本中具有特定意义的实体，并排除有歧义的同名实体；然后抽取关系，即从语料中发现实体与实体之间的语义关系；最后构建三元组，根据语义关系构建三元组<头实体，关系，尾实体>。

例如，在另一个海莲花攻击事件中，“某网络系统持续收到钓鱼邮件，Web 服务器（IP 地址为 192.168.12.58）的管理员打开了钓鱼邮件后，攻击者（IP 地址为 101.1.35.X）利用 Microsoft.NET Framework URL 欺骗漏洞（漏洞 CVE-2011-3415）将该管理员的访问重定向至恶意 URL（IP 地址为 101.1.35.X）进行网络钓鱼攻击……攻击者利用恶意网站 Apache Web Server 安全漏洞（漏洞 CVE-2002-0840）释放远控木马……远控木马通过后门程序连接 C2（攻击者），对 Web 服务器与攻击者（IP 地址为 101.1.35.X）建立持久连接”可以用知识图谱表示法表示为：

<漏洞 CVE-2002-0840，存在于，Web 服务器>

<漏洞 CVE-2011-3415，存在于，Web 服务器>

<发送钓鱼邮件，利用，漏洞 CVE-2011-3415>

<释放远控木马，利用，漏洞 CVE-2002-0840>

<后门程序连接 C2，影响，Web 服务器>

具体步骤如下。

步骤 1：实体抽取，通过识别命名实体来抽取出以下实体。

漏洞 CVE-2002-0840

漏洞 CVE-2011-3415

发送钓鱼邮件

释放远控木马

后门程序连接 C2

Web 服务器

步骤 2：关系抽取，根据语料抽取出以下语义关系。

漏洞 CVE-2002-0840 实体存在于 Web 服务器实体

漏洞 CVE-2011-3415 实体存在于 Web 服务器实体

发送钓鱼邮件实体利用漏洞 CVE-2011-3415 实体

释放远控木马实体利用漏洞 CVE-2002-0840 实体

后门程序连接 C2 实体影响 Web 服务器实体

步骤 3：构建三元组，根据语义关系构建以下三元组。

<漏洞 CVE-2002-0840，存在于，Web 服务器>

<漏洞 CVE-2011-3415，存在于，Web 服务器>

<发送钓鱼邮件，利用，漏洞 CVE-2011-3415>

<释放远控木马，利用，漏洞 CVE-2002-0840>

<后门程序连接 C2，影响，Web 服务器>

上述知识可以表示为图 2-2 所示的知识图谱。

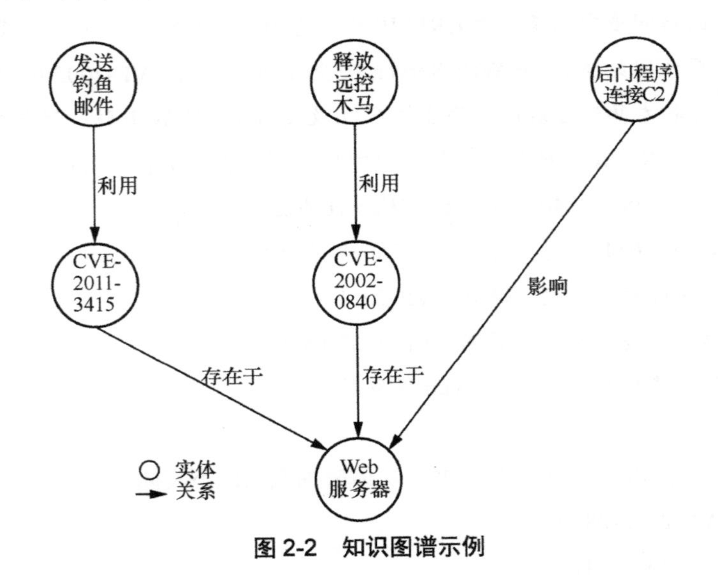

图 2-2　知识图谱示例

知识图谱表示法具有以下优势。

① 易于理解：知识图谱表示法采用图结构来表示实体间的语义关系，能够准确地描述实体、属性、关系等信息。

② 知识可扩展性强：知识图谱表示法可以基于已有的知识对知识图谱进行扩展和更新。当有新的知识需要加入知识图谱时，只需要添加一个新的节点和对应的边，不需要修改已有的结构，从而保证了图结构的稳定性和扩展性。

③ 知识可推理：知识图谱中的节点和边都带有结构信息，可以通过链路预测等方法来预测节点间新的关系知识。

知识图谱表示法存在着以下不足。

① 时空关联性差：知识图谱表示法对实体和关系的表示是静态的，不能有效描述实体和关系的动态变化。

② 可计算性差：当知识图谱的数据规模和关系复杂度不断增加时，知识图谱表

示法会出现计算代价高、实时性差等问题。

2.1.2.4 深度学习表示法

深度学习表示法通常通过大规模神经网络训练模型对知识进行处理和加工，将知识学习成向量的表示形式（又称向量表示）或存储在模型的参数中，以便对知识进行管理[5]。常用的将知识学习成向量表示的方法包括：将图像信息学习成向量表示的深度卷积神经网络模型残差网络（ResNet）、将文本中的句子学习成向量表示的自然语言处理模型平滑倒词频（SIF）、将图结构的知识学习成向量表示的图卷积神经网络模型图卷积网络（GCN）等。

深度学习表示法通过使用数据样本来训练神经网络模型，使得知识被存储在训练好的模型参数中，或者通过模型转化成向量。针对知识图谱数据，深度学习表示法将其知识学习成向量表示的一般过程为：首先嵌入文本，即通过词嵌入方法将单词转化成向量；然后嵌入实体关系，即通过关于嵌入网络的神经网络模型对向量进行微调；最后进行非线性映射，即通过全连接层将向量维度进行统一。

例如，海莲花攻击事件知识图谱中的三元组<发送钓鱼邮件，利用，漏洞 CVE-2011-3415>通过深度学习表示法学习成向量表示的步骤如下。

步骤 1：文本嵌入。通过词嵌入方法（嵌入层）对语料中的 3 个词——发送钓鱼邮件、利用、漏洞 CVE-2011-3415——进行文本嵌入，得到预处理的向量。

步骤 2：实体关系嵌入。将 3 个向量输入神经网络模型进行学习，得到更多特征的向量。

步骤 3：非线性映射。通过全连接层对向量维度进行处理，将 3 个向量的维度统一成相同的维度。

上述步骤如图 2-3 所示。

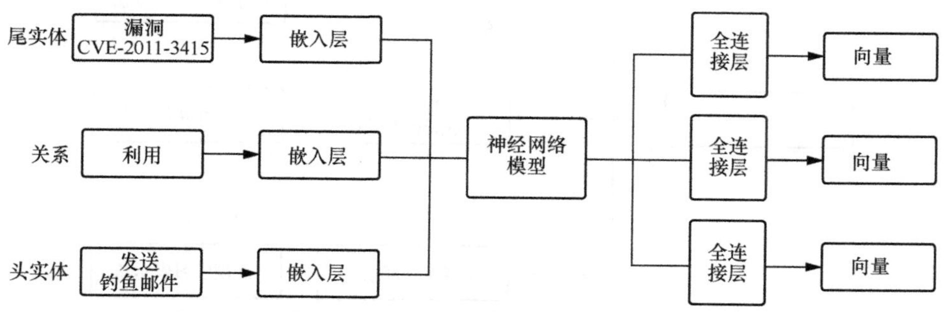

图 2-3 深度学习表示法将三元组学习成向量表示的步骤

深度学习表示法具有以下优势。

① 知识表示能力强：通过神经网络可以获取知识更多的特征信息。

② 知识表示可跨模态：深度学习表示法可以对如图像、文本、声音等不同类型的数据进行知识表示，支持跨模态的知识表示和推理。

深度学习表示法存在着以下不足。

① 知识的可解释性差：深度学习表示法的知识表示过程是黑盒的，难以解释和理解。

② 知识表示的学习成本高：深度学习表示法需要大量的数据和计算资源来进行训练和优化，对于大规模的知识表示任务甚至需要使用分布式计算和并行处理。

③ 关联性知识表示能力差：只能处理静态的知识，对于具有时间信息和空间信息的知识难以通过一种统一的方法进行知识表示。

2.1.3 知识管理方法的研究现状

知识库指由概念、事实和规则组成的知识集合体。知识库管理系统指用于管理知识库的计算机软件，能够实现知识的表达与存储、组织与更新、检索和推理等功能。大部分知识管理法是采用基于知识库构建相应的知识管理系统，例如规则库管理系统、知识图谱数据管理系统、模型库管理系统。图 2-4 展示了知识管理方法和知识表示方法的关系。

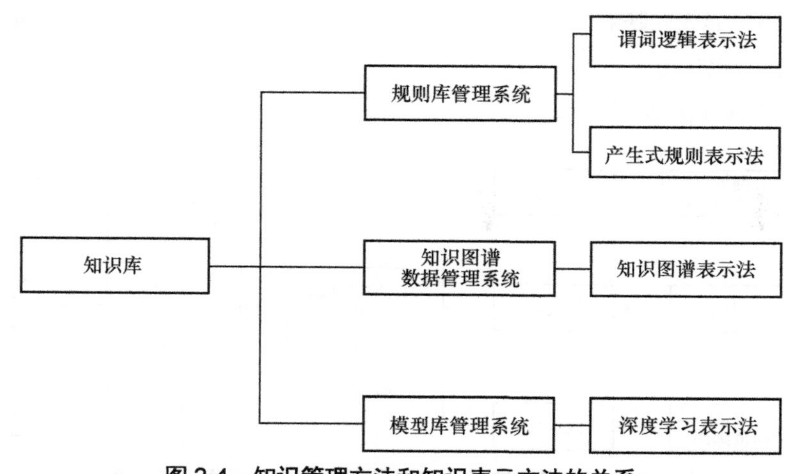

图 2-4 知识管理方法和知识表示方法的关系

2.1.3.1 规则库管理系统

规则库管理系统[6]是一种管理规则的知识库管理系统，由规则库和管理系统内核构成，其中，规则库是规则集合。规则有两种存储方式：一种是以将规则编码为元数据的形式存储在文件系统中，另一种是通过数据表将规则存储在关系数据库中。管理系统内核是一个逻辑模块，用于创建、编辑和执行规则。规则库管理系统常用于管理谓词逻辑表示法和产生式规则表示法所表示的知识，例如美团公司的规则管理系统Zeus[7]。Zeus 系统分为执行层和计算层，执行层通过具体的业务场景获得规则集合，执行完规则后将结果和对应的决策返回；计算层在规则执行时会进行规则的计算。

规则库管理系统的优点如下。

① 功能模块化：管理系统内核和其执行的规则是相对独立的，这意味着管理系统内核能够用于处理不同行业的问题，而不需要做根本性的改动。同时，在规则库中增加或修改规则也不会影响管理系统内核的功能。

② 易于知识管理：由于系统管理规则更易于更新规则库，不需要编程人员参与，因而降低了软件运维的成本，而且能基于行业需求来改变规则。

规则库管理系统的缺点如下。

① 已存在的知识难以得到有效利用：一些长时间存在且使用频率不高的知识会被移到离线规则库，新增加的知识或使用频率较高的知识会被存储在实时规则库中。由于离线规则库和实时规则库的结合不够紧密，因此规则库管理系统无法很好地利用已存在知识。

② 知识管理成本高：当非主业务增加时，规则库管理系统会产生大量与主业务无关的规则，很难在控制成本的情况下有效地管理这些规则。

2.1.3.2 知识图谱数据管理系统

知识图谱数据管理系统是一种管理知识图谱数据的知识库管理系统，由资源描述框架（RDF）三元组库和图数据处理系统构成[8]，其中，RDF 三元组库以三元组的形式存储知识图谱中的数据，图数据处理系统通过 RDF 图查询语言进行知识图谱查询。知识图谱数据管理系统常用于管理知识图谱所表示的知识，例如维基百科大规模链接知识图谱知识库——维基数据（WikiData）存储了维基百科、FreeBase 中的海量信息，在存储时会将数据结构化成三元组的形式。根据 WikiData 官网数据，截至 2023 年 7 月，WikiData 已经包含超过 10500 万个三元组，同时还支持对这些三元组知识条目的编辑、查询等操作。

知识图谱数据管理系统的优点如下。

① 知识管理成本低：知识图谱数据管理系统采用的是高效的分布式查询处理算法，支持对大规模知识图谱进行分布式查询，而且充分考虑了存储和索引结构，能够减少知识图谱的查询开销。

② 支持知识推理：知识图谱数据管理系统能够对大规模知识图谱进行分布式查询，支持本体和知识的推理（知识图谱数据与传统关系数据的最大区别在于对本体的表示和内在的知识推理能力）。知识图谱数据管理系统提供存储和查询处理层面的、支持知识图谱本体的有效管理和高效推理的功能。

知识图谱数据管理系统的缺点如下。

① 知识更新困难：真实的知识图谱数据会随时间的推移不断更新和变化，而目前知识图谱数据管理系统中的知识是只读或单向追加的，这对于大规模知识图谱的更新或维护来说比较困难。

② 知识数据集成困难：知识图谱数据管理系统难以满足对多个单独维护的知识图谱知识库或者历史遗留的知识图谱知识库进行数据集成的需求。

③ 知识一致性难保证：在知识图谱的更新过程中，知识图谱数据管理系统容易引入冗余的知识实体，以及实体间不一致的关联关系。

2.1.3.3 模型库管理系统

模型库管理系统是提供模型存储、操作和检索的软件系统[9]，主要包括模型库和模型库管理两部分。模型库以特定的结构存储相关联的模型集合，模型库管理则处理模型的存/取和管理各种控制软件，实现对模型库的有效管理。模型库管理系统常用于管理深度学习表示法表示的知识，例如阿里巴巴集团的模型库管理系统 ModelScope，该系统能够实现机器学习模型的共享、演示，以及数据集和数据指标的获取。

模型库管理系统的优点如下。

① 易于存储知识：数据库管理系统可以将模型存储在数据库中，既简化了模型检索和存储，又简化了模型库和数据库的结合。

② 知识的可用性好：用户不需要知道模型本身的信息，而是通过模型库管理系统提供的接口就可以方便地使用模型。

模型库管理系统存在模型复用性不强的缺点。由于模型库中的模型大多来源于使用者的共享，因此模型的质量不够高，代码一致性和模型结构复用面临很大的挑战。

2.2 知识表示与管理的需求与挑战

在网络空间安全领域，知识是一种非常重要的资源，因为它能够提高网络空间的安全性并防御网络攻击。网络空间安全领域的知识往往具有巨规模、演化性和关联性三大特性，因此，我们接下来研究网络空间安全知识表示与管理的实际需求，分析网络空间安全领域知识表示与管理所面临的挑战。

2.2.1 知识表示与管理的需求

为了更好地利用网络空间安全知识，对网络空间安全领域攻击事件进行检测及分析，知识表示与管理有以下几个实际需求。

需求 1：知识表示法应该是人可理解的，这意味着需要一种能够以自然语言或其他类似于自然语言的易于理解的语言来描述网络空间安全领域中的各种概念和实体。

需求 2：一种可推理的知识表示法，以便能够在知识表示中应用逻辑推理和其他推理方法，更好地帮助人们理解和分析网络空间安全事件，快速发现潜在的安全问题。

需求 3：一种推理结果可解释的知识表示法，这可以确保对网络空间安全事件的分析和解释是准确和可靠的。

需求 4：一种可扩展的知识管理法，以便能够管理和组织大量的安全相关知识，并能随着安全威胁的不断演变而不断更新。

需求 5：一种具有多维语义与时空关联性的知识表示法，能够描述事件和实体之间的时间和空间关系，以便更好地理解网络空间安全事件的时间特征和空间特征。

需求 6：知识表示法应该是可计算的，即能够利用计算机和人工智能技术来处理大量的安全相关知识，并发现潜在的安全威胁。

2.2.2 知识表示与管理的挑战

根据对网络空间安全领域的知识表示与管理所面临的 6 种需求，即人的可理解性、知识的可推理性、推理结果的可解释性、知识的可扩展性、知识的多维语义与时空关联性、知识的可计算性，我们下面分析现有的知识表示法在应对这些需求时存在的不足，以及知识表示与管理面临的挑战。

2.2.2.1 人的可理解性

人的可理解性是指人类所能够理解和掌握的各种知识、信息和经验，这些知识、信息和经验的表达方式包括语言、图像、符号等。这些表达方式应该是易于理解、表达和使用的，同时也应该符合人类的认知习惯和思维方式。然而，不同的知识表示法在支持人的可理解性上存在不同的优势与不足。

产生式规则表示法在人的可理解性方面做得相对较好，因为其规则通常以自然语言的形式来表示，易于人们理解和使用。但是，产生式规则表示法存在一些不足，例如规则的重叠和冲突，这会导致人们对规则的理解产生歧义。

知识图谱表示法在人的可理解性方面表现良好，因为它将知识以图形化的形式（知识图谱）进行呈现，易于人们直观地理解和使用。知识图谱还可以通过语义解释和可视化工具来进一步提高其可理解性。

深度学习表示法在人的可理解性方面存在一些较明显的限制。首先，神经网络模型的内部结构往往是黑盒的，也就是说，人们无法直接理解模型是如何作出决策的。其次，神经网络模型通常需要大量的数据进行训练，这些数据可能来自不同的领域、不同的语言，或具有不同的文化背景，造成模型的可移植性和普适性不足，同时增加了人们理解和使用模型的难度。最后，神经网络模型往往会产生大量的参数和中间结果，这使得其可解释性不足，难以进行直观的解释和理解。

在网络空间安全领域，知识表示法在人的可理解性上面临着挑战，这是因为网络空间安全领域的知识通常是抽象的符号和概念，难以被非专业人士所理解和使用。由此可知，知识表示法需要解决如何将抽象的符号和概念转化为易于人们理解和使用的形式的问题。符合人类认知习惯和思维方式的自然语言、图形化展示等形式应该被采用，它们可以将复杂的安全知识以易于理解和使用的形式呈现出来，这对提高人们的安全意识和网络空间的安全防护能力具有重要意义。

2.2.2.2 知识的可推理性

知识的可推理性是指采用有效的推理方法来处理大规模的网络空间安全数据和知识，从中提取出有用的信息和知识。这些推理方法可以是机器学习、逻辑推理等方法。现有的知识表示法虽然可以应用于知识推理，但是仍然受到一些限制，面临一些挑战。

谓词逻辑表示法虽然能够进行符号逻辑推理，但其推理过程比较复杂，计算量较大，因此在处理大规模数据时存在效率低的问题。

产生式规则表示法在逻辑推理方面具有一定优势，能够快速进行匹配和推理，但表达能力相对较弱，难以表示复杂的关系和约束条件。

知识图谱表示法能够将知识表示为实体、属性和关系的图形结构，可以应用于语义推理和信息抽取。但是，知识图谱表示法的表达能力和推理能力仍然需要进一步提高，例如在复杂的时间和空间关系的处理方面。

深度学习表示法可以通过学习大规模数据中的模式和规律来进行推理，具有良好的泛化性能，可以处理大规模、复杂的网络空间安全数据和知识。但是，深度学习表示法的可解释性较差，难以清晰地解释其推理过程和结果。

2.2.2.3 推理结果的可解释性

推理结果的可解释性指的是能够对推理结果进行解释和说明，让人们能够理解推理的过程和结果，并对推理结果进行验证和调整。在网络空间安全领域，推理结果的可解释性尤为重要，因为它关乎对网络威胁和风险的识别和处理是否准确和可靠。然而，不同的知识表示法在推理结果的可解释性上仍存在着一些不足。

谓词逻辑表示法和产生式规则表示法在进行推理时，往往会采用基于数学表达式的计算方法，这样虽然能够实现高效的推理，但得到的推理结果往往只是简单的“是”或“否”，无法提供更多的细节和解释。

深度学习表示法在大规模数据处理方面表现优异，但是其内部推理过程是黑盒的，无法提供可解释性的结果。逻辑推理虽然具有较好的可解释性，但是在面对复杂的知识和关系时，其推理效率和准确性往往不足以满足实际需求。

由此可知，知识表示法需要在保证推理效率和准确性的同时，还能够提供可解释的推理结果，这是知识表示所面临的挑战。

2.2.2.4 知识的可扩展性

知识的可拓展性在网络空间安全领域是非常关键的，因为网络空间安全领域的知识和技术在不断地发展和演化。随着时间的推移，新的攻击方式和威胁会不断出现，因此需要及时地将新的知识和技术集成到现有的知识库中，以便更好地支持新的应用场景，满足新的需求。另外，网络空间安全领域的数据和知识通常有多个来源，因此，知识表示法的可扩展性还包括能够方便地集成不同来源的知识。然而，不同的知识表示法在可扩展性方面存在以下优势和限制。

谓词逻辑表示法和产生式规则表示法在知识可扩展性方面较弱。谓词逻辑表示法通常需要人工设计和定义谓词，这在面对新的领域和应用时会变得非常困难；产生式规则表示法的规则通常是针对特定应用场景或问题而设计的，因此这两者均不能方便地应用于其他领域。

知识图谱表示法在知识的可扩展性方面具有很大优势，可以从不同的来源和领域中提取知识，并将这些知识进行组织和集成。此外，知识图谱还可以通过自动化的方式对新的知识进行扩充和更新，从而保持知识库的时效性和准确性。但是，知识图谱表示法的构建和维护需要大量的时间和资源，并且需要专业的领域知识。

深度学习表示法在处理大规模数据和知识时具有很强的扩展性和适应性，可以通过自适应学习的方式不断提升其性能和表现。但是，深度学习表示法的可解释性较差，推理结果很难进行解释和说明，从而限制了深度学习表示法在网络空间安全领域中的应用。

2.2.2.5 知识的多维语义与时空关联性

在网络空间安全领域，数据和知识的关联非常紧密，特别是语义与时空信息的多维关联，因为它们能够帮助人们更好地理解和应对网络空间安全威胁。然而，现有的知识表示法在支持多维关联性方面仍然存在许多挑战。

首先，现有的知识表示法多用于静态概念的表示，而缺乏对动态时空概念的建模和表达能力。例如，在网络空间安全领域，攻击事件通常具有时间序列特性，但现有的知识表示法并不能很好地表示这些时间序列特性，这会使人们对网络空间安全威胁的理解和应对受到限制。

其次，网络空间安全数据和知识本身具有高度的复杂性和异构性。这些数据和知识来源不同，具有不同的数据类型和结构。攻击者的行为模式通常会包括多个因素，例如攻击的时间、目标、方式等，这些因素来自不同的数据源和知识领域，需要进行融合才能使人们得到更准确的分析结果。现有的知识表示法并不能很好地应对这种复杂性和异构性。

最后，网络空间安全威胁的时空特性通常与地理位置密切相关，例如攻击源和攻击目标的地理位置。现有的知识表示法并不能很好地表示这种时空特性的关联关系，这会导致安全分析结果和决策结果存在一定的不确定性和错误性。

综上所述，如何将多维语义和时空关联性融入知识表示，并实现对复杂的、异构的数据和知识的融合，是网络空间安全领域在知识表示方面所面临的重要问题。

2.2.2.6 知识的可计算性

网络空间安全领域的数据和知识需要进行计算和分析，因此，人们需要采用可计算的知识表示法来支持这些计算和分析。

谓词逻辑表示法是一种常见的可计算的知识表示法，它可以将网络空间安全知识表示为一系列逻辑表达式，以便计算机理解和处理。谓词逻辑表示法可以表示网络空间安全威胁的特征、规则、异常等内容，可以用于威胁检测、威胁情报分析、安全事件响应等方面。

深度学习表示法也广泛应用于网络空间安全领域。神经网络模型可以用于威胁检测、威胁情报分析、异常检测等方面。例如，我们可以使用卷积神经网络（CNN）对网络流量进行分类和识别，使用循环神经网络（RNN）对网络行为进行建模和预测，使用深度信任网络对恶意软件进行检测和分析。

网络空间安全领域的数据规模通常非常庞大，需要进行高效的数据处理和计算，因此，我们需要采用高效的算法和计算方法来处理这些数据，以保证计算效率和准确性。同时，网络空间安全领域的数据通常具有多种类型和格式，例如结构化数据、半结构化数据、非结构化数据等，因此，我们需要采用适合不同类型数据的计算方法和技术，以有效地利用这些数据。表 2-1 展示了上述知识表示法的对比。

表 2-1　知识表示法的对比

方法	人的可理解	可推理	推理结果可解释	知识可扩展	多维关联	可计算
谓词逻辑表示法	√	√				√
产生式规则表示法	√	√				
知识图谱表示法	√	√	√	√		√
深度学习表示法		√		√		√

注：√表示该方法具有较强的对应特性；空白表示该方法不具备对应特性，或者该方法的对应特性不突出。

|2.3　MDATA 认知模型知识表示与管理方法|

2.3.1　MDATA 认知模型知识表示法

MDATA 认知模型知识表示法通过五元组<HEntity，Relation，TEntity，Time，Space>来描述网络空间安全事件实体（又称实体）及实体间的关联关系，其中，

HEntity 表示头实体；Relation 表示实体间的关系；TEntity 表示尾实体；Time 表示时间信息，其形式也可为[Time1,Time2]这种形式；Space 表示空间信息，其形式也可为[Space1, Space2]这种形式。

MDATA 认知模型知识表示法支持单向关系、双向关系等特性。由于关系存在时间特性和空间特性（又称时空特性），因此 MDATA 认知模型知识表示法五元组中添加了时间信息（Time）和空间信息（Space）。通过这种方式对时空特性进行表示，当动态知识随着时空特性发生变化时，仅修改对应的时空特性数值而无须更改整个知识体系中的信息，便能解决现有知识表示法中无法表示动态知识的难题。

例如，在海莲花攻击事件中，“从 2019 年 10 月 8 日开始，某网络系统持续收到钓鱼邮件，Web 服务器（IP 地址为 192.168.12.58）的管理员打开了钓鱼邮件，攻击者（IP 地址为 101.1.35.X）利用 Microsoft.NET Framework URL 欺骗漏洞（漏洞 CVE-2011-3415）将该管理员的访问重定向至恶意 URL（IP 地址为 101.1.35.X）进行网络钓鱼攻击。同年 10 月 10 日，攻击者利用恶意网站 Apache Web Server 安全漏洞（漏洞 CVE-2002-0840）释放远控木马，并于 10 月 12 日通过后门程序与 Web 服务器建立持久连接。”用 MDATA 认知模型知识表示法可以表示为：

<CVE-2002-0840，存在于，Web 服务器，[2002−10−11，-NaN], [192.168.12.58，-NaN]>

<CVE-2011-3415，存在于，Web 服务器，[2011−12−29，-NaN], [192.168.12.58，-NaN]>

<发送钓鱼邮件，利用，漏洞 CVE-2011-3415，[2019−10−08, 2011−12−29]，[101.1.35.X，192.168.12.58]>

<释放远控木马，利用，漏洞 CVE-2002-0840，[2019−10−10, 2002−10−11]，[101.1.35.X, 192.168.12.58]>

<后门程序，影响，Web 服务器，[2019−10−12]，[101.1.35.X，192.168.12.58]>

其中，[2002−10−11]、[2011−12−29]、[2019−10−08, 2011−12−29]、[2019−10−10, 2002−10−11]和[2019−10−12]表示知识的时间特性，即攻击事件中攻击程序或漏洞的产生时间，[192.168.12.58]和[101.1.35.X, 192.168.12.58]表示知识的空间特性，即攻击事件中攻击源或攻击目标的 IP 地址。图 2-5 展示了 MDATA 认知模型知识表示法对该海莲花攻击事件的知识表示。

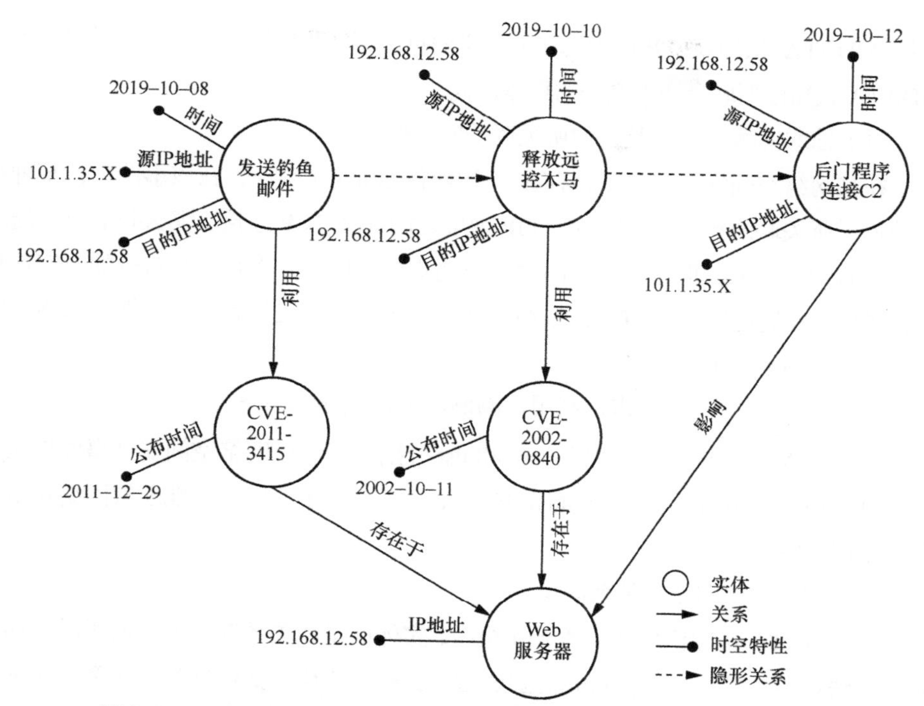

图 2-5　MDATA 认知模型知识表示法对海莲花攻击事件的知识表示

2.3.2　基于时空信息的 MDATA 认知模型联合嵌入方法

MDATA 认知模型知识表示法可以满足网络空间安全知识动态可解释和可推理的需求，比传统的知识表示法具有更大的优势和能力。为了满足网络空间安全知识可计算的需求，我们提出了基于时空信息的 MDATA 认知模型联合嵌入方法，该方法通过将 MDATA 认知模型知识中的时空信息嵌入到低维稠密的向量空间中，使静态的知识可以联动时空信息，得到更准确更高效的表达，继而使 MDATA 认知模型知识可以通过计算的方式被充分利用。该方法首先为每个实体和关系随机生成一个固定维度的向量，并将时间信息和空间信息分别编码为固定维数的特征向量；然后，将特征向量拼接到每个实体向量和关系向量中，从而使五元组的 MDATA 认知模型知识在低维向量空间中可以转换为由头实体向量、尾实体向量和关系向量构成的三元组；最后，通过机器学习和深度学习的方法对每个三元组进行训练，得到 MDATA 认知模型知识的最终嵌入向量。这些嵌入向量可以代表知识被计算机识别和利用，帮助人们更好地挖掘 MDATA 认知模型知识中潜在的语义信息。下面我们详细介绍基于时空信息的 MDATA 认知模型联合嵌入方法的具体过程。

（1）抽取实体和关系及它们所关联的时空信息

在某网络空间安全场景下，存在一个网络空间安全事件。在该事件中，某种特定的攻击所关联的源 IP 地址和目的 IP 地址之间存在 TCP 连接，那么我们可以通过匹配现有知识库来抽取该场景下的网络空间安全知识，并将它们与对应的时空信息进行关联。我们通过 MDATA 认知模型知识表示法来定义具有演化特性的网络空间安全知识，得到的五元组如下。

<攻击，利用，漏洞，time，[src, dst]>

其中，time 表示攻击发生的时间，src 和 dst 分别表示与该网络空间安全事件相关联的源 IP 地址和目的 IP 地址。时间和 IP 地址信息有助于我们更好地理解网络攻击引起的不同时空分布情况。

（2）编码实体向量和关系向量

在 MDATA 认知模型知识的五元组中，实体向量和关系向量通常使用随机初始化的方法获得。具体来说，首先需要通过经验来初步确定实体向量和关系向量的维度，该维度后期可根据实验结果进一步调整；然后，使用固定范围的随机数生成实体向量和关系向量中的每个初始值；最后，分配这些随机数到实体向量和关系向量的每个维度上，这样得到初始化的实体向量和关系向量。

（3）编码时间信息和空间信息

时空数据包含丰富的时间关系和空间关系（如关联规律和拓扑结构），因此，许多学者致力于研究一种能够在保留时间信息和空间信息的同时，将数据转换成低维嵌入向量的方法，以便进行嵌入模型的训练和优化。时空特征嵌入方法是一种基于向量空间模型的方法，该方法应用于网络空间安全领域，可以将 MDATA 认知模型知识中的时间信息和空间信息分别编码为低维向量，其具体步骤如下。

步骤 1：将数据进行归一化和标准化处理，以统一表示知识关联的时空数据。

步骤 2：从时空数据中提取出时间序列等特征，通过如余弦函数、正弦函数等周期函数（时间变化映射函数）将不同时间的数据表示为一个固定维度的向量，即时间嵌入向量。

步骤 3：先从时空数据中提取出空间数据（如源地址和目的地址）等特征，使用邻接矩阵表示其结构，例如使用邻接矩阵 $\boldsymbol{A}$ 来表示 IP 地址之间的连接关系（关联关系）；然后将矩阵中的空间特征输入到图卷积神经网络中，得到各个 IP 地址的空间嵌入向量。第 i 个 IP 地址的空间嵌入向量的计算式为

$$\mathbf{Embedding}(i) = \mathrm{GCN}(\boldsymbol{A}, \boldsymbol{Y}),\ 0 \leqslant i \leqslant n$$

其中，GCN 表示图卷积神经网络，$\boldsymbol{Y}$ 表示邻接矩阵的特征向量。上述计算式通过图卷积神经网络对邻接矩阵 $\boldsymbol{A}$ 和它的各个特征向量进行卷积，以得到空间嵌入向量。

时空特征嵌入方法通常采用交叉验证、正则化等方法来避免模型出现过拟合或欠拟合问题，以得到准确的时间特征和空间特征的嵌入向量。

（4）拼接和训练特征向量

得到时空数据的嵌入向量后，我们将这些向量连接到实体和关系的嵌入向量中，形成更加丰富的向量表示。为了方便描述，我们将实体的联合嵌入向量和关系的联合嵌入向量分别表示为 $\boldsymbol{e}$ 和 $\boldsymbol{r}$，时间和空间的嵌入向量分别表示为 $\boldsymbol{a}$ 和 $\boldsymbol{b}$。拼接特征向量的具体步骤如下。

步骤 1：每个实体的联合嵌入向量可以表示为 $\boldsymbol{e}' = [\boldsymbol{e}; \boldsymbol{a}; \boldsymbol{b}]$，其中，$[\boldsymbol{e}; \boldsymbol{a}; \boldsymbol{b}]$表示 3 个向量的拼接。

步骤 2：每个关系的联合嵌入向量可以表示为 $\boldsymbol{r}' = [\boldsymbol{r}; \boldsymbol{a}; \boldsymbol{b}]$，其中，$[\boldsymbol{r}; \boldsymbol{a}; \boldsymbol{b}]$表示 3 个向量的拼接。

通过上述拼接可以得到由头实体向量、尾实体向量和关系向量构成的三元组，如图 2-6 所示。这些三元组可以看作有标签的数据样本，并被输入到知识图谱嵌入模型中，如交叉验证[10]、正则化[11]、TransE[12]、ConvE[13]、RotatE[14]等。通过机器学习和深度学习的方法训练上述时空联合嵌入向量，便可得到 MDATA 认知模型知识的最终嵌入向量。该实现过程中通常采用交叉验证技术[15]、正则化技术[16]等来避免模型出现过拟合或欠拟合的问题。

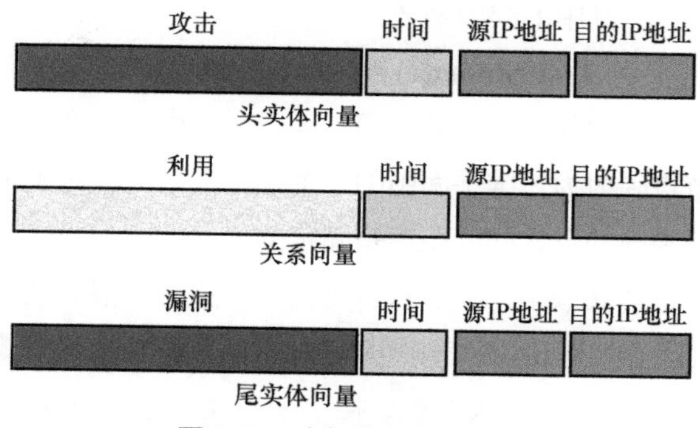

图 2-6　时空联合嵌入向量

时间信息和空间信息对于数据分析和挖掘工作来说非常关键。在网络空间安全领域中，攻击者通常会在特定的时间针对意向 IP 地址发起攻击。将时空信息嵌入到实体和关系中可以使实体和关系的嵌入向量更加具体和准确，有利于人们通过知识的计算来得到潜在的威胁信息。我们仍以海莲花攻击事件为例，介绍通过基于时空信息的 MDATA 认知模型联合嵌入方法来计算网络空间安全知识的过程。我们先抽取与该攻击相关的网络空间安全知识，通过将它们与对应的时空信息进行关联，定义了以下两条 MDATA 认知模型知识：

<*发送钓鱼邮件*，*利用*，CVE-2011-3415，2019–10–08，[101.1.35.X，192.168.12.58]>

<*释放远控木马*，*利用*，CVE-2002-0840，2019–10–10，[192.168.12.58，192.168.12.58]>

可以看出，以上海莲花攻击事件的知识中存在发送钓鱼邮件和释放远控木马两种攻击，这两种攻击具有明显的先后次序关系。我们抽取网络空间安全知识库中大量的三元组数据（不限于海莲花攻击且尽可能多），并选用经典的 TransE 知识图谱嵌入模型（考虑到网络空间安全领域中关系的数量远远小于实体的数量，且计算量大）进行训练。经过多轮迭代更新，我们得到了“*发送钓鱼邮件*”的嵌入向量[0.32, −0.68, 0.45, −0.11, −0.77, 0.96, −0.21, −0.87, 0.13, −0.55, ⋯]，“CVE-2011-3415”的嵌入向量[0.02, −0.92, −0.09, 0.73, −0.53, 0.78, −0.42, −0.59, 0.39, 0.89, ⋯]，“*释放远控木马*”的嵌入向量[0.11, −0.82, 0.69, −0.27, −0.95, 0.78, −0.43, −0.7, 0.57, −0.49, ⋯]，“CVE-2002-0840”的嵌入向量[0.02, −0.77, −0.3, 0.73, −0.58, 0.84, −0.48, −0.33, 0.83, 0.55, ⋯]，“*利用*”的嵌入向量[0.88, −0.36, 0.63, −0.29, −0.98, 0.67, 0.24, −0.71, −0.46, 0.81, ⋯]。

在时间嵌入向量的获取中，我们采用余弦函数来获取时间变化的特征。具体来说，就是获取海莲花攻击事件中所有时间所构成的时间序列，该时间序列被分为 n 个时间节点 t_1、t_2、……、t_n，并将这些时间节点映射到一个定长的向量中，用于表示该时间节点的特征，其中的映射函数为：

$$\mathbf{Embedding}(t_i) = \cos(2\pi t_i / T),\ i \in [1,n]$$

其中，T 表示时间窗口的长度，它的值通常等于时间序列长度的一半。这个映射函数会将每个时间节点映射为二维平面中的一个点，并且保证对于相邻的时间节点，它们在二维平面所映射的点之间的距离是固定的。

在空间嵌入向量的获取中，我们从告警日志、威胁情报等数据源中构建场景中的 IP 地址关联图，得到了相应的邻接矩阵；使用图卷积神经网络建模并通过其池化层聚合，得到所有 IP 地址的嵌入向量。接下来，我们通过 IP 地址查找对应的嵌入向量，最终得到了“101.1.35.X”的嵌入向量[−0.36, 0.58, −0.14, 0.89, −0.47, 0.23, −0.99, 0.12, −0.68, 0.56, ···]，“192.168.12.58”的嵌入向量[−0.34, 0.98, −0.29, 0.76, −0.57, 0.43, −0.18, 0.61, −0.72, 0.35, ···]。

通过向量之间特征值的交互计算，我们可以得到网络空间安全领域中具有潜在价值的信息，例如，网络空间安全事实中所具备的关系是否相同及 IP 地址之间是否存在关联关系等信息。具体来讲，在海莲花攻击事件中，“利用”关系不仅存在于两条 MDATA 认知模型知识，而且其本身的嵌入向量、时间嵌入向量、空间嵌入向量（源地址嵌入向量和目的地址嵌入向量）拼接成这两条 MDATA 认知模型知识。可以抽取两条网络空间安全知识中关于“利用”关系本身的特征向量进行相减取模，若得到一个模为 0 的数值，则可判定两条网络空间安全知识存在同样的关系。而对于 IP 地址关联关系，可以通过抽取两个关系联合嵌入向量中相同维度的空间特征向量，计算它们之间的余弦相似度来判断[15]，具体计算式为：

$$\text{Cosine}(\boldsymbol{m}, \boldsymbol{n}) = \text{dot}(\boldsymbol{m}, \boldsymbol{n}) / (\text{norm}(\boldsymbol{m}) * \text{norm}(\boldsymbol{n}))$$

其中，$\boldsymbol{m}$ 和 $\boldsymbol{n}$ 分别表示相同维度的源地址嵌入向量和相同维度的目的地址嵌入向量，$\text{dot}(\boldsymbol{m}, \boldsymbol{n})$表示向量 $\boldsymbol{m}$ 和 $\boldsymbol{n}$ 的点积，$\text{norm}(\boldsymbol{m})$和 $\text{norm}(\boldsymbol{n})$分别表示向量 $\boldsymbol{m}$ 和 $\boldsymbol{n}$ 的 L_2 范数，$*$ 表示向量 $\boldsymbol{m}$ 和 $\boldsymbol{n}$ 的内积。

此外，IP 地址的关联分析可以通过提取实体的联合嵌入向量中同一维度的特征向量来实现。在释放远控木马攻击的知识中，该攻击在低维空间中的嵌入向量由该实体的嵌入向量、时间嵌入向量、空间嵌入向量（包含源地址嵌入向量及目的地址嵌入向量）构成。我们通过对比源地址和目的地址嵌入向量的信息便可知该攻击是否在 Web 服务器（192.168.12.58）上进行了操控：若信息相同，则进行了操控；若信息不同，则未进行操控。这种方式有助于人们实现网络空间中时间的追踪和判定。

2.3.3 MDATA 认知模型特性分析

MDATA 认知模型能够满足网络空间安全领域知识表示与管理的 6 种需求，下面我们分别进行详细阐述。

人的可理解性：在 MDATA 认知模型中，人的可理解性体现在知识表示方式上。MDATA 认知模型采用图结构进行知识表示，这种结构能够清晰地展示知识中的实体、实体间关系，以及事件的时空信息。此外，MDATA 认知模型还支持可视化展示，使得人们能够更加方便地浏览和理解知识之间的关系。在一些复杂的知识领域中，MDATA 认知模型在人的可理解性上的优势尤为明显。

知识的可推理性：MDATA 认知模型关于知识的可推理性源自它所采用的关系挖掘技术。MDATA 认知模型利用关系的语义特征对知识中的实体、实体间关系进行挖掘和分析，提高了知识的价值。MDATA 认知模型还支持如基于规则的推理、基于逻辑的推理和基于统计的推理等多种算法。

推理结果的可解释性：MDATA 认知模型推理结果的可解释性体现在五元组表示方式上。MDATA 认知模型五元组包含实体、关系、时间、空间等信息，这些信息可以通过图结构表示。此外，MDATA 认知模型还支持可视化解释，通过可视化的方式来呈现知识推理的结果，使人们更容易理解和接受推理结果。

知识的可扩展性：MDATA 认知模型的可扩展性体现在图结构的多级上。MDATA 认知模型的图结构是多级的，通过这种多级图结构进行知识表示能够对不同领域、不同维度的知识进行主图上的关联和融合，从而解决了多领域知识统一表示困难的问题，提高了数据的质量和可信度。

知识的多维语义与时空关联性：MDATA 认知模型在知识表示上引入了时空特性，将知识中的关系、属性加入时空特性，从而能够更加准确地表达动态知识。例如对于某个事件，MDATA 认知模型不仅可以知道它是什么、与哪些实体相关，还能够知道它发生的时间、地点，以及发生前后的相关事件。这种时空特性的表示方式有利于更加全面地理解和分析知识，尤其是在处理与时间和空间相关的知识上。

知识的可计算性：MDATA 认知模型能够与知识表示学习方法相结合，从而显著提高了知识的计算效率。知识表示学习方法是一种机器学习领域的技术，旨在通过将输入数据映射到高维空间中，以便计算机能够更好地理解和处理复杂的信息，从而提高解决问题的效率和准确性。传统的知识表示学习方法——如基于图的表示学习、词嵌入等——通常需要在大规模的知识库上进行复杂的计算，例如图匹配、图推理、嵌入相似性计算等。这些计算的复杂度较高，对计算资源和时间的要求较高，因而限制了传统的知识表示学习方法在大规模知识库上的应用。而 MDATA 认知模型通过引入时空特性和多级图结构，将知识表示与计算相结合，实现了对知识的高效计算。例如，在 MDATA 认知模型中，知识被表示为具有时空特性的向量，这样通过向量运算便可以进行高效的关系推理和属性计算。此外，MDATA 认知模型还可以通过分布式计算的方式将大规模知识库的处理和查询任务分散到多个计算节点，这进一步提高了计算效率。MDATA 认知模型的高效计算能力使得它在大规模知识库上的应用变得可行，同时也为实时推理和应用场景下的知识表示与推理提供了有力支持。这种知识表示的可计算性使得 MDATA 认知模型在实际应用中具有很大的潜力，尤其在处理大规模知识和复杂推理任务时表现出优越的性能。

然而，MDATA 认知模型仍面临一些技术挑战。对于处理大量实体和复杂关系的知识图谱来说，MDATA 认知模型的计算复杂度仍然较高，需要更加高效的算法和硬件的支持。在如社交网络、医疗知识库、金融领域等实际应用中，知识图谱可能包含数百万甚至数千万个实体和复杂的关系网络。对于 MDATA 认知模型来说，处理这样大规模的知识图谱可能需要较长的计算时间和大量的计算资源。为了应对这一挑战，MDATA 认知模型未来可以在算法和硬件支持方面进行改进，例如，可以探索基于图神经网络、分布式计算、近似计算等算法的优化方法，以提高 MDATA 认知模型在处理大规模知识图谱时的计算效率。此外，利用高性能计算硬件（如 GPU、TPU 等）也可以对 MDATA 认知模型的计算过程进行加速，提高 MDATA 认知模型处理大规模知识图谱的能力。

2.3.4 MDATA 认知模型知识管理方法

MDATA 认知模型知识管理通过对知识中关键数据信息建立索引这种方式来对知识进行分类和管理，实现了知识的快速检索、分析和利用。由于 MDATA 认知模型知识可表示为五元组<HEntity，Relation，TEntity，Time，Space>，因此，对于一个网络空间安全事件知识，MDATA 认知模型知识管理会根据其时间、空间、时空信息建立索引。

五元组中的时间信息（Time）和空间信息（Space）各记录了两个条目。对于攻击事件而言，时间信息是攻击的时间，空间信息的两个条目分别是攻击的源 IP 地址（Space1）和目的 IP 地址（Space2）。对于漏洞利用而言，时间信息的两个条目分别是漏洞的产生时间（Time1）和利用漏洞进行攻击的时间（Time2），空间信息则是资产的 IP 地址。

图 2-7 展示的 MDATA 认知模型知识图谱中包含了 4 个 MDATA 认知模型知识，它们分别是：<发送钓鱼邮件，利用，CVE-2011-3415，[2019–10–08，2011–12–29]，[101.1.35.X，192.168.12.58]>、<CVE-2011-3415，存在于，Web 服务器，[2011–12–29，-NaN]，[192.168.12.58，-NaN]>、<释放远控木马，利用，CVE-2002-0840，[2019–10–10，

2002–10–11]，[192.168.12.58，192.168.12.58]>、<CVE-2002-0840，存在于，Web 服务器，[2002–10–11，-NaN]，[192.168.12.58，-NaN]>。我们将这 4 组 MDATA 认知模型知识按上述顺序依次称为第一五元组、第二五元组、第三五元组、第四五元组，下文以这 4 个五元组为例，从时间、空间和时空关联这 3 个角度对 MDATA 认知模型的索引结构进行介绍。

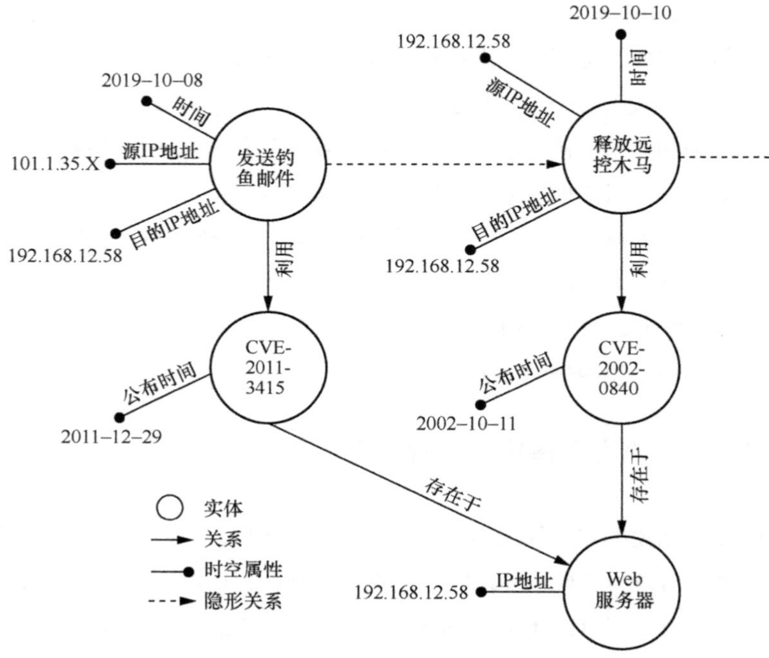

图 2-7　MDATA 认知模型知识图谱

2.3.4.1　基于时间特性的索引构建方法

MDATA 认知模型的时间条目只需要对两个时间点中的一个建立索引，例如在利用漏洞的攻击事件中，可以只对攻击事件的发生时间建立索引；在漏洞存在的事件中，可以只对漏洞的公布时间建立索引。MDATA 认知模型知识的时间条目可以帮助我们更好地理解网络空间安全事件的时序性和时间特征，同时也可以支持更高级别的时间相关知识推理和推断。通过建立时间索引，我们可以更快速地检索和查询时间相关的知识和数据，提高数据处理的效率和准确性。例如，在利用漏洞的攻击事件中，攻击事件的发生时间索引可以帮助我们更加准确地分析和预测攻击事件的趋势和演化规律；在漏洞存在的事件中，漏洞的公布时间索引可以帮助我们更好地跟踪和监控漏洞的演化过程，及时采取措施进行防范和处理。

MDATA 认知模型知识的时间条目具有很高的知识可扩展性和多维语义性，新的时间相关知识可以被轻松添加到 MDATA 认知模型中，从而不断提高系统的准确性和性能。同时，时空关联性也使得模型能够更好地处理复杂的网络空间安全问题。

基于时间特性的索引构建方法还具有很强的可计算性，可以通过计算机程序来实现时间索引的构建和查询，进而实现高效和准确的网络空间安全分析和预测。这种可计算性非常重要，因为网络攻击的数量和复杂性都在不断增加，我们必须借助计算机的力量来加以解决。

B+树索引[16]是一种基于时间特性的索引，B+树是一种针对磁盘存储进行优化的多路平衡查询树。B+树索引的结构有如下特点。

① 非叶子节点（索引节点）保存的是索引的关键词，如时间信息；叶子节点保存的是指向完整数据的指针。

② 叶子节点中有指向下一个叶子节点的指针，如此形成一个递增排序的单链表，以支持范围查询。

③ 每个索引节点中的关键词数据按顺序排列。

④ 索引节点的右指针指向大于或等于其关键词的索引节点，左指针指向小于其关键词数据的索引节点。

⑤ 每个节点最多有 m 个关键词和 $m+1$ 个指针。

MDATA 认知模型知识 B+树索引的构建过程如图 2-8 所示，具体如下。

① 创建一个根节点（索引节点）包含按顺序排列的时间信息 2001−12−19 和 2020−01−22 的 B+树。

② 第一五元组与原根节点合并，并且根节点进行分裂。由于第一五元组的时间在已有的 3 个数据中排序为第二，因此第一五元组上升为根节点，并指向两个子节点。

③ 第二五元组比根节点的时间较前，因此被插入根节点的左子节点。

④ 第三五元组比根节点的时间靠后，故被插入根节点的右子节点。右子节点进行分裂，第三五元组上升至根节点。

⑤ 第四五元组进入，因为其比根节点中最小的关键词（时间）小，因此插入关键词最小的根节点的左子节点中，并且引起该根节点的分裂。第四五元组上升至根节点，引起根节点进一步分裂，产生两个中间节点。

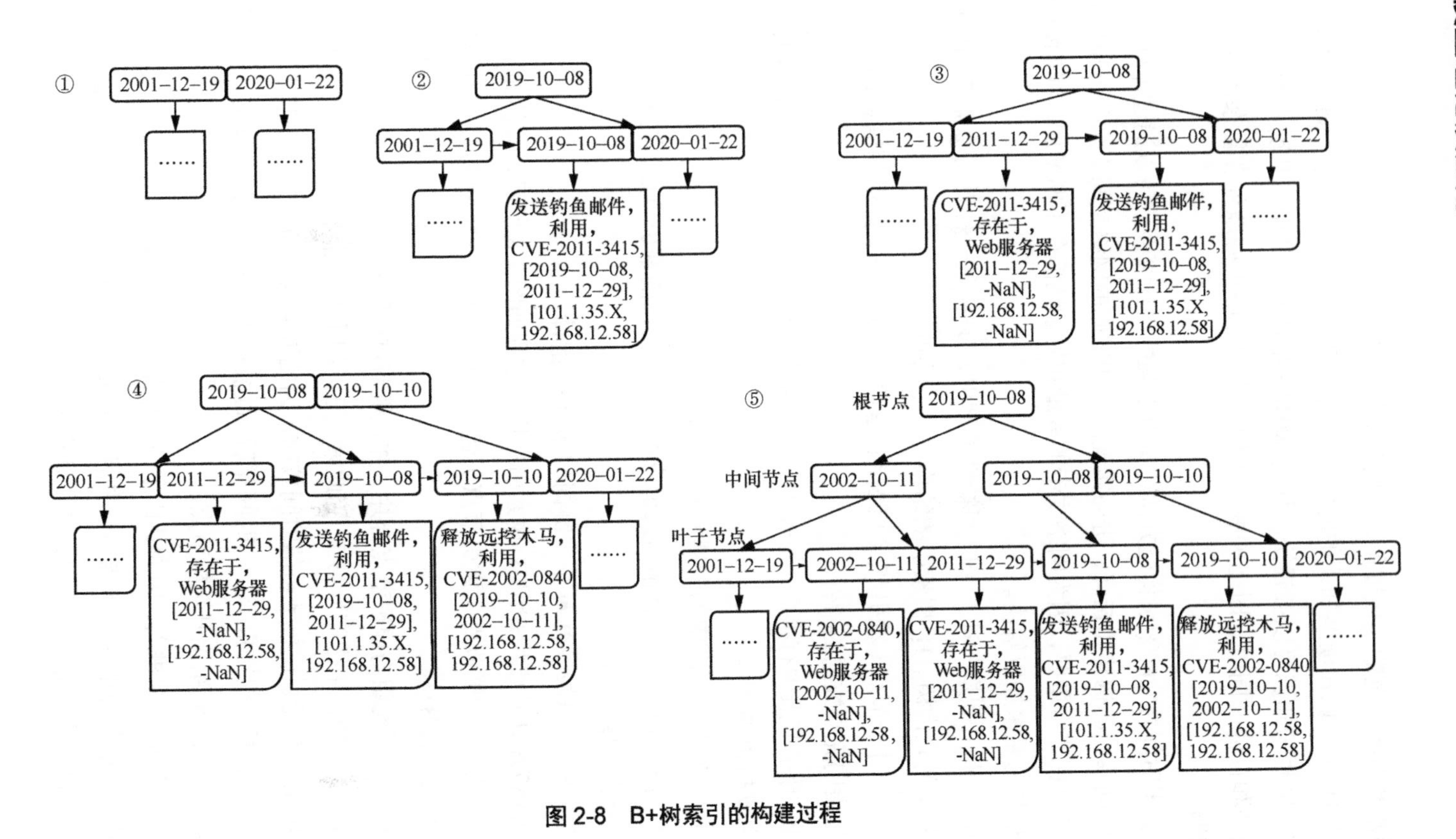

图 2-8　B+树索引的构建过程

在图 2-8 所示的 B+树中，我们查找第四五元组<CVE-2002-0840，存在于，Web 服务器，[2002−10−11，-NaN]，[192.168.12.58，-NaN]>，具体过程如下。

首先，用漏洞的发布时间 2002–10–11 和根节点的时间 2019–10–08 进行比较，如果是前者小于后者，则向左查找；如果是前者大于或等于后者，则向右查找。这里得到的结果是前者小于后者。

然后，查找根节点的左子节点，并与该节点的时间 2002–10–11 进行比较，所得结果是前者等于后者。

最后，查找该节点的右子节点，并在该叶子节点中找到完整数据对应的指针，即可根据指针来读取相应的知识。

2.3.4.2 基于空间特性的索引构建方法

在网络空间中，空间信息以 IP 地址的形式体现。从图 2-7 中可以看出，2019 年 10 月 8 日，源 IP 地址 101.1.35.X 对目的 IP 地址 192.168.12.58 发送了钓鱼邮件，这时可以对发起攻击的源 IP 地址进行检索，分析该地址是否还对系统的其他资产发起攻击；还可以对被攻击的目的 IP 地址进行检索，查找该地址存在的其他漏洞。MDATA 认知模型具有知识可扩展性，支持新的事件信息和知识不断地被添加到索引中，以便更好地发现新的威胁和攻击行为。基于空间特性的索引构建方法利用 MDATA 认知模型的多维语义和空间关联性来对具有空间特性的攻击行为进行更准确的描述和分析，帮助我们提高网络空间安全的检测和防范能力。

前缀树索引[17]：前缀树可以用于空间特征的索引构建，以一种存储字符串的形式支持前缀匹配路径的数据结构。在前缀树中，节点表示一个公共前缀，并与其祖先节点构成一个前缀；节点的后代节点所表示的字符串都有一个相同的字符串前缀。我们可以利用前缀树索引快速定位到空间信息（IP 地址）对应的数据。

图 2-9 所示前缀树是由 MDATA 认知模型知识的空间信息构成的。当搜索发起攻击的源 IP 地址 101.1.35.1 的数据时，我们可以通过 IP 的前缀“101.1.35.”定位到根节点 Root 的第三个子节点，再通过剩余字符串“1”定位到该节点的第一个子节点。把相同前缀字符串放在一个节点中的这种方式可以减少检索比对的时间。

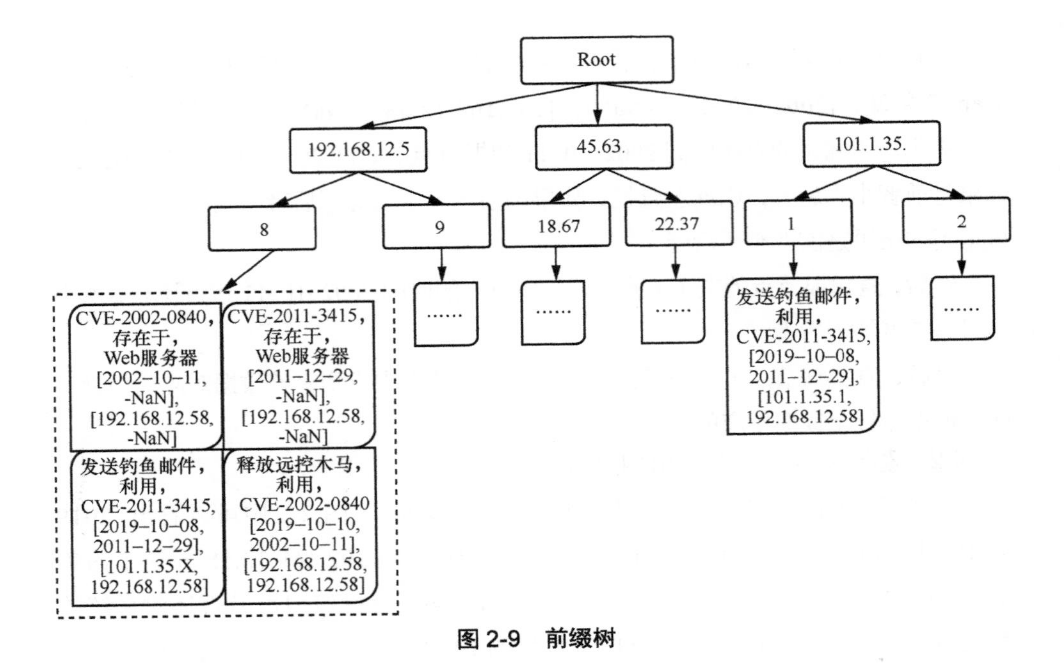

图 2-9　前缀树

2.3.4.3　基于时空特性的索引构建方法

除了对时间信息和空间信息分别进行索引外，我们还可以对时空信息建立索引。如果需要查询某个时间某个 IP 地址遭受的攻击数据，那么需要先对时空信息建立索引，然后利用 MDATA 认知模型的时空关联性和可计算性进行快速查找。同时，由于 MDATA 认知模型的推理结果具有可解释性，我们可以通过可视化的方式直观地呈现检索结果，方便用户理解和推理。

Z3 索引[18]是一种基于时空特性的索引构建方法，通过将二维的空间点和时间点编码到一维空间，实现对象的时空范围查询。具有空间和时间属性的对象适合创建 Z3 索引。在 Z3 索引中，空间指 IP 地址的范围(0. 0. 0. 0，255. 255. 255. 255)；时间从 1970–01–01 00:00:00（纪元时间）开始，按照固定周期进行切分，每个周期会有确定的边界。时间周期可设置为天、周、月、年。时间周期用 T 表示，其开始时间用 $T.s$ 表示，结束时间用 $T.e$ 表示，中间时间用 $T.m$ 表示。在一个时间周期中，Z3 索引首先将 T 从中间时间（$T.m$）分开，如果时间点小于 $T.m$，那么将其编码为 0，否则编码为 1，并按同样的二分规则划分 IP 地址边界，因此，Z3 索引可用二位编码（时间在前，IP 地址在后）来表示时空点所在区域。

图 2-10 展示了对时空点 p（$t=10$，IP 地址 = 192.168.12.58）构建索引的过程。

可以看出，在第一层，p 处于"01"区域（即 $t=0$，IP 地址 $=1$）；在第二层，p 处于"01"区域的"11"区域；在第三层，p 处于"0111"区域的"10"区域，因此，p 可以用"011110"来表示。

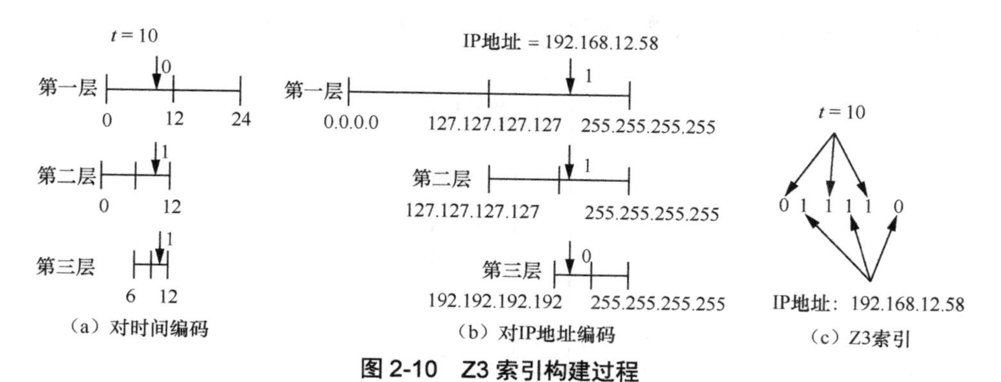

图 2-10　Z3 索引构建过程

2.3.5　索引压缩方法

当知识管理的数据量持续增长时，索引的数据量同样会随之增长。例如，MySQL 数据库采用的性能优化规则是将 B+树前若干层的节点存储到内存中，这样在读取数据时可以保证部分输入/输出操作是在内存中进行的，不必每次都访问磁盘。而当索引的数据量进一步增长，到了内存存储不下的程度时，数据检索的性能必然会受到影响，因此索引压缩带来的好处包括节省磁盘空间、增加内存的使用率、提高数据从磁盘到内存的传输速度，以及在内存中装载更多的索引数据。索引压缩通常会对索引的键值类型进行区分，并对不同类型使用不同的压缩方法，如对数值类型采用变长字节编码，对字符串类型采用基于公共前缀的字符串压缩算法或通用压缩算法，这种方式可以为知识的可扩展性和可计算性提供很大帮助。同时，为了保证可推理性和推理结果的可解释性，索引数据在压缩的同时还需要保留关键的数据特征和结构信息。

2.3.5.1　霍夫曼编码

霍夫曼编码[19]由霍夫曼（Huffman）于 1952 年提出，也是一种通用的无损数据压缩的熵编码算法，通常用于重复率比较高的字符数据压缩。霍夫曼编码的原理是根据字符出现的频率为每一个字符构造前缀唯一的平均长度最短的码字，即出现频率高的字符用短的码字进行表示，出现频率低的字符用长的码字进行表示。

例如，对空间信息 192.168.12.58 和 101.1.35.1 进行霍夫曼编码，其中各字符出现的频率如图 2-11 所示。可以看出，两个 IP 地址共出现了 9 种不同的字符，每种字符的频率各不相同。接下来我们根据该数据构建对应的霍夫曼树。

字符	频率/次
1	7
.	6
2	2
5	2
8	2
0	1
3	1
6	1
9	1

图 2-11　空间信息中各字符的频率

霍夫曼的编码过程如图 2-12 所示，首先将统计的字符频率作为频率池，每次从频率池中选取两个最小的权重值作为子节点，将其权重相加后生成一个父节点，直到频率池中的值全部用完为止。具体步骤如下。

步骤 1：如图 2-12（a）所示，选取两个最小的权重值 1、1，相加后生成权重值为 2 的父节点，并在频率池中新增一个权重值 2。

步骤 2：如图 2-12（b）所示，选取两个最小的权重值 1、1，相加后生成权重值为 2 的父节点，并在频率池中新增一个权重值 2。

步骤 3：如图 2-12（c）所示，选取两个最小的权重值 2、2，相加后生成权重值为 4 的父节点，并在频率池中新增一个权重值 4。

重复执行上述步骤，直至频率池的权重全部被使用完，这时得到了图 2-12（i）左侧所示的霍夫曼树。

在霍夫曼树中，每个字符的最小前缀编码可以从霍夫曼树的根节点出发，记录沿途经过的边的权重值，直至其对应的叶子节点，例如字符 1 的权重是 7，那么其对应的码字是 01。IP 地址 101.1.35.1 经过图 2-12 所示的编码过程后，得到的码字为“01 1100 01 10 01 10 1101 0010 10 01”。通过计算可以得到，霍夫曼编码后共有 7×2+6×2+2×3+2×4×2+1×4×4 =64 bit。而原来的 IP 地址有 9 种不同的字符，每个字符需要 4 bit 才能进行保存。可以看出，霍夫曼编码能够对空间信息的索引数据进行压缩。索引压缩后的查询过程前缀树索引的查询过程相同，此处不再介绍。

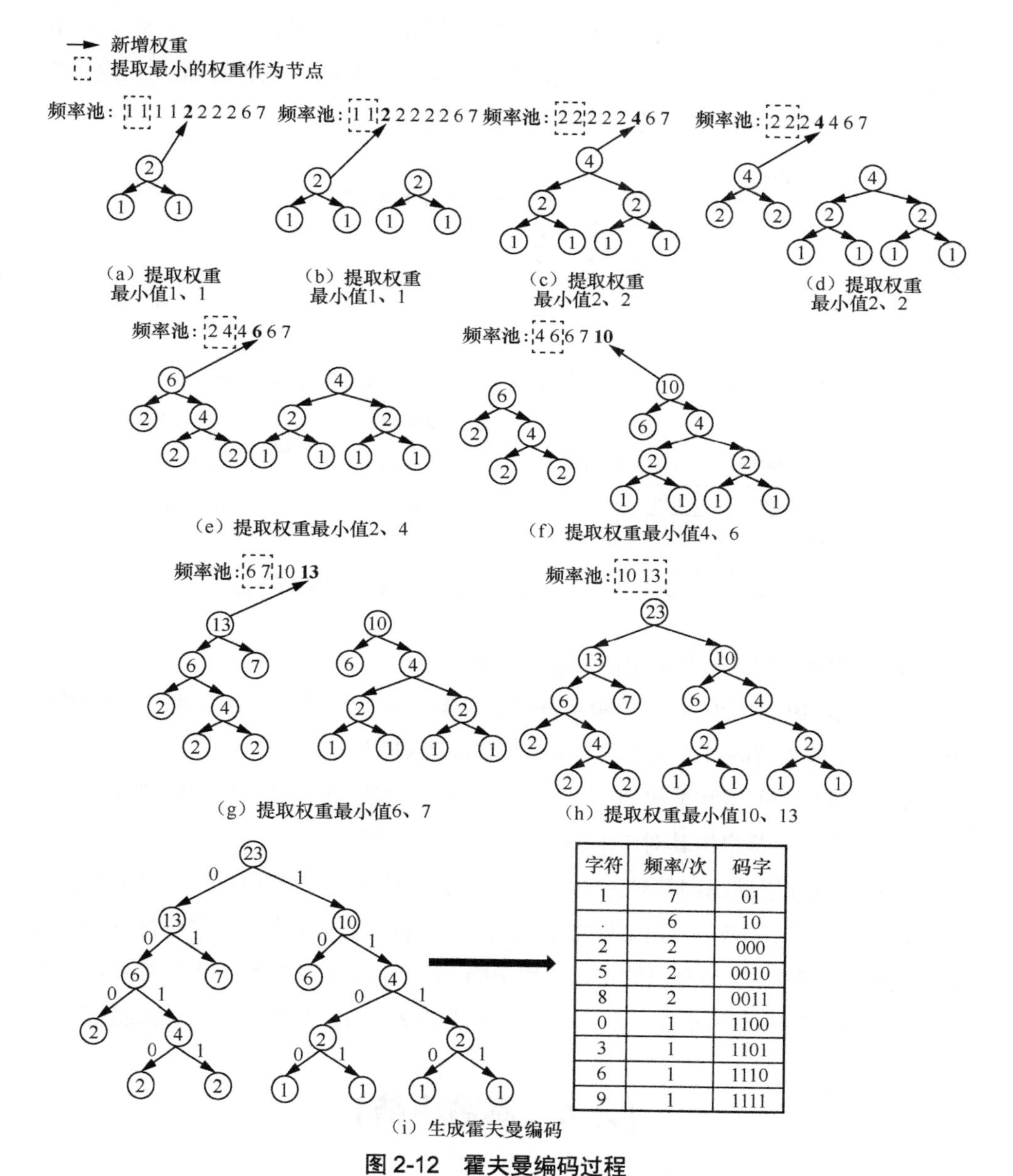

字符	频率/次	码字
1	7	01
.	6	10
2	2	000
5	2	0010
8	2	0011
0	1	1100
3	1	1101
6	1	1110
9	1	1111

图 2-12 霍夫曼编码过程

2.3.5.2 基于公共前缀的字符串压缩算法

基于公共前缀的字符串压缩算法[20]是将 MDATA 认知模型空间信息中的 IP 地址用字符串进行保存，并对字符串类型的索引进行压缩。基于公共前缀的字符串压缩算法先将所有键值字符串按照字符顺序排列在 IP 地址字符串数轴上；然后对 IP 地址字符串数轴划分区间，每个区间的字符串有一个最长公共前缀；最后给这个最长公共前缀分配一个码字。具体过程如图 2-13 所示。

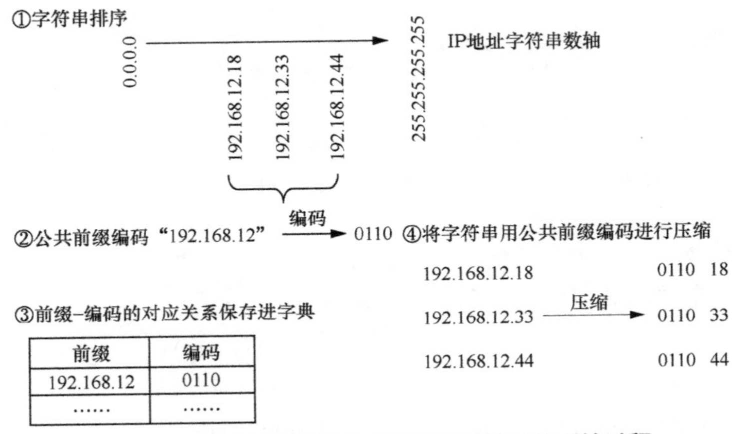

图 2-13 基于公共前缀的字符串压缩算法的压缩过程

① 将 IP 地址按字符串顺序排列在字符串中。

② 提取 IP 地址的公共前缀字符串，并给该公共前缀字符串分配一个编码值 0110 进行压缩（编码方式可以参考 Hu-Tucker 编码[21]）。

③ 将该公共前缀和编码值的对应关系保存到词典中，以便进行解压缩。

④ 将所有字符串用其对应的公共前缀编码进行压缩。

所用公共前缀编码和其对应的编码值构成一个词典，在索引查询的过程中，先将查询数据在词典中转换成相应的编码值，再用编码值在索引结构中进行查询，其查找过程和 2.3.4.2 小节介绍的查询过程相同。基于公共前缀的字符串压缩算法适用于空间类型数据的索引压缩，因为一个子网的 IP 地址通常会有重复的公共前缀。

2.4 本章小结

本章主要分析了网络空间安全领域中知识表示与管理所面临的需求与挑战。针对人的可理解性、知识的可扩展性、知识的可推理性、推理结果的可解释性、知识的多维语义与时空关联性、知识的可计算性等需求，我们提出了 MDATA 认知模型知识表示法，并结合时空特性，设计并实现了支持时空高效查询的知识管理方法。具体来说，MDATA 认知模型知识表示法在表示网络空间安全事件知识时，将知识抽象为五元组，即<HEntity, Relation TEntity, Time, Space>，这种表示方式易于理解和推理，并且可以支持知识的扩展。同时，我们还设计了支持 MDATA 认知模型时空信息联合嵌入方法和时空特性的索引构建方法，实现了具有时空关联性的网络空间安全事件知识的快速查询。通过这些方法，我们可以实现对网络空间安全事件知识的准确、实时研判以及对知识的有效利用，为网络空间安全事件的防范和应对提供了理论支撑和技术保障。

参考文献

[1] BENCH-CAPON T J M. Knowledge representation: an approach to artificial intelligence[M]. New York: Academic Press_RM, 2014.

[2] ALAVI M, LEIDNER D E. Knowledge management and knowledge management systems: conceptual foundations and research issues[J]. MIS Quarterly, 2001, 25(01): 107-136.

[3] 年志刚, 梁式, 麻芳兰, 等. 知识表示方法研究与应用[J]. 计算机应用研究, 2007, 24(05): 234-236, 286.

[4] CHAUDHRI V K, BARU C, CHITTAR N, et al. Knowledge graphs: introduction, history, and perspectives[J]. AI Magazine, 2022, 43(01): 17-29.

[5] LECUN Y, BENGIO Y, HINTON G. Deep learning[J]. Nature, 2015(521): 436-444.

[6] 郭建军, 刘云, 张昕, 等. 规则库管理系统的实现与应用[J]. 中国数字医学, 2017, 12(05): 52, 59-61.

[7] 思思. 复杂风控场景下. 如何打造一款高效的规则引擎[EB /OL]. (2020–05–14)[2023–06–25].

[8] 刘宝珠, 王鑫, 柳鹏凯, 等. KGDB: 统一模型和语言的知识图谱数据库管理系统[J]. 软件学报， 2021, 32(03): 781-804.

[9] DOLK D R, KONSYNSKI B R. Knowledge representation for model management systems[J]. IEEE Transactions on Software Engineering, 1984, SE-10 (06): 619-628.

[10] EFRON B, GONG G. A leisurely look at the bootstrap, the jackknife, and cross-validation[J]. The American Statistician, 1983, 37(01): 36-48.

[11] EVGENIOU T, PONTIL M, POGGIO T. Regularization networks and support vector machines[J]. Advances in Computational Mathematics, 2000, 13: 1-50.

[12] BORDES A, USUNIER N, GARCIA-DURAN A, et al. Translating embeddings for modeling

multi-relational data[J]. Advances in Neural Information Processing Systems, 2013(26): 1-9.

[13] DETTMERS T, MINERVINI P, STENETORP P, et al. Convolutional 2D knowledge graph embeddings[C]//Proceedings of the AAAI Conference on Artificial Intelligence. Menlo Park: AAAI, 2018: 1811-1818.

[14] SUN Z Q, DENG Z H, NIE J Y, et al. Rotate: knowledge graph embedding by relational rotation in complex space[DB/OL]. New York: Connell University, (2019-05-26)[2023-04-30]. arXiv: arXiv.1902.10197.

[15] RAHUTOMO F, KITASUKA T, ARITSUGI M. Semantic cosine similarity[C]//The 7th International Student Conference on Advanced Science and Technology. [S. l. : s. n.], 2012.

[16] 施恩, 顾大权, 冯径, 等. B+树索引机制的研究及优化[J]. 计算机应用研究, 2017, 34(06): 1766-1769.

[17] LEIS V, KEMPER A, NEUMANN T. The adaptive radix tree: ARTful indexing for main-memory databases[C]//2013 IEEE 29th International Conference on Data Engineering . Piscataway: IEEE, 2013: 38-49.

[18] LI R, HE H J, WANG R, et al. JUST: JD urban spatio-temporal data engine[C]//2020 IEEE 36th International Conference on Data Engineering (ICDE). Piscataway: IEEE, 2020: 1558-1569.

[19] MOFFAT A. Huffman coding[J]. ACM Computing Surveys, 2019, 52(04): 1-35.

[20] ZHANG H C, LIU X X, ANDERSEN D G, et al. Order-preserving key compression for in-memory search trees[C]//Proceedings of the 2020 ACM SIGMOD International Conference on Management of Data. New York: ACM, 2020: 1601-1615.

[21] HU T C, TUCKER A C. Optimal computer search trees and variable-length alphabetical codes[J]. SIAM Journal on Applied Mathematics, 1971, 21(04): 514-532.

第3章

MDATA认知模型知识获取

知识获取是MDATA认知模型的组成部分之一，主要研究人类获得知识的过程，涵盖了人类对信息的认知和处理步骤，包含知识抽取和知识推演两部分。知识抽取主要研究从网络空间数据中抽取实体、关系和时空属性的过程。知识推演主要研究利用已知知识推出新知识的过程，涉及MDATA认知模型知识库中缺失知识的补齐与未知知识的推演方法。

本章的结构如下。3.1节介绍知识获取的基本概念，以及传统的知识抽取与推演方法。3.2节从知识获取的可解释、可验证等需求入手，阐述传统知识抽取与推演面临的需求与挑战。3.3节介绍面向MDATA认知模型的知识自动抽取方法，其中包含实体与关系抽取和时空属性抽取方法。3.4节介绍面向MDATA认知模型的知识推演方法，其中包含未知实体之间的关系、事件之间时序关系的推演方法等。3.5节对本章内容进行小结。

3.1 知识获取的基本概念和相关方法

3.1.1 知识获取的基本概念

知识获取旨在研究如何从各种知识源中得到问题求解所需要的知识，并转换到计算机中的过程。对人类的知识获取行为进行研究可以更好地理解人类对信息的认知和处理步骤。从图3-1所示的DIKW（Data，Information，Knowledge，Wisdom）体系可知，知识获取实际上是从数据（Data）到信息（Information）到知识（Knowledge），再到智慧（Wisdom）的加工过程，其中，数据是原始材料，信息是加工处理后有逻辑的数据，知识是完成提炼后的信息，智慧是具有预测能力的知识。

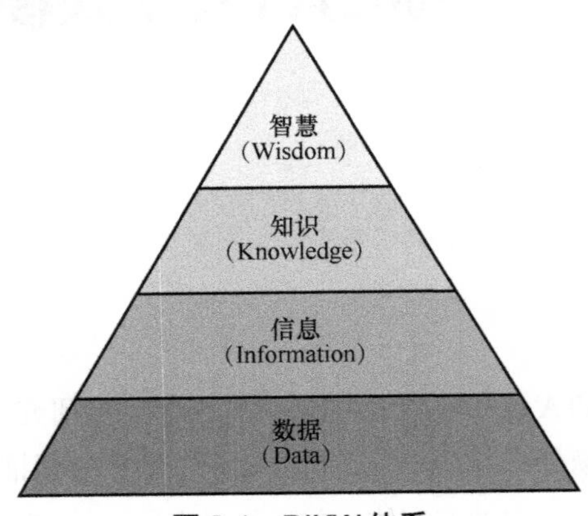

图 3-1　DIKW 体系

例如，在传统的知识获取方法中，针对语料“2022 年 3 月 6 日，攻击者进行代码执行攻击，利用 Microsoft Office 2010 版本存在的远程执行代码漏洞（漏洞 CVE-2017-0199）下载了恶意载荷。”，用户如果选择的知识表示法是知识图谱表示法，则可以抽取出三元组<代码执行攻击，利用，远程执行代码漏洞>、<远程执行代码漏洞，存在于，Microsoft Office 2010>等知识。

MDATA 认知模型知识获取是研究如何从网络空间数据中抽取出具有巨规模、演化性和关联性、符合 MDATA 认知模型知识表示的知识的过程。MDATA 认知模型知识获取的方法有两种，一种是知识抽取的方法，另一种是知识推演的方法。这两种方法分别对应着归纳算子和演绎算子。

归纳算子是由基于网络空间数据抽取知识的算子构成的，包含实体抽取、关系抽取和时空属性抽取等算子。其中，实体抽取负责识别并抽取攻击、漏洞、资产等命名实体；关系抽取负责抽取实体之间的关联关系；时空属性抽取负责抽取实体、关系的时空信息等，从而实现 MDATA 认知模型的知识抽取功能。演绎算子基于已知网络空间安全知识推演出未知知识，包括面向网络空间安全的实体、关系、时空属性等推演方法，从而实现 MDATA 认知模型的知识推演功能。

针对语料“2019 年 10 月 20 日，攻击者利用恶意网站 Apache Web Server 安全漏洞（漏洞 CVE-2002-0840）释放远控木马，并于 10 月 22 日通过木马程序对 Web

服务器（IP 为 201.11.145.X）与攻击者建立持久连接。”，用户如果选择的知识表示法是 MDATA 认知模型知识表示法，那么可以抽取出五元组<攻击者，利用，Apache Web Server 安全漏洞，2019-10-20，201.11.45.X>、<攻击者，建立持久连接，Web 服务器，2019-10-22，201.11.145.X>等知识。

在上述知识获取的例子中，我们利用获取的两个 MDATA 认知模型知识五元组可以推演出<Web 服务器，存在，Apache Web Server 安全漏洞，2019-10-22，201.11.145.X>这个新的 MDATA 认知模型知识五元组。

3.1.2 已有的知识抽取方法

最早的知识抽取方法是人工方法，即知识工程师通过人工交流来获取知识，但此类方法依赖人工对知识的加工处理，无法实现大规模、自动化的知识抽取。随着深度学习技术的发展，使用深度学习技术进行知识抽取取得了显著进步，知识获取的自动化程度和准确度大大提高。基于深度学习的知识抽取方法主要包括命名体识别、关系抽取、实体链接等方法。

3.1.2.1 命名体识别方法

实体是知识图谱的基本元素，命名体识别方法是从文本中抽取有特定意义的实体及其类别，主要包括人名、地名、机构名等内容。采用神经网络的命名体识别方法主要通过两类技术进行实体识别，第一类是标签分类，第二类是跨度枚举句子中所有可能为实体的词组[1-2]。现如今有诸多工业化工具——如 Stanford CoreNLP、自然语言工具包（NLTK）等——可直接使用。

基于神经网络的命名体识别方法首先将待抽取文本中的内容表示为向量形式，然后利用神经网络模型对这些向量进行学习和优化。在学习过程中，神经网络模型会自动捕捉上下文信息，学习实体的语义表示。待抽取文本中的每个 token 将其输入到基于神经网络的实体识别模型中，得到的输出为实体位置的得分，用于评估该 token 属于哪个实体。命名体识别方法根据 token 和实体的划分结果得到要抽取的实体。

针对语料“2022 年 3 月 6 日，攻击者进行了代码执行攻击，利用 Microsoft Office 2010 版本存在的远程执行代码漏洞（漏洞 CVE-2017-0199）下载恶意载荷。”，命名体识别方法的抽取过程如图 3-2 所示。我们将语料分为以字为单位的 token，并将 token 输入到实体识别模型，得到了低维向量表示。我们标注输出“远”的标签为实体开始（B−TECH），“程执行代码漏”为实体中间（I−TECH），“洞”为实体结束（E−TECH），即抽取的实体为“远程执行代码漏洞”，其中，TECH 表示实体类型。具体步骤如下。

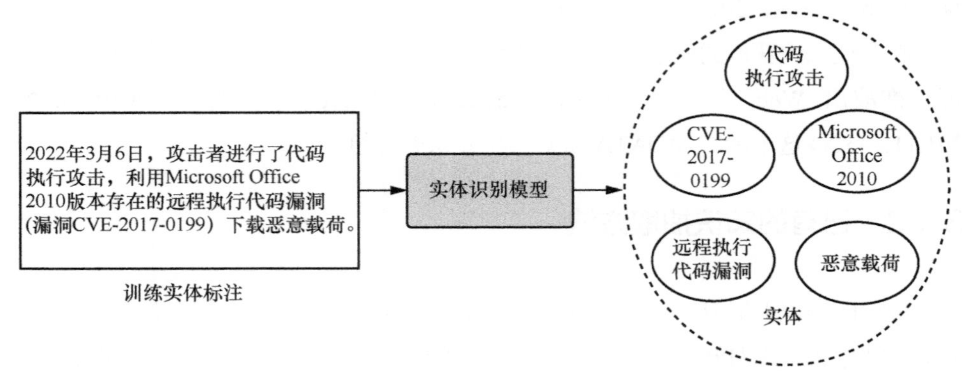

图 3-2 命名体识别方法的抽取过程

步骤 1：对训练文本中的实体进行标注，将“远程执行代码漏洞”的第一个字符“远”标注为 B−TECH。

步骤 2：将要抽取的句子分成 token，将文本“远程执行代码漏洞”划分为 token 及其对应的位置表示，并将它们一起输入到实体识别模型的编码器中。

步骤 3：利用实体识别模型的预训练语言模型，将输入的文本映射为低维向量表示。

步骤 4：使用实体识别模型的线性分类器对低维向量表示进行标签分类，通过线性分类器对每个 token 对应的低维向量进行打分。得分将作为对句子进行实体划分的依据。

根据上述步骤，“远程执行代码漏洞”中的“远”对应标签 B−TECH，表示“远”是类型为 TECH 的实体“远程执行代码漏洞”的开始。通过线性分类器确定实体边界，得到“远”的 B−TECH 得分最高，表示实体开始；“程执行代码漏”的 I−TECH 得分最高，表示实体的中间部分；“洞”的 E−TECH 标签得分最高，表示实体的结尾，因此，我们可以抽取出实体“远程执行代码漏洞”。

命名体识别方法的优点主要包括以下几点。

① 自动性：可以自动学习和发现数据中的模式和规律，不需要手动设计特征或规则。

② 准确性高：在处理大量数据时能够自动捕获数据中的模式和规律，从而提高实体抽取模型的准确性。

命名体识别方法的缺点主要是对训练数据的要求高，需要大量数据进行训练，特别是对于网络空间安全知识图谱的实体抽取，它需要人工对网络空间安全实体进行标注。

3.1.2.2 关系抽取方法

关系抽取方法是一种对给定命名实体的文本自动抽取每两个实体之间存在的语义关系的方法，其目标是得到实体关系三元组<头实体，关系，尾实体>中的关系。关系抽取是知识图谱构建过程中的关键步骤，能为知识图谱应用提供重要支持。关系抽取方法根据是否限定关系种类被分为两大类：第一类是限定关系抽取，即已知所有关系的集合，可将关系抽取转换为分类问题，一般采用有监督的关系抽取方法；第二类是开放式关系抽取，即预先不定义关系类别，由系统自动发现关系类别并抽取，一般采用无监督的聚类方法。

从文本中发现关系类型并进行抽取，一般采用无监督的聚类方法[3]。受限于聚类结果本身难以规则化、低频率实例召回率低等问题，无监督的聚类方法的抽取效果一般较差，且难以直接被用来构建知识图谱。目前针对有监督的关系抽取方法研究较为广泛，以文献[4]为例，它是较早使用深度神经网络进行关系抽取的工作成果之一。该文献引入了位置向量，以确定待抽取的关系所对应的实体位置，随后将待抽取的关系所对应的实体表示、位置向量等信息输入到基于神经网络的关系抽取模型中。关系抽取模型的输出通过得分函数计算两个实体间存在的某种关系的得分。

以语料“2022 年 3 月 6 日，攻击者进行了代码执行攻击，利用 Microsoft Office 2010 版本存在的远程执行代码漏洞（漏洞 CVE-2017-0199）下载恶意载荷。”为例，抽取“代码执行攻击”和“远程执行代码漏洞”之间的关系，有监督的关系抽取方法的抽取过程如图 3-3 所示，具体步骤如下。

步骤 1：将实体“代码执行攻击”和“远程执行代码漏洞”中间的语料标注为关系“利用”。

步骤 2：将头实体、尾实体和标注的关系输入到编码器中，得到低维向量表示。

步骤 3：将低维向量进行池化操作并输入到线性分类器（得分函数）进行打分，线性分类器将得分最高的关系作为最终关系输出。

对于上述语料中的实体“代码执行攻击”和“远程执行代码漏洞”，关系“利用”的得分最高，因此它们之间的关系是“利用”。

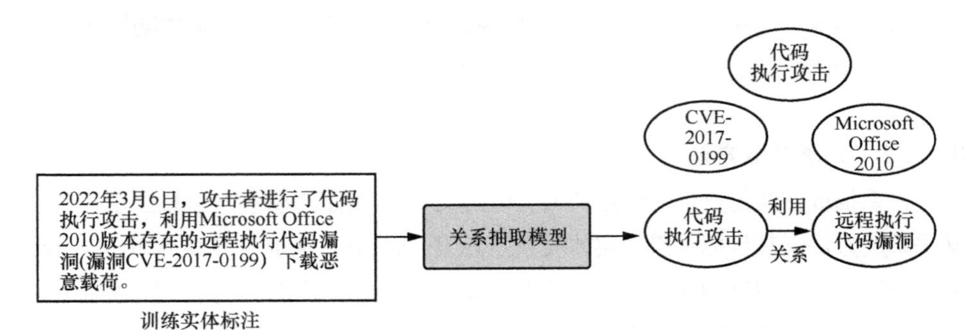

图 3-3　有监督的关系抽取方法的抽取过程

关系抽取方法的优点如下。

① 自动性：可以自动学习和发现数据中的模式和规律，不需要手动进行特征工程。

② 准确性高：基于深度学习方法对关系抽取模型进行训练。

关系抽取方法的缺点是标注依赖性强，有监督的关系抽取方法存在依赖大量标注语料的问题。

3.1.2.3　实体链接方法

实体链接方法是一种对给定实体提及（又称实体指称）的文本，将提及映射到知识图谱中对应的实体上，消除提及歧义性和模糊性的方法。实体链接方法一般包括候选实体生成和候选实体排序（实体消歧）两部分，相关研究工作集中在实体消歧这部分。

以文献[5]为例，它提出了用深度神经网络进行实体链接的方法，具体步骤如下。

步骤 1：使用命名体识别技术识别出文本中的实体。

步骤 2：扩展查询，将实体的同义词进行显示表达。

步骤 3：生成候选实体，根据步骤 2 扩展查询的结果在知识库中找到所有相关实体。

步骤 4：使用卷积神经网络进行特征比对，选出最相似的实体作为链接实体。

以语料“2022 年 3 月 6 日，攻击者进行了代码执行攻击，利用 Microsoft Office 2010 版本存在的远程执行代码漏洞（漏洞 CVE-2017-0199）下载恶意载荷。”为例，实体链接过程图 3-4 所示。假设知识库中有构建好的网络空间安全知识图谱，将图谱中的“代码执行攻击”与这段文本中相应的实体进行链接，其步骤如下。

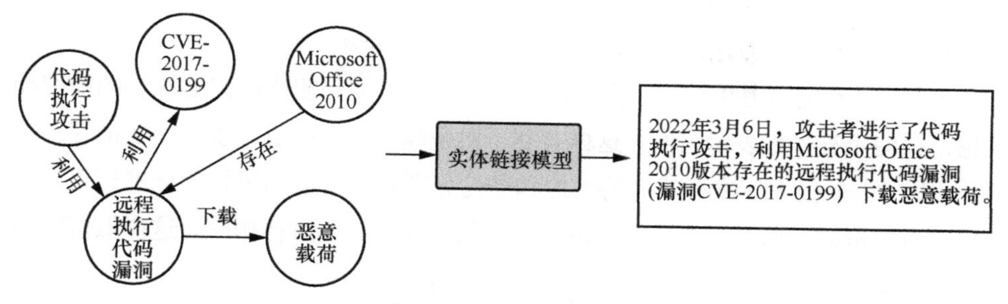

图 3-4　实体链接过程

步骤 1：用命名体识别技术将这段文本中的网络空间安全实体进行提取。

步骤 2：将与“代码执行攻击”相近的词加入候选集。

步骤 3：用知识图谱中的实体与候选集中的实体进行特征比对，即将知识图谱中的实体与文本中的实体“代码执行攻击”对应。特征相似性最高的实体即为对应实体。

实体链接方法的优点是准确性高。相较于传统的机器学习方法，本方法不用手动进行特征工程。

实体链接方法的缺点如下。

① 标注依赖性强：易出现标注数据不足的问题。

② 迁移性不够：实体链接任务只在有限的几个领域有质量相对较高的标注数据，因此，在新领域上运用实体链接需要重新标注数据。

3.1.3　已有的知识推演方法

当前已有不少研究人员关注知识推演，且在实践中形成了一系列知识推演方法。我们将这些知识推演方法主要概括为基于谓词逻辑的方法、基于产生式规则的方法、基于深度学习的方法、基于知识图谱的方法。

3.1.3.1　基于谓词逻辑的方法

基于谓词逻辑的方法是指直接使用一阶谓词逻辑、描述逻辑等方式对专家制定的规则进行表示及推演的方法，具有准确性高、可解释性强的特点[6]。根据不同规则的表示方式，基于谓词逻辑的方法又可被分为基于一阶谓词逻辑的方法和基于描述逻辑的方法，其中，前者使用一阶谓词逻辑对专家预先定义好的规则进行表示，然后以命题为单位进行推演；后者通过确定一个描述是否满足逻辑一致性来实现知识推演。

基于谓词逻辑的方法的一般步骤如下。

步骤 1：确定前提和结论。在推演之前，我们需要先明确所需要推演的前提和结论，并使用符号来表示它们。这样有利于对逻辑语句进行进一步处理和推理。

步骤 2：转换为标准形式。将前提和结论分别转换为谓词逻辑的标准形式，即使用所有的量词、谓词和变量，并按照特定的顺序对它们进行排序。这样做可以确保逻辑表达的准确性和规范性，使得逻辑语句更易于理解和推理。

步骤 3：应用逻辑规则。使用逻辑规则来推导前提和结论之间的关系，这些逻辑规则包括演绎、归纳、消解等。

步骤 4：进行推演。使用已知的事实和假设来推导前提和结论之间的关系，寻找使结论成立的证据。

步骤 5：检验结果。对所得到的结论进行检验，确保其正确性和有效性。

假设我们掌握了一个谓词逻辑 $P_1 \wedge P_2 \to P_3$，比如 P_1 = <海莲花攻击，利用，CVE-2011-3415，2019−10−19，192.168.12.58>，P_2 = <CVE-2011-3415，存在于，Web 服务器，2011−12−29，192.168.12.58>，那么可以根据已经掌握的谓词逻辑推演出新的知识 P_3 = <海莲花攻击，控制，Web 服务器，2019−10−19，192.168.12.58>。

基于谓词逻辑的方法的优点主要包括以下几点。

① 可靠性高：基于谓词逻辑的方法可以将知识以形式化语言进行表示，通过逻辑规则和知识表示进行推演，得出新的知识。这些知识论具有较高的准确性和可信度，可以帮助人们更好地理解相关领域。

② 可解释性强：基于谓词逻辑的方法具有很好的可解释性，可以清晰地展示推演过程和推演结果。这对于决策者和专业人员来说非常重要，因为可以帮助他们理解推演的过程和结果。

基于谓词逻辑的方法存在以下缺点。

① 效率低：基于谓词逻辑的方法要进行复杂的逻辑计算和推演，这需要大量的计算资源和时间，因而处理效率较低。

② 适用范围窄：基于谓词逻辑的方法主要适用于形式化的知识和领域，对于非形式化的知识和领域，推演效果并不佳。

③ 知识表示难度大：基于谓词逻辑的方法需要将知识用逻辑语言进行表示，这需要专业的知识和技能，对于非专业人员来说，知识表示难度较大。

3.1.3.2 基于产生式规则的方法

产生式规则是一个“if…then…”形式的语句，其一般形式为：if A then B[7]。在基于产生式规则的方法中，推演系统会根据已有的知识库和规则库，通过匹配规则的前提条件来推导出新的知识，完成推演过程。

基于产生式规则的方法的一般步骤如下。

步骤1：确定推演目标，明确需要推导出的结论。

步骤2：定义知识表示形式。将问题领域的知识表示为一组产生式规则，每个产生式规则包括前提条件和结论。

步骤3：构建规则库。将产生式规则组成规则库存储在计算机中。

步骤4：确定已知条件。将问题领域的已知条件输入到计算机中。

步骤5：匹配规则并执行推导。从规则库中选择与已知条件匹配的产生式规则，执行推导过程，得出新的结论。

步骤6：将新的结论加入已知条件，重复执行步骤5，直到推演出目标结论或者无法再应用新的规则为止。

在推演过程中，推演系统会从规则库中选择一个规则，并尝试将它的前提条件与知识库中的事实相匹配。如果匹配成功，系统就可以应用这个规则，并从规则的结论中得到新的知识。这些新的知识又被加入到知识库中，继续推演过程。

例如，对于产生式规则 if（海莲花攻击，利用，CVE-2011-3415，2019-10-19，192.168.12.58）and（CVE-2011-3415，存在于，Web服务器，2011-12-29，192.168.12.58），then <海莲花攻击，控制，Web服务器，2019-10-19，192.168.12.58>”，如果已知知识<海莲花攻击，利用，CVE-2011-3415，2019-10-19，192.168.12.58>和<CVE-2011-3415，存在于，Web服务器，2011-12-29，192.168.12.58>，那么我们可以利用基于产生式规则的方法推演出可能发生的知识<海莲花攻击，控制，Web服务器，2019-10-19，192.168.12.58>。

基于产生式规则的方法的优点主要包括以下几点。

① 灵活性高：产生式规则的形式非常灵活，且规则可以很容易地进行添加、删除或修改，从而使系统能够适用于不同的任务和环境。

② 可解释性强：由于产生式规则可以被人理解，因此系统通常比较容易调试。

基于产生式规则的方法存在以下缺点。

① 矛盾检测困难：由于产生式规则的数量很大，因此不同规则之间可能存在矛盾，这会导致系统得出错误的结论。

② 完备性难以保证：系统通常需要大量规则才能涵盖多种情况，但即使规则很多，也很难完全覆盖所有情况，这会导致系统得出不完备的结论。

③ 推演效率较低：由于产生式规则的数量很大，因此规则的匹配过程需要耗费大量的计算资源和时间，这会导致推演效率比较低。

3.1.3.3 基于深度学习的方法

基于深度学习的方法利用深度学习的分布式表示和深层架构来建模知识图谱的事实元组[8]，它的目标是让计算机能够像人类一样从已知的事实中推演新的事实。基于深度学习的方法将大量的结构化和非结构化数据输入到神经网络模型中，通过学习来发现其中的模式和规律，从而推演出新的知识。

基于深度学习的方法首先将知识图谱中的事实元组表示为向量形式，然后利用神经网络模型对这些向量进行学习。在学习过程中，神经网络模型会自动学习实体和关系之间的语义关系，从而得到更加准确的向量表示；整个神经网络被构建成一个得分函数，其输出为事实元组的得分，用于评估该元组的可信度和相关性。最终，系统可根据得分值进行排序和筛选，得到推演结果。

以某网络空间安全事件的知识<代码执行攻击，利用，?，[2021-02-01, 2021-03-01]，[45.63.114.152，91.229.77.192]>（?表示待推演的实体，余同）为例，基于深度学习的方法的一般步骤如下。

步骤 1：数据准备。收集和处理涉及推演的数据，如本例中网络空间安全事件对应的知识集合、每个实体的相关属性、原始文本集合等。

步骤 2：知识表示。将数据转换为神经网络模型可以处理的嵌入向量形式，如将本例中的实体“代码执行攻击”、关系“利用”等表示为嵌入向量形式。

步骤 3：选择和训练模型。根据问题类型和数据特点选择合适的神经网络模型，并使用训练数据对模型进行训练，以使模型能够对问题进行推演并输出正确答案。

步骤 4：推演过程。使用训练好的神经网络模型进行推演，将<代码执行攻击，利用，?，[2021-02-01, 2021-03-01]，[45.63.114.152, 91.229.77.192]>中的已知实体、关系、时空信息等作为输入数据，并转换为嵌入向量形式，导入神经网络模型。系统将根据已有的知识和训练数据进行计算与分析，得出具体的结论或产生预测。

步骤 5：输出结果。根据已有的信息，输出推演出的结论或预测。在某些场景下，输出结果需要人工来验证是否正确。

基于深度学习的方法的优点主要包括以下几点。

① 支持自动学习：基于深度学习的方法可以自动学习和发现数据中的模式和规律，不需要手动设计数据特征或规则。

② 适应范围较广：基于深度学习的方法可以处理多种类型的数据，其中包括文本、图像、视频、音频等，具有很强的适应性。

③ 准确性高：基于深度学习的方法在处理大量数据时，通过学习数据的表示和抽象，能够发现数据中隐藏的复杂模式和关联，从而提高模型的准确性。

基于深度学习的方法存在以下缺点。

① 数据需求高：神经网络模型需要大量的数据进行训练，否则容易出现过拟合或欠拟合等问题。

② 可解释性差：神经网络模型通常是黑盒的，推演的过程和结果难以进行解释。

③ 推演能力有限：基于深度学习的方法的推演能力通常是基于已有的知识和规则进行推断，因而难以处理新的问题和未知的情况。

3.1.3.4 基于知识图谱的方法

基于知识图谱的方法利用知识图谱中的实体、属性、关系、规则等信息，通过推演和逻辑推断发现新的知识和关系，旨在基于已有的知识图谱事实来推演出新的事实或识别出存在的错误知识[9]。知识图谱将实体、属性和关系表示为图结构，其中，实体和属性通常表示为节点，关系通常表示为边。基于知识图谱的方法可以根据图中已知的节点和边，对未知的节点（实体）和边（关系）进行推演。

基于知识图谱的方法的一般步骤如下。

步骤1：构建知识图谱。将需要推演的领域内的相关实体和关系构成一个知识图谱。

步骤2：问题表示。将需要解决的问题用自然语言或其他接近自然语言的语言进行表达，并将表达形式转化为机器可理解的形式。

步骤3：问题匹配。将问题与知识图谱中的实体和关系进行匹配，找到可能与问题相关的实体和关系。

步骤4：寻找路径，即寻找连接问题和答案的路径。对于基于知识图谱的方法来说，路径通常通过实体间的关系来表示，可以用相关算法找到最短或最有可能的路径。

步骤 5：遵循路径。在找到路径之后，按照路径上的关系逐步移动，同时必须遵循相应的限制（如实体类型、关系类型等）。

步骤 6：推演结果。当到达问题所需的实体时，根据各种可用证据推演出结果。

我们可根据已经掌握的网络空间安全事件来构建知识图谱，并通过基于知识图谱的方法来推演出未知的安全事件（实体）。例如<远程执行代码漏洞，存在于，?，[2021-01-01，2021-03-01]，192.168.10.1>表示我们要推演出："[2021 年 1 月 1 日，2021 年 3 月 1 日]"之间，发生在 IP 地址为"192.168.10.1"的"远程执行代码漏洞""存在于"的哪个软件、哪段代码或者哪个平台中。

基于知识图谱的方法的优点主要包括以下几点。

① 效率高：知识图谱中的实体、属性和关系之间的关联关系已经建立，能够被直接用于推演，避免了大量的计算和搜索。

② 可解释性较好：知识图谱的结构和关系可以被直观地解释和理解，可以帮助人们更好地理解推演的结果。

③ 可扩展性较好：知识图谱是可扩展的，可以不断添加新的实体、属性和关系，从而扩大知识库的覆盖范围，提高了知识推演的准确性。

基于知识图谱的方法存在以下缺点。

① 构建成本较高：知识图谱的构建不仅需要耗费大量的人力和物力，而且需要进行大量的数据清洗和处理。

② 完备性难以保证：知识图谱具有不完备性，即知识库中并不包含所有的实体、属性和关系，从而可能导致推演结果的不准确性。

③ 非结构化数据的推演复杂度高：知识图谱只能处理结构化数据，对于非结构化数据（如自然语言文本），则需要进行额外处理，这会增加推演的复杂度。

④ 需要进一步验证和评估：在知识图谱的构建过程中，可能会存在数据源不完整、错误、不准确等问题。为了确保推演结果的准确性和可靠性，需要进行验证和评估，所用方法包括人工验证、实验验证、对比验证等，以提高推演结果的可信度和可靠性。

3.2 知识获取的需求与挑战

如何从复杂的网络空间数据和表象事件中抽取归纳出知识，如何基于部分网络空间安全事件知识演绎出新的网络空间安全事件知识，以及如何确保网络空间安全事件知识具有时空特性，这些都是知识抽取与推演面临的难点问题。我们需要研究和满足网络空间安全知识抽取与推演的实际需求，分析网络空间安全知识获取技术面临的挑战和难点。

3.2.1 知识获取的需求

随着网络空间规模的不断扩大以及结构的复杂化，网络空间安全知识正在变得更加隐蔽和复杂。网络空间安全领域的知识获取和推演具有自己独特的实际需求，具体如下。

网络空间安全知识应该是可获取的。网络空间安全知识的前提和基础是网络空间数据和表现事件，而网络空间数据和表现事件必须是可以获取的。

获取的网络空间安全知识应该是可解释的。网络空间安全事件的发现和预警需要给用户一个可解释的结果，而深度学习方法虽然在自动获取和准确性方面提高很大，但在可解释性方面存在不足。

获取的网络空间安全知识应该是具有正确性的。因为网络空间安全事件的分析和预警与传统领域的知识不同，其正确性是需要可验证的，即在相同的应用场景下，用户可以复现所获取的网络空间安全知识，验证知识的正确性。

网络空间安全知识的来源应该支持多模态数据融合的信息抽取，这是因为网络空间数据既包含结构化和非结构化的通用漏洞披露（CVE）信息，也包含博客和论文中利用漏洞进行攻击的信息。

获取的网络空间安全知识应该是支持语义多维时空关联的。与其他领域的知识不同，网络空间安全知识只在某个时间和空间的语义限制内具有实际应用价值。

3.2.2 知识获取的挑战

下面根据网络空间安全领域知识获取与推演面临的 5 种需求，我们分析已有的知识获取与推演方法所面临的挑战。

3.2.2.1 知识可获取

知识可获取是指人们能够掌握的各种数据、信息、知识等内容有语言、图像、符号等多种表达方式，能够抽取知识的内容必须是人们所能够获取和加工的，同时也能满足人们处理知识的计算复杂度。

不同的知识获取与推演方法在对数据的可获取方面各有优势与不足,具体如下。

在基于谓词逻辑和基于产生式规则的方法在人的可获取方面的要求比较高，因为无论是命题逻辑还是规则，都需要人工理解网络空间安全语料，以人工方式抽取命题逻辑或产生式规则，并解决规则的重叠和冲突问题，这导致人们对命题和规则的获取效率不高。

基于深度学习的方法在知识获取与推演方面比上述两种知识表示法有明显的提高。但是，神经网络模型通常需要大量的数据进行训练，这些数据可能来自不同的领域、不同的语言或文化，会造成模型的可移植性和普适性不足，同时也增加了人们理解和使用模型的难度。

基于知识图谱的方法在知识的可获取方面自动化程度比较高，因为它将知识以图形化的形式呈现，易于人们直观地理解和使用，但可能会存在冗余和虚假的知识。由于网络空间安全领域的知识需要对其正确性进行人工确认，因此知识获取的效率会受到影响。

3.2.2.2 知识可解释

知识获取的可解释性指的是能够对抽取和推演得到的知识进行解释和说明，让人们能够理解获取到的知识，并对其进行验证和调整。在网络空间安全领域，知识的可解释性尤为重要，因为它关乎对网络产生威胁和风险的知识是否准确和可靠。然而，现有的知识获取和推演方法在知识的可解释性上仍存在着一些缺陷，具体如下。

- 基于谓词逻辑和基于产生式规则的方法等知识获取方法在知识抽取方面需要人工获取，通过对命题和规则预制解释文本，一般具有可解释性。但在知识推演方面，这些方法往往会采用基于数学公式或规则匹配推理的方式，通过回溯推理链和预知推理解释文本的方法来实现知识推演的解释，从而具备一定可解释性。
- 基于深度学习的方法在处理大规模数据方面表现优异，但是在训练大规模数据时，其内部的学习过程和推演过程是黑盒的，无法提供可解释性的结果。虽然深度学习技术在知识获取方面具有自动化高和准确性好的特点，但它在知识可解释方面的不足限制了其应用范围。
- 基于知识图谱的方法在知识的可理解性方面表现良好，因为它将知识以图形化的形式呈现，易于人们直观地理解和使用。知识图谱也可以通过语义解释和可视化工具来进一步提高其可理解性。

3.2.2.3 知识获取的正确性

知识获取的正确性指的是针对网络空间安全知识的特点，需要确保获取的知识是正确的，并且是通过验证的和可调整的。在网络空间安全领域，知识的正确性尤为重要，因为它关乎对网络攻防知识是否准确和可靠。然而，现有的知识获取和推演方法在知识的正确性方面仍存在着一些缺陷，具体如下。

- 基于谓词逻辑和基于产生式规则的方法需要解释器和验证器来验证推理结果的正确性和可靠性，并且需要通过一套完整的逻辑演绎方法来验证人工整理的命题逻辑的正确性和完备性。
- 基于产生式规则的方法的规则由于也是人工整理的，因此同样需要一整套语法检查和知识求精工具，对产生式规则间的矛盾、冗余、遗漏等错误进行检测。
- 基于深度学习的方法需验证知识的正确性。由于该方法内部是黑盒的，因此在验证方面，目前采用训练数据中留一部分数据作为验证数据的方法来验证获取的知识的正确性。但在知识可解释性方面的不足使得人们在使用该方法获取知识方面存在信心不足的问题。
- 基于知识图谱的方法在知识的正确性验证方面与基于产生式规则的方法在知识的正确性和完备性方面有些类似。在新抽取和推演的知识入库之前，除了验证该知识自身的正确性，还需要将它与知识库中已有的知识的矛盾性与冗余性进行检测与验证。

3.2.2.4 多模态数据融合

网络空间安全知识获取的来源需要包括多模态的数据，不仅包括结构、半结构和非结构数据，还包括多媒体图片、音视频等数据。在网络空间安全领域，知识来源的多样性是要考虑的重要因素。然而，现有的知识获取方法支持多模态数据融合方面仍存在着一些缺陷，具体如下。

- 基于谓词逻辑和基于产生式规则的方法依赖专家和知识工程师对多模态数据的人工理解，通过他们对网络空间安全知识的理解来获取和融合命题逻辑和产生式规则。由此可知，这两种方法在支持多模态数据融合上存在效率低下的问题。

- 基于深度学习的方法在抽取和推演大规模数据中的知识时，具有很强的可拓展性和适应性，可以通过自适应学习的方式不断提升其性能和表现。只要多模态数据是标识好的，基于深度学习的方法是可以支持多模态数据融合的。但是，由于深度学习获取的知识可解释性较差，很难对其结果进行解释和说明，从而限制了该方法在网络空间安全领域的应用范围。
- 基于知识图谱的方法可以支持获取数据来源的多模态融合，支持从不同的来源和模态的数据中获取知识，并将这些知识进行融合和组织。此外，知识图谱还可以通过自动化的方式对新的知识进行扩充和更新，从而保持知识库的时效性和准确性。但是，该方法的构建和维护需要大量的时间和资源，并且需要对专业的领域知识进行人工验证。

3.2.2.5 支持语义多维时空关联

在网络空间安全领域，抽取与推演的数据和知识是多维关联的，特别是具备时空特征，因为它们能够帮助更好地理解和应对网络空间安全威胁。然而，现有的知识获取方法在支持语义多维时空关联方面仍然存在许多挑战，具体如下。

- 在基于谓词逻辑和基于产生式规则的方法中，获取的知识表示模型多用于静态概念的表示，缺乏对动态时空概念进行建模和表达的能力。例如，在网络空间安全领域，攻击事件通常具有时间特性，但现有的知识表示法并不能很好地表示这些时间特性，这可能会限制人们对网络空间安全威胁的理解和应对。
- 基于深度学习的方法具有一定的时间与空间信息表示能力，但尚不能很好地处理这种与语义多维时空关联的复杂性和异构性，这是因为网络空间安全数据和知识本身具有高度的复杂性和异构性。例如，攻击者的行为模式通常是由多个因素影响的，其中包括攻击时间、攻击目标、攻击方式等，这些因素来自不同的数据源和知识领域，需要进行融合才能得到更准确的分析结果。
- 基于知识图谱的方法并不能很好地表示这种时空特性关联，可能会导致在进行安全分析和决策时存在一定的不确定性和错误性，这是因为网络空间安全威胁的时空特性通常与地理位置密切相关，例如攻击源和攻击目标的地理位置。

|3.3 MDATA 认知模型的知识抽取方法|

MDATA 认知模型的知识抽取方法比传统的知识抽取方法更适合用于网络空间安全领域，且考虑了知识的时空特性。MDATA 认知模型的知识抽取方法主要使用归纳算子对网络空间安全中的海量数据进行知识抽取，其中包括实体抽取、关系抽取、时空属性抽取等。归纳算子是一类显性知识抽取方法，适用于包括面向结构化/半结构化数据、自然语言数据和时空属性等知识抽取。MDATA 认知模型的归纳算子包括基于网络空间安全本体的知识抽取模型（简称基于网络空间安全本体模型），可实现对结构化/半结构化网络空间安全数据的抽取；并利用网络空间安全威胁情报等数据，通过远程监督的关系抽取模型来补充缺失的网络空间安全知识；针对网络空间安全实体特性，用时空属性抽取策略补充网络空间安全知识中的时空属性。MDATA 认知模型的知识抽取方法框架如图 3-5 所示。

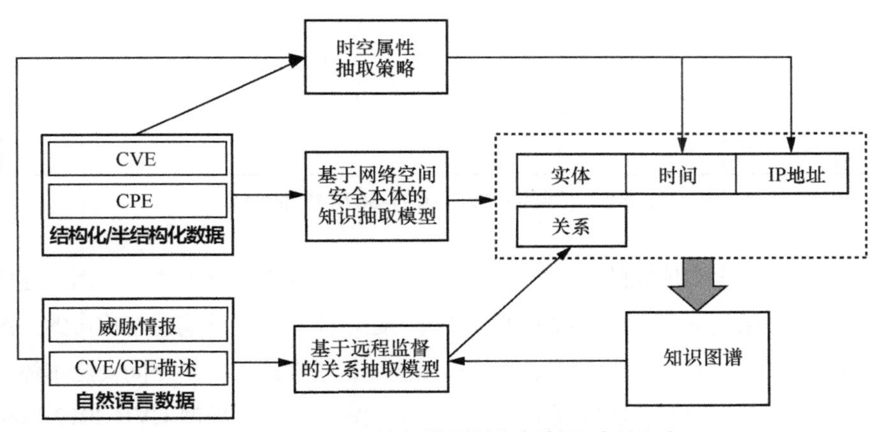

图 3-5　MDATA 认知模型的知识抽取方法框架

3.3.1　基于网络空间安全本体模型的 MDATA 认知模型知识抽取方法

本小节主要介绍基于网络空间安全本体模型从漏洞库、木马库中利用 MDATA 认知模型进行知识抽取，获取网络空间安全实体及其属性值和实体间关系的相关内容。

针对网络空间安全知识库的知识抽取包括从其中的非结构化数据中抽取实体间关系，以及从其中的结构化数据中抽取实体和实体的属性值。比如，CVE 知识库中的漏洞 CVE-2021-36744 的信息如图 3-6 所示。可以看出，该漏洞的非结构化描述（采用中文表述，余同）为“Trend Micro Security (Consumer) 2021 和 2020 容易受到目录连接漏洞的影响，该漏洞可能允许攻击者利用系统来提升权限并创建拒绝服务。”，我们从中可以获取该漏洞与提升权限的关系和与拒绝服务的关系；结构化描述为“CVSS 值：4.6。访问复杂性：低（Low）。漏洞类型：拒绝服务（Denial of Service）。对应的 CWE ID：59”，其中，CVSS 值、漏洞类型、对应的 CWE ID 和访问复杂性为通用属性名。我们可依据漏洞属性名直接抽取实体及其属性值。

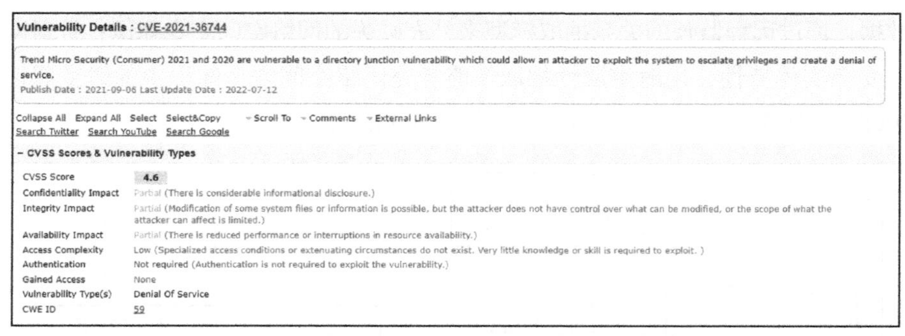

图 3-6 “漏洞 CVE-2021-36744”的信息

网络空间安全实体间的关系相对单一，比如“漏洞会导致攻击”，而描述中没有明确表达关系的词语，那么我们可以通过构建本体模型明确漏洞与攻击的关系：利用 MDATA 认知模型进行抽取，先抽取出实体，进而基于网络空间安全本体模型获取实体间关系。同时，实体间的对应关系不确定，比如“漏洞 CVE-2019-14847：在 samba 4.9.15 之前的 samba 4.0.0 和 samba 4.10.10 之前的 samba 4.10.x 中发现了一个缺陷。攻击者可以通过目录同步使 ADDCLDAP 服务器崩溃，从而导致拒绝服务。此问题无法提升权限。”漏洞 CVE-2019-14847 只导致拒绝服务，而漏洞 CVE-2021-36744 可以导致拒绝服务和提升权限。为了更好地为漏洞进行分类，我们可以采用动态优化网络空间安全本体类别来确保抽取正确的实体间关系。

基于网络空间安全本体模型的 MDATA 认知模型知识抽取方法借助本体模型[10]和实体识别模型[11]来抽取知识，其抽取过程如图 3-7 所示。首先，在概念层从网络空间安全知识库中提取网络空间安全本体，构建网络空间安全本体–实例模型，并对实体进行分类；其次，在数据层将本体特征与实体识别模型相结合来识别实体，并通过识别实体的类别优化网络空间安全本体–实例模型；最后，基于网络空间安全本体–实例模型中的关系来获取实体间的关系。

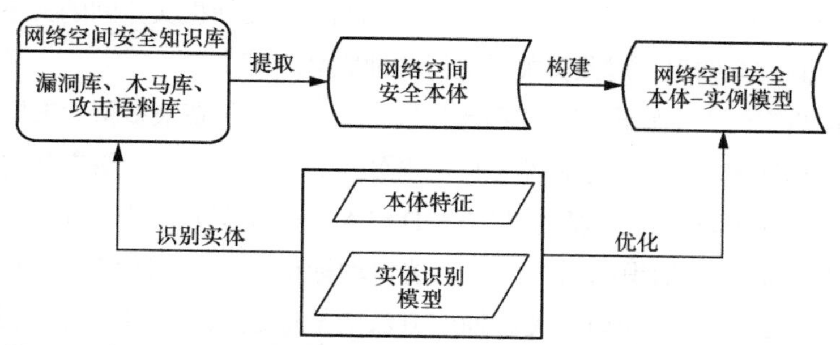

图 3-7　基于网络空间安全本体模型的 MDATA 认知模型知识抽取过程

以 CVE 知识库为例，我们对“漏洞 CVE-2021-36744”与“拒绝服务攻击”之间的关系进行抽取的步骤如下。

步骤 1：在概念层构建粗粒度的网络空间安全本体模型，并将模型中“漏洞”与“攻击”的关系明确为“导致”。

步骤 2：在数据层利用实体识别模型识别“漏洞 CVE-2021-36744”与攻击名组合“拒绝服务”和“提升权限”，并根据否定词的位置将攻击名组合优化为“拒绝服务”。

步骤 3：将本体模型中的“漏洞”进一步细化为“拒绝服务漏洞”，将“攻击”进一步细化为“拒绝服务攻击”，拒绝服务漏洞的实例与拒绝服务攻击之间继承“导致”的关系。

至此，“漏洞 CVE-2021-36744”作为拒绝服务漏洞的实例，继承了“拒绝服务漏洞”与“拒绝服务攻击”的关系，因而我们抽取到了<CVE-2021-36744，导致，拒绝服务攻击>这条新知识。

3.3.2　基于远程监督的 MDATA 认知模型关系抽取方法

MDATA 认知模型的归纳算子可以提取漏洞信息和资产信息，如“漏洞 CVE-2011-3415”“Web 服务器”等实体。这些漏洞信息可以通过网络空间安全本体中预先定义的关系和模式进行关联匹配，构成网络空间安全知识。

仅通过半结构化/结构化数据来抽取资产信息和漏洞信息无法构建完整的网络空间安全知识，还原网络空间安全事件，还需要从语料中存在的其他实体间关系进行抽取，如<发送钓鱼邮件，利用，CVE-2011-3415>等。这些关系存在于网络空间安全威胁情报、CVE 漏洞描述等非结构化的语料中，要捕捉实体间的关系、构建完整的网络空间安全知识，对此类关系进行的抽取必不可少。

对于网络空间安全知识库中关系的抽取，不仅需要耗费很多精力来标注关系数据，还需要标注者具有一定的网络空间安全知识，以判别两个网络空间安全实体间文字描述的标注关系。基于远程监督的 MDATA 认知模型关系抽取方法可以使用已构建的网络空间安全知识图谱进行关系的自动标记，使上述问题得到解决。基于远程监督的 MDATA 认知模型关系抽取方法的抽取过程如图 3-8 所示，其中，T_i～T_j表示头实体 token（字符），T_k～T_m表示尾实体 token（字符），T_a表示其他 token（字符），$\boldsymbol{H}$为 T 对应的向量表示。

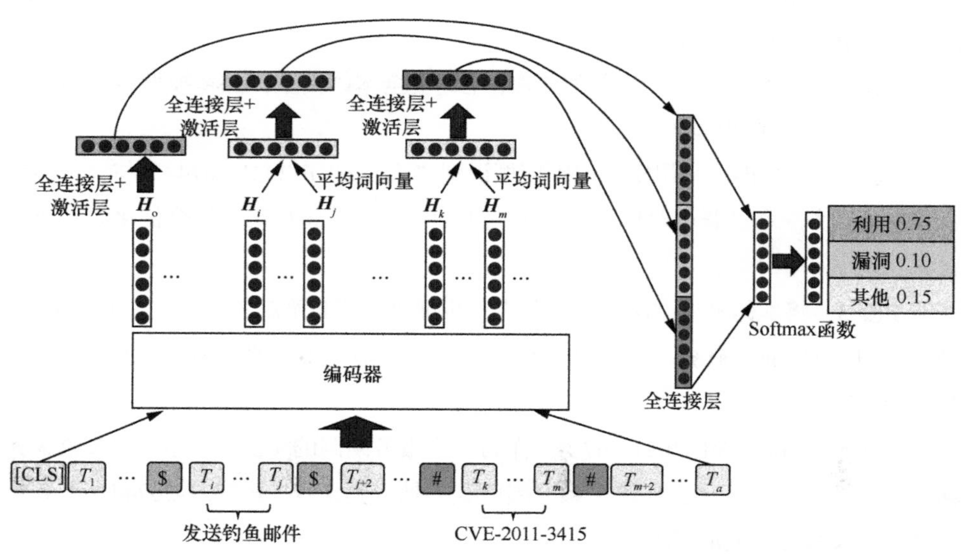

图 3-8　基于远程监督的 MDATA 认知模型关系抽取方法的抽取过程

以又一个海莲花攻击事件为例，对于语料“从 2019 年 10 月 19 日开始，某网络系统持续收到钓鱼邮件，Web 服务器（IP 地址为 192.168.12.58）的管理员打开了钓鱼邮件，攻击者利用 Microsoft .NET Framework URL 欺骗漏洞（漏洞 CVE-2011-3415）

将该管理员定向至恶意 URL（IP 地址为 101.1.35.X）进行钓鱼攻击。海莲花组织擅长使用鱼叉攻击，通过大量精准发送钓鱼邮件来投递恶意附件的方式进行攻击。整个 2019 年，海莲花组织持续对多个目标不断地进行攻击。”，基于远程监督的 MDATA 认知模型关系抽取方法对该非结构化语料信息的抽取步骤如下。

步骤 1：通过实体链接技术将知识图谱中的实体与要抽取的文本对齐，文本中两个实体之间的文字描述就是它们的对应关系。这里我们将网络空间安全知识库中的“发送钓鱼邮件”和“CVE-2011-3415”与文本中对应的实体进行对齐。

步骤 2：通过对齐的实体对包含实体的文本进行标注。在已构建的网络空间安全知识库中，实体“发送钓鱼邮件”和“CVE-2011-3415”的关系为“利用”，因此文本中对齐实体中间的文本描述被标注为对关系“利用”的描述。

步骤 3：将步骤 2 得到的句子输入到编码器中进行编码，得到句子的低维向量表示（平均词向量）。

步骤 4：通过全连接层和 Softmax 函数对句子表示的关系进行打分。由图 3-8 可知，“利用”的得分为 0.75,“漏洞”的得分为 0.10，其他（关系）的得分为 0.15，因此，“发送钓鱼邮件”实体和“CVE-2011-3415”实体之间的关系为“利用”。

3.3.3 基于实体链接的 MDATA 认知模型时空属性抽取方法

相对于一般的知识图谱而言，MDATA 认知模型知识表示法中加入了时空属性的描述。MDATA 认知模型的归纳算子除了需要抽取实体和关系外，还需要抽取实体与关系的时空属性。虽然实体识别模型和开源工具可以对时间和 IP 地址进行准确识别[2]，但对于基于 MDATA 认知模型的知识表示，时间和空间（IP 地址）属性抽取还需要与对应的实体、关系对齐。

例如，对于语料“从 2019 年 10 月 19 日开始，某网络系统持续收到钓鱼邮件，Web 服务器（IP 地址为 192.168.12.58）的管理员打开了钓鱼邮件，攻击者利用 Microsoft .NET Framework URL 欺骗漏洞（漏洞 CVE-2011-3415）将该管理员重定向至恶意 URL（IP 地址为 101.1.35.X）进行钓鱼攻击。海莲花组织擅长使用鱼叉攻击，通过大量精准发送钓鱼邮件来投递恶意附件的方式进行攻击。整个 2019 年，海莲花组织持续对多个目标不断地进行攻击。”已有的实体抽取方法可以抽取“2019 年 10 月 19 日”这个时间属性，但无法确定这个时间属性属于哪个实体–关系对。

通过分析我们发现，大部分的威胁情报文本、攻击事件分析报告中对实体、关系的时空属性的描述都在实体附近，如“IP 地址为 192.168.12.58”是附近的 “Web 服务器”实体的空间属性。基于实体链接的 MDATA 认知模型时空属性抽取方法可以针对网络空间安全知识中的时空属性进行抽取，其抽取流程如图 3-9 所示。

步骤 1：将要进行时空属性抽取的实体“鱼叉攻击”和“恶意附件”通过实体链接技术在文本中匹配确定相应位置。

步骤 2：设窗口长度为 t，将实体所在的前后 t 个文本句子设为时间属性的抽取对象。例如，令 $t=1$，则实体后一句包含时间属性“2019 年”的句子被列为<鱼叉攻击,利用，恶意附件>对应时间属性的抽取范围。

步骤 3：使用实体抽取的方法对时间属性进行抽取，抽取到的时间属性与空间属性相对应，即<鱼叉攻击，利用，恶意附件，[2019]>。对于同一个网络空间安全事件在不同报告中描述不同的这种情况，我们可通过抽取的多个时间属性进行校准。

步骤 4：重复执行步骤 1～步骤 3，利用实体链接技术对齐文本，并对空间属性 IP 地址进行抽取。

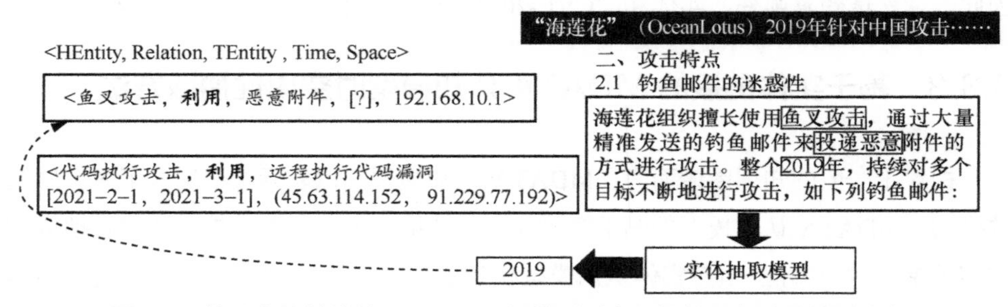

图 3-9 基于实体链接的 MDATA 认知模型时空属性抽取方法的抽取流程

可以看出，基于实体链接的 MDATA 认知模型时空属性抽取方法可以将非结构化文本描述的网络空间安全事件中的时空属性与对应的实体相对应，解决了将实体和时空属性准确对齐的难题。

3.4 MDATA 认知模型的知识推演方法

MDATA 认知模型的知识推演方法考虑了知识的时空特性，比传统的知识推演方法在适应网络空间安全特征方面更具优势。MDATA 认知模型的知识推演方法需要针对网络空间安全事件的规律特性，利用已知的网络空间安全事件中丰富的信息来推演未知的事件。传统的知识推演方法只是针对网络空间安全知识库中遗漏的未知知识进行补全，虽然可使知识库更加完整，但无法推演出未知事件。以推演的具体任务为标准，MDATA 认知模型的知识推演方法可分为面向网络空间安全关系的 MDATA 认知模型知识推演方法和面向网络空间安全事件序列的 MDATA 认知模型知识推演方法，其框架图如图 3-10 所示。

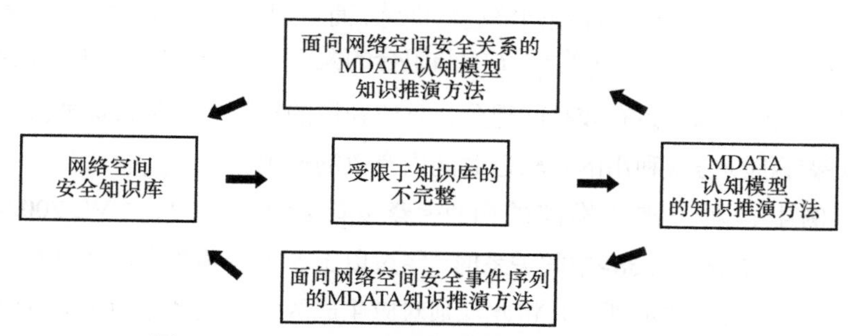

图 3-10　MDATA 认知模型的知识推演方法框架

3.4.1　面向网络空间安全关系的 MDATA 认知模型知识推演方法

面向网络空间安全关系的 MDATA 认知模型知识推演方法基于 MDATA 认知模型，对可能发生的未知事件中的关系进行推演，例如推演事件<释放远控木马，?，CVE-2002-0840，2019−10−10，192.168.12.58>中的关系。

传统的知识推演方法尽管具备一定的可解释性，但是无法对 MDATA 认知模型中丰富的时空信息进行有效处理，更无法针对 MDATA 认知模型形成可理解的推演链。面向网络空间安全关系的 MDATA 认知模型知识推演方法是一种基于 TLogic 推演模型[12]和时序随机游走的知识推演方法，该方法的推演步骤如下。

步骤 1：从 MDATA 认知模型知识库中提取时序随机游走。对于长度为 L 的规则，需要对长度为 $L+1$ 的时序随机游走进行采样。

步骤 2：提取时序逻辑规则。将长度为 L 的时序逻辑规则定义为 $(e_1,r_{\mathrm{h}},e_{l+1},t_{l+1},s_{l+1})\leftarrow\wedge_{i=1}^{l}(e_i,r_i,e_{i+1},t_i,s_i)$，其中，时间约束为 $t_1\leqslant t_2\leqslant\cdots\leqslant t_l<t_{l+1}$，符号 $\leftarrow$ 左边的部分为规则头，右边的部分为规则体。

步骤 3：定义一个规则学习的置信度函数 conf(·)，并为所有长度为 L、规则头为关系 r 的规则求解置信度 $\mathrm{conf}(r)$ 。

步骤 4：对于每个需要推演的网络空间安全事件查询 $q=(e_s,?,e_o,t_q,s_q)$ ，选择规则的置信度和时间差 t_q-t_1 的凸组合 $f(r)=a\cdot\mathrm{conf}(r)+(1-a)\cdot\exp(-\lambda(t_q-t_1))$ 作为得分函数，其中，e_s 表示查询的头实体，e_o 表示查询的尾实体，t_q 表示查询的时间属性，s_q 表示查询的空间属性，$\lambda>0$ ，$a\in[0,1]$ 。

步骤 5：选择的得分最高的规则对应生成的候选实体作为推演的结果。

此推演方法不需要依赖神经网络进行训练，而且拥有较强的可解释性。在步骤 4 中，选择规则的置信度和时间差 t_q-t_1 的凸组合的关键在于得分函数的设计要使高置信度规则生成的候选实体有较高的得分，且应利用的规则尽量接近需要推演的查询时间，以保证推演方法利用的是较近时间内有效的规则。

在上例中，对于需要推演的事件<释放远控木马，?，CVE-2002-0840，2019–10–10，192.168.12.58>中的关系时，经过以上 5 个步骤最终选择具有较高置信度且较近时间内有效的规则，并将此规则对应生成的候选关系作为推演的结果（在此例中为关系“利用”），即得到了完整的事件<内网横向渗透，利用，CVE-2018-16509，2020–11–01，[192.168.12.58，192.168.12.143]>。

3.4.2 面向网络空间安全事件序列的 MDATA 认知模型知识推演方法

面向网络空间安全事件序列的 MDATA 认知模型知识推演方法主要针对网络空间安全事件中多个实体之间的先后顺序进行推演。例如，在图 3-11 中，“发送钓鱼邮件”和“释放远控木马”这两个实体的先后顺序是网络空间安全事件分析中的重要信息，有着较高的推演价值。

传统的知识推演方法无法对 MDATA 认知模型中丰富的时空信息进行有效处理，因此无法对网络空间安全事件中成对事件实体[1]的先后顺序进行推演。为了解决这个问题，我们提出了一种基于图 3-11 所示二分类器的面向网络空间安全事件序列的 MDATA 认知模型知识推演方法。该方法主要的推演步骤如下。

步骤 1：收集、整理和清洗数据，从已掌握的 MDATA 认知模型时空知识库中

① 成对事件实体指一个事件序列中所存在的两个具有较强关联关系的事件实体，它们通常在较近的时间间隔内先后出现。这两个事件实体可以彼此影响、互动或者以其他方式相关联。

提取数据，将成对事件实体取出，形如<实体 1，实体 2>，而二者的先后顺序作为标签（记为 1 或 0）。

步骤 2：利用深度学习表示法分别获得 Head 和 Tail 的嵌入向量，并将它们分别表示为 $\boldsymbol{h}$ 和 $\boldsymbol{t}$。依次对每一对 Head 和 Tail 的嵌入向量作差，即 $\boldsymbol{h}-\boldsymbol{t}$，将此结果作为训练的输入数据。

步骤 3：将网络空间安全事件序列的推演作为二分类任务，选择一个合适的模型（如逻辑回归、支持向量机、决策树、随机森林、神经网络等）后，使用训练数据对模型进行训练、调参和优化，提高模型的准确率和稳健性，最终获得一个训练好的二分类器。

步骤 4：利用训练好的二分类器进行推演。每当需要判断某两个实体（形如<Head，Tail>）的先后顺序时，将二者的嵌入向量（由深度学习表示法获得）取出并做差，将其结果作为分类器的输入数据，将分类器的输出作为推演结果，输出为 1 表示“Head 在 Tail 之前”，输出为 0 表示“Tail 在 Head 之前”。

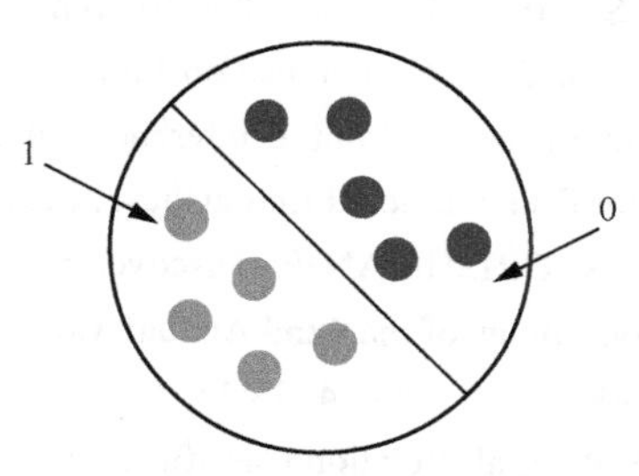

图 3-11　二分类器

面向网络空间安全事件序列的 MDATA 认知模型知识推演方法在深度学习表示法的基础上，将推演两个的不同网络空间安全事件实体的先后次序简化为的二分类任务，便于用户操作和执行。由于本方法是与模型无关的，因此在实际推演时，用户可根据实际需要选择合适的分类模型，如逻辑回归、支持向量机、决策树、随机森林、神经网络等。

3.5　本章小结

本章介绍了知识获取的概念，以及已有的知识抽取与知识推演方法，并针对网络空间安全领域的特点，对知识抽取与推演面临的需求和挑战进行了总结。本章提出了 MDATA 认知模型的知识抽取方法与知识推演方法，介绍了 MDATA 认知模型的实体抽取、关系抽取和时空属性的知识自动抽取的方法，以及面向网络空间安全关系和事件实体时序关系的 MDATA 认知模型知识推演方法，为网络空间安全事件知识的获取、网络空间安全事件准确且实时的研判和知识利用提供了理论依据和技术保障。

参考文献

[1] LAMPLE G, BALLESTEROS M, SUBRAMANIAN S, et al. Neural architectures for named entity recognition[C]//Proceedings of the 2016 Conference of the North American Chapter of the Association for Computational Linguistics: Human Language Technologies. Stroudsburg: Association for Computational Linguistics, 2016: 260-270.

[2] BAEVSKI A, EDUNOV S, LIU Y H, et al. Cloze-driven pretraining of self-attention networks[C]. //Proceedings of the 2019 Conference on Empirical Methods in Natural Language Processing and the 9th International Joint Conference on Natural Language Processing. Stroudsburg: Association for Computational Linguistics, 2019: 5360-5369.

[3] HASEGAWA T, SEKINE S, GRISHMAN R. Discovering relations among named entities from large corpora[C]//Proceedings of the 42nd Annual Meeting on Association for Computational Linguistics. New York: ACM, 2004: 415-422.

[4] ZENG D J, LIU K, LAI S W, et al. Relation classification via convolutional deep neural network[C]//Proceedings of COLING 2014, the 25th International Conference on Computational Linguistics: Technical Papers. [S.l.]: Dublin City University and Association for Computational Linguistics. 2014: 2335-2344.

[5] FRANCIS-LANDAU M, DURRETT G, KLEIN D. Capturing semantic similarity for entity linking with convolutional neural networks[C]//Proceedings of the 2016 Conference of the North American Chapter of the Association for Computational Linguistics: Human Language Technologies. Stroudsburg: Association for Computational Linguistics, 2016: 1256-1261.

[6] 田玲，张谨川，张晋豪，等. 知识图谱综述：表示、构建、推理与知识超图理论[J]. 计算机应用, 2021, 41(08): 2161-2188.

[7] 樊延平，陈昶轶，柏杰. 产生式决策规则的结构化表示与管理[J]. 微计算机信息，2009, 25(31):156-157, 162.

[8] 张宇，郭文忠，林森，等. 深度学习与知识推理相结合的研究综述[J]. 计算机工程与应用，2022, 58(01): 56-69.

[9] 官赛萍，靳小龙，贾岩涛，等. 面向知识图谱的知识推理研究进展[J]. 软件学报，2018,

29(10): 2966-2994.

[10] SYED Z, PADIA A, MATHEWS M L, et al. UCO: a unified cybersecurity ontology[C]//Proceedings of the AAAI Workshop on Artificial Intelligence for Cyber Security. Palo Alto: AAAI Press, 2016.

[11] QIN Y, SHEN G W, ZHAO W B, et al. A network security entity recognition method based on feature template and CNN-BiLSTM-CRF [J]. Frontiers of Information Technology & Electronic Engineering, 2019, 20(06): 872-884.

[12] LIU Y S, MA Y P, HILDEBRANDT M, et al. TLogic: temporal logical rules for explainable link forecasting on temporal knowledge graphs[C]//Proceedings of the AAAI Conference on Artificial Intelligence. Palo Alto: Association for the Advancement of Artificial Intelligence, 2021: 4120-4127.

第4章 MDATA认知模型知识利用

知识利用是MDATA认知模型的组成部分之一。在网络空间安全领域，我们可以利用MDATA认知模型知识库中存储的知识，实现对网络空间安全事件进行全面、准确、实时的研判，其中涉及子图匹配、可达路径计算、基于标签的子图查询等图计算方法。

本章的结构如下。4.1节介绍知识利用的基本概念，以及如何将MDATA认知模型的知识利用映射到图计算技术上。4.2节介绍网络空间安全领域数据特性给知识利用带来的难点与挑战。4.3节详细介绍MDATA认知模型的知识利用方法。4.4节对本章内容进行小结。

4.1 知识利用的基本概念和相关技术

4.1.1 知识利用的基本概念

知识利用指通过计算机程序或算法对知识库中的知识进行挖掘、分析，完成不同应用场景中用户指定的任务，实现用户需要的功能。网络空间安全事件具有巨规模、演化性、关联性等特点，利用MDATA认知模型知识库中的知识对网络空间安全事件进行全面、准确、实时的研判是MDATA认知模型知识利用的重要任务之一，其中涉及的研判手段包括以下3类。

第一类：对已知多步攻击事件进行检测。攻击者在实施多步攻击时，需要完成若干个固定的单步攻击行为。例如，在海莲花攻击事件中，攻击者首先会发送钓鱼邮件并释放远控木马连接后门程序，然后发动内网横向渗透攻击，最后窃取数据回传，因此，我们可以通过时空约束建立攻击事件之间的关联关系，形成一个包含多个网络空间安全事件实体的攻击检测模版。建立的海莲花攻击事件模版如图 4-1 所示。

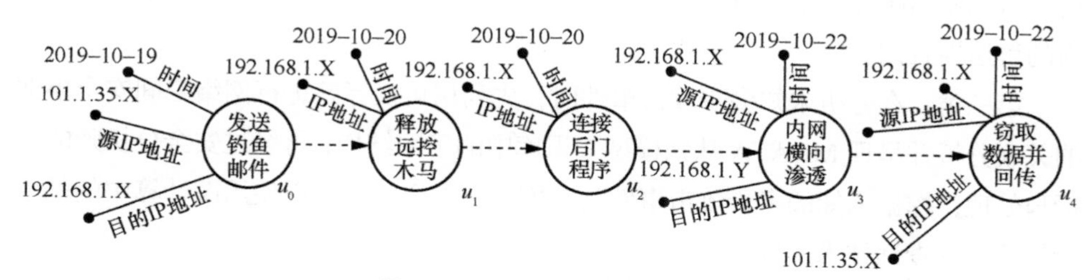

图 4-1　海莲花攻击事件模版

在攻击检测中，根据实时数据生成的网络空间安全事件越来越多，这些安全事件本身是一个大图，其中，顶点表示实体，边表示实体之间的关系。图 4-2 所示的网络空间安全事件图展示了 MDATA 认知模型知识库的一部分。该图是实时检测到的网络攻击行为进行关联后形成的，图上多步攻击事件的检测可以利用子图匹配技术完成，即在网络空间安全事件图中查询海莲花攻击事件的同构子图。所谓同构子图，是指拓扑结构和顶点标签一一对应的子图。

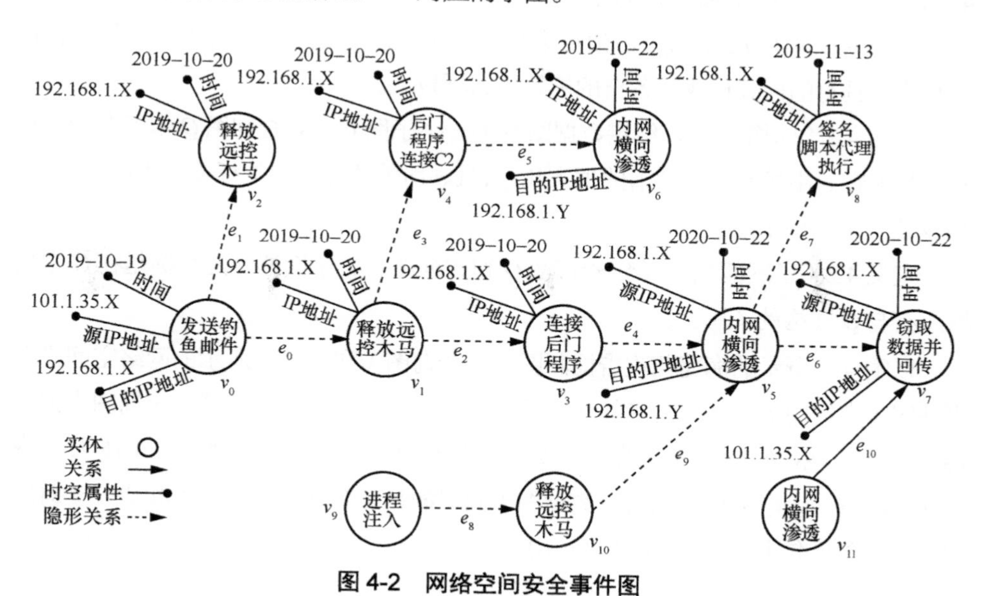

图 4-2　网络空间安全事件图

第二类：在研判一个多步攻击事件时，对两个单步事件之间是否关联且可达进行频繁查看。例如，在海莲花攻击事件中，安全分析师在分析某个特定的“发送钓鱼邮件”安全事件是否与某个特定的“窃取数据并回传”安全事件是否关联可达时，需要在MDATA认知模型知识库上实时查看这两个安全事件的实体是否关联可达，这时可以使用图计算中的可达性查询技术，该技术利用二跳索引结构实现常数时间内的可达性查询。

第三类：在分析未知多步攻击事件时，先利用可疑标签进行网络空间安全事件的关联分析并呈现MDATA认知模型知识库中的子图结构；再经过安全分析师的分析与处理，挖掘未知的多步攻击事件及其模版。这个任务可以使用图计算中的基于标签的子图查询技术实现。

4.1.2 子图匹配

子图匹配是图数据管理与分析领域的热门研究，其主要目标是在一个给定的数据图中找出所有与查询图同构的子图。子图匹配具有广泛的应用场景，例如，在网络空间安全领域中，在对计算机系统内核日志建立溯源图模型后，我们可以利用子图匹配检测其中复杂的攻击行为[1]。

4.1.2.1 子图匹配的概念及方法

一个图$G=(V,E,L_V,L_E)$由顶点集V和表示各顶点之间关系的边集E组成；顶点和边所具有的标签构成了各自的标签集L_V和L_E。

定义4.1（同构子图）给定数据图G的一个子图g，若查询图Q中所有的顶点和边都能在g中找到一一映射的顶点和边，且映射的顶点与边的标签也相同，则称g是Q的一个同构子图。

定义4.2（子图匹配）给定查询图Q和数据图G，子图匹配的目标是在G中抽取所有与Q同构的子图。

以图4-1所示的海莲花攻击检测图（即查询图）和图4-2所示的网络空间安全事件图（数据图）为例，为了简化表述，这里我们只考虑顶点标签。查询图中顶点u_0、u_1、u_2、u_3、u_4的标签分别为发送钓鱼邮件、释放远控木马、连接后门程序、内网横向渗透、窃取数据并回传，数据图中同时满足与查询图顶点标签和边一一对应的同构子图只有1个，即$\{v_0,v_1,v_3,v_5,v_7\}$。

4.1.2.2 子图匹配计算方法

子图匹配是一个 NP 完全问题[2]，在大规模图数据上实现子图匹配的高效处理本身就是一个极具挑战的任务。现有子图匹配算法大致可以分为基于连接和基于搜索这两类[3]，由于前者在处理大规模稀疏图时效率极低，因此大多数子图匹配算法采用基于搜索的算法。目前已有的基于搜索的算法是从应用广泛的子图匹配算法 VF2[4]发展而来的。

1. VF2 算法思想

VF2 算法以递归的思路依次对查询图中的顶点进行匹配，并在匹配过程中，将中间结果保存在顶点对匹配结构中。初始时，顶点匹配结构为空，此时在查询图中挑选一个顶点，并在数据图中计算该顶点的可匹配顶点集。接下来，将顶点集中的每个顶点与查询图顶点形成匹配顶点对，并加入顶点对匹配结构中，从而形成一个新的匹配分支，完成一次匹配结果扩展。随着递归扩展的进行，当顶点对匹配结构的大小与查询图的大小相同时，这表明形成了一个完整的匹配结果，该匹配分支终止。总体来说，整个搜索空间形成了一棵递归搜索树，搜索树中的内部节点表示匹配的中间结果，深度等于查询图顶点的个数，叶子节点表示完整的匹配结果。

2. VF2 算法步骤

为了更好地描述算法步骤，我们先介绍一些基本变量。

$l(u)$：顶点 u 的标签。

$d(u)$：顶点 u 的度，即 u 的邻居个数。

$C(u)$：查询图中顶点 u 在数据图中的候选匹配顶点。

M：中间匹配结果，即查询图与数据图中匹配的顶点对。

$p(u,v)$：顶点 u 和顶点 v 形成的匹配顶点对。

VF2 算法的具体步骤如下。

步骤 1：初始化中间匹配结果 M，使其为空。

步骤 2：首先在查询图已匹配顶点的邻居中挑选顶点 u 作为下一个匹配顶点，常用的挑选规则是选择数据图中标签出现频率最小的顶点；然后在数据图中计算 u 的可匹配顶点集 $C(u)$，其中，$C(u)$ 包含数据图中该匹配分支下已匹配顶点的邻居，且该邻居的标签与 u 的相同。

步骤 3：考虑 $C(u)$ 中顶点 v，将其与顶点 u 形成一个匹配顶点对 $p(u,v)$，并加入中间匹配结果M，形成新的匹配分支。

步骤4：递归调用新的匹配分支，若M的大小与查询图Q的大小相同，则输出一个匹配结果，否则重复执行步骤2。

为了使读者更加清楚地理解VF2算法，我们以图4-1和图4-2为例进行说明。通过时空约束，我们为图4-1中包含的5个单步攻击事件建立了关联关系，形成了一个包含5个顶点的查询图Q。图4-2所示内容也是MDATA认知模型知识库的一部分，其中包含多个实体。我们通过时空约束关系形成了一个数据图G。为了方便描述，查询图和数据图中的实体均有一个唯一的编号，分别为$u_0,u_1,\cdots,u_4$和$v_0,v_1,\cdots,v_{11}$。下面我们使用VF2算法在数据图G上搜索查询图Q的匹配子图，具体步骤如下。

步骤1：将中间匹配结果M初始化为空。

步骤2：由于初始化时查询图的所有顶点都是未匹配的顶点，因此只需挑选数据图中标签出现频率最少的顶点。由图4-1和图4-2可知，“窃取数据并回传”实体（即顶点u_4）在数据图G中只出现一次，故先挑选u_4，然后计算u_4在数据图G中的可匹配顶点集$C(u_4)=\{v_7\}$。

步骤3：依次考虑$C(u_4)$中的顶点（这里只有v_7），形成匹配顶点对$p(u_4,v_7)$，并将$p(u_4,v_7)$加入中间匹配结果M，形成新的匹配分支。

步骤4：由于M中只有一个顶点对，因此算法继续进行。

步骤5：在u_4的邻居中挑选一个顶点——这里只有一个顶点u_3，即“内网横向渗透”实体，计算u_3在数据图G中的匹配顶点集$C(u_3)$。由于v_7是该分支下已匹配顶点，其未使用的邻居顶点有v_5和v_{11}，而v_5的标签与u_3的标签相同，因此$C(u_3)=\{v_5\}$。

步骤6：依次考虑$C(u_3)$中的顶点（这里只有v_5），形成匹配顶点对$p(u_3,v_5)$，并将$p(u_3,v_5)$加入M，形成新的匹配分支。

步骤7：重复执行以上步骤，最终得到一个完整的匹配子图$\{v_0,v_1,v_3,v_5,v_7\}$。

3. **优化算法**

为了提高计算效率，很多算法针对匹配顺序以及候选顶点集进行优化，下面我们介绍两种主流的优化技术。

（1）匹配顺序技术

一个合理的匹配顺序能尽快结束对无效分支的搜索。匹配顺序技术的主要思想是优先匹配候选顶点少的查询顶点，并以邻域拓展的方式迭代地为剩下的查询顶点匹配候选顶点，从而尽早缩小搜索范围，提升匹配效率。如上所述，VF2 算法[4]使用了一个简单且有效的匹配顺序，那就是顶点标签在数据图中的频率升序顺序，即先为数据图中标签出现频率低的查询顶点进行匹配。在此基础上，我们优先匹配度最大的顶点，因为一个顶点的度很高，那么其候选顶点相对较少。考虑到规模较大的查询图，Bi 等人[5]将查询图分解成稠密的核心结构以及外围顶点，先对核心结构进行匹配，再匹配剩下的顶点。Han 等人[6]使用动态匹配顺序，即顶点的匹配顺序在枚举过程中是动态调整的。

（2）候选集过滤技术

常见的候选集过滤技术是顶点标签和顶点度过滤器，即对于查询顶点u，它在数据图中的候选顶点v必定满足条件$l(v)=l(u)$且$d(v)\geqslant d(u)$。

邻居标签频率过滤器[5-7]：对于查询图中的顶点u，它在数据图中的候选顶点v必定满足邻居标签频率条件，即在u的邻居中，对于任意标签类型，其邻居数量必定比v的邻居数量要少。

邻域匹配过滤器[8]：对于查询顶点u和数据顶点v，若u的所有邻居都能在v的邻居中找到对应的匹配顶点，则v是u的候选顶点，否则不是。

基于附属结构的过滤器[5-7]：通过多个邻居的交集生成候选顶点集，并构建树形索引结构存储，进一步精简候选顶点集。

这些候选集过滤方法可以叠加使用，用户综合考虑过滤方法本身的计算开销即可。

4.1.3 可达路径计算

可达路径计算一直是图分析领域的热点研究，其任务是对于给定的图中的顶点u和v，查询是否存在一条可以使u到v可达的有向路径。可达路径计算通常包括可达性查询和最短可达路径查询两方面，其中，前者只需判断顶点是否可达，后者需返回最短可达路径。

4.1.3.1 可达性查询的概念

在有向图$G(V,E)$中，顶点间由有向边相连。可达路径是指一条从顶点u（起点）出发，经由G上的任意多个顶点（除u和v两个顶点之外）到达顶点v（终点）的序列。对于顶点序列中相邻的任意两个顶点i和j，G中始终存在一条有向边$e\in E$，使得$e=(i,j)$。

定义 4.3（可达性查询）给定有向图$G(V,E)$及两个查询顶点u和v，可达性查询旨在判断G上是否存在从u到v的可达路径。

定义 4.4（最短可达路径查询）给定有向图$G(V,E)$及两个查询顶点u和v，最短可达路径查询目标是返回G上从u到v的最短可达路径。

以图 4.2 为例，在所展示的知识图谱中，顶点v_0和v_7是可达的，而v_2和v_7是不可达的，这是因为v_2没有一条有向的路径能到达v_7。

4.1.3.2 可达性查询算法

比较简单的可达路径计算方法是直接应用深度优先、宽度优先、最短路径等计算方法，但这类方法的时间复杂度较高，如 Dijkstra 算法的时间复杂度为$O(n^2)$，其中，n表示图中顶点个数。很显然，这种直接计算的思路不适用于大规模图数据且查询频繁的应用场景。为了提高查询效率，基于索引的方法被提出来了，其目的是设计出一种索引来存储图上顶点间是否可达的信息，从而将可达路径计算问题转化为利用索引求解可达路径的问题，大大降低查询时间。下面我们先介绍一种基于二跳索引的算法——Cohen 算法[9]，再介绍优化算法。

1. Cohen 算法思想

对于图中的顶点v，二跳索引会记录两个信息：一个是可以到达v的顶点集，另一个是v可到达的顶点集。要判断查询顶点u到v是否可达，仅需要判断以下 3 个条件之一是否成立：

① v是否在u的可到达顶点集中；

② u是否在可以到达v的顶点集中；

③ u的可到达顶点集与可以到达v的顶点集的交集不为空。

当以上 3 个条件之一成立时，我们认为u到v是可达的。很显然，查询效率与索引中的这两个顶点集呈线性关系，因此一个好的二跳索引应该是在保证查询正确性的前提下，使这两个顶点集的平均长度最小。Cohen 等人[9]证明了这是一个 NP 难问题，因而提出了一种基于传递闭包的贪心算法，该算法核心思想是将度的值大的顶点作为二跳索引的中心节点，以保证在查询正确性的前提下尽可能地降低索引大小。

2. Cohen 算法步骤

为了更好地描述算法步骤，我们先介绍一些基本变量。

$L_{\text{in}}(v)$：有向图中可以到达顶点v的顶点集合。

$L_{\text{out}}(v)$：有向图中顶点v可到达的顶点的集合。

T：图的传递闭包，$T_{i,j}=0$表示i不可达j，$T_{i,j}=1$表示i可达j。

图的传递闭包是一个$n\times n$维的矩阵$\boldsymbol{T}$，其元素为0或1，记录图中顶点的可达性情况。算法首先将图的邻接矩阵与其自身进行n次矩阵乘法，得到图的传递闭包；然后维护一个最大堆，最大堆的元素为(v_i,d_i)，其中，v_i表示元素键；d_i表示元素值，是v_i在传递闭包所对应的第i行与第i列的所有元素之和，即$d_i=\sum_{j=1}^{n}(T_{i,j}+T_{j,i})$。算法每次从最大堆中取出堆顶元素$(v_i,d_i)$，然后进行如下步骤。

步骤1：若$T_{i,j}=1$，则将顶点v_j加入$L_{\text{out}}(i)$。同样地，若$T_{k,i}=1$，则将顶点v_k计入v_i的$L_{\text{in}}(i)$；

步骤2：将传递闭包矩阵$\boldsymbol{T}$的第i行与第i列元素全部置0，并更新最大堆。

步骤3：重复执行步骤1和步骤2，直至二跳索引构造完成，即最大堆为空。

我们以图4-2为例，介绍如何构造二跳索引。

首先，根据图4-2的邻接矩阵构建图的传递闭包，如表4-1所示。

表4-1 构建图的传递闭包

	v_0	v_1	v_2	v_3	v_4	v_5	v_6	v_7	v_8	v_9	v_{10}	v_{11}
v_0	1	1	1	1	1	1	1	1	1	0	0	0
v_1	0	1	0	1	1	1	1	1	1	0	0	0
v_2	0	0	1	0	0	0	0	0	0	0	0	0
v_3	0	0	0	1	0	1	0	1	1	0	0	0
v_4	0	0	0	0	1	0	1	0	0	0	0	0
v_5	0	0	0	0	0	1	0	1	1	0	0	0
v_6	0	0	0	0	0	0	1	0	0	0	0	0
v_7	0	0	0	0	0	0	0	1	0	0	0	0
v_8	0	0	0	0	0	0	0	0	1	0	0	0
v_9	0	0	0	0	0	1	0	1	1	1	1	0
v_{10}	0	0	0	0	0	1	0	1	1	0	1	0
v_{11}	0	0	0	0	0	0	0	1	0	0	0	1

其次，我们根据每个顶点所在行和列的所有元素之和初始化最大堆。表 4-2 展示了初始时每个顶点及其所在行和列的元素之和的值，此时堆顶元素为 $(v_0,9)$ 。

表 4-2　初始时最大堆结构

顶点	值	顶点	值
v_0	9	v_6	4
v_1	8	v_7	8
v_2	2	v_8	7
v_3	6	v_9	5
v_4	4	v_{10}	5
v_5	8	v_{11}	2

再次，从最大堆中取出堆顶元素，进行以下操作。

① 从最大堆中取出 $(v_0,9)$ ，更新 $L_{out}(v_0)$ 和 $L_{in}(v_0)$ ，其余索引为空。此时的二跳索引结构如表 4-3 所示。

表 4-3　取出堆顶 $(v_0,9)$ 后的二跳索引结构

顶点	L_{in}	L_{out}
v_0	∅	$v_1v_2v_3v_4v_5v_6v_7v_8$
v_1	∅	$v_3v_4v_6$
v_2	∅	∅
v_3	∅	∅
v_4	∅	∅
v_5	∅	∅
v_6	∅	∅
v_7	∅	∅
v_8	∅	∅
v_9	∅	∅
v_{10}	∅	∅
v_{11}	∅	∅

② 将传递闭包第一行与第一列中的元素值置为0，更新最大堆。表4-4展示了此时最大堆中各顶点及其对应的值，堆顶元素为$(v_5,7)$。

表4-4 取出堆顶$(v_0,9)$后的最大堆结构

顶点	值	顶点	值
v_1	7	v_7	7
v_2	1	v_8	6
v_3	5	v_9	5
v_4	3	v_{10}	5
v_5	7	v_{11}	2
v_6	3		

接下来重复执行上述操作，先从最大堆中取出$(v_5,7)$，更新$L_{out}(v_5)$和$L_{in}(v_5)$，其余索引依然不变，然后更新最大堆。此时的二跳索引结构如表4-5所示。

表4-5 取出堆顶$(v_5,7)$后的二跳索引结构

顶点	L_{in}	L_{out}
v_0	∅	$v_1v_2v_3v_4v_5v_6v_7v_8$
v_1	∅	$v_3v_4v_6$
v_2	∅	∅
v_3	∅	∅
v_4	∅	∅
v_5	$v_1v_3v_9v_{10}$	v_7v_8
v_6	∅	∅
v_7	∅	∅
v_8	∅	∅
v_9	∅	∅
v_{10}	∅	∅
v_{11}	∅	∅

最后，重复执行以上过程，直至最大堆为空。此时，二跳索引结构构造完成，如表4-6所示。

表 4-6　最终的二跳索引结构

顶点	L_{in}	L_{out}
v_0	∅	$v_1v_2v_3v_4v_5v_6v_7v_8$
v_1	∅	$v_3v_4v_6$
v_2	∅	∅
v_3	∅	∅
v_4	∅	∅
v_5	$v_1v_3v_9v_{10}$	v_7v_8
v_6	∅	∅
v_7	$v_1v_3v_9v_{10}v_{11}$	∅
v_8	$v_1v_3v_9v_{10}$	∅
v_9	∅	∅
v_{10}	∅	∅
v_{11}	∅	∅

我们利用构建好的索引进行可达性查询。根据两个顶点可达性的判断条件，我们发现顶点 v_9 到 v_8 是可达的，这是因为 $v_9 \in L_{in}(v_8)$；而 v_0 到 v_{11} 是不可达的，这是因为 $L_{in}(v_{11})=\varnothing$，$v_{11} \notin L_{out}(v_0)$，$L_{out}(v_0)\cap L_{in}(v_{11})=\varnothing$，不满足 3 个条件中的任意一个。

3．**优化算法**

Cohen 算法需要计算传递闭包，将传递闭包暂存在内存中，并维护一个最大堆，这不仅有着很高的时间复杂度，而且在索引构造过程中需要大量的存储空间。下面介绍一种优化算法 TF-Label[10]，该算法不需要计算传递闭包，索引的构造效率也较高。TF-Label 算法将有向图分解为一系列强连通分量，这些强连通分量中的顶点均是相互可达的，因此，顶点间的可达性问题转化为强连通分量之间的可达性问题。将每个强连通分量看作一个新的顶点，则有向图被转化为有向无环图。

TF-Label 算法利用拓扑排序在有向无环图上构建索引，具体步骤如下。

步骤 1：获取有向无环图的拓扑排序。在拓扑排序中，任何顶点的祖先顶点都会排在自己前面，任何顶点的子孙顶点都会排在自己的后面。

步骤 2：依照拓扑排序，将顶点 v 的流入邻居集 $N_{in}(v)$ 加入 $L_{in}(v)$，将流出邻居集 $N_{out}(v)$ 加入 $L_{out}(v)$。

步骤 3：依照逆拓扑排序，对 $L_{out}(v)$ 中的顶点 w 求其 $L_{out}(w)$ 与 $L_{out}(v)$ 的并集，

使 $L_{\text{out}}(v)=L_{\text{out}}(w)\cup L_{\text{out}}(v)$；对 $L_{\text{in}}(v)$ 中的顶点 w 求其 $L_{\text{in}}(w)$ 与 $L_{\text{in}}(v)$ 的并集，使 $L_{\text{in}}(v)=L_{\text{in}}(w)\cup L_{\text{in}}(v)$。至此，算法结束。

4.1.4 基于标签的子图查询

在对图数据中的顶点进行关联分析时，根据顶点或边的标签进行查询，并使用约束条件对关联子图进行精简，这种子图查询方法称为基于标签的子图查询。给定一个事件标签集，这种方法可以挖掘出知识库中特定事件之间的依赖关系，帮助用户获取复杂攻击模版。

4.1.4.1 基于标签的子图查询的概念

对于带标签的图 $G=(V,E,L_V,L_E)$，由顶点集 V 及表示顶点集之间的关系的边集 E 组成；顶点和边上具有标签，这些标签构成顶点和边的标签集 L_V 和 L_E。同时，边可以有权重，该权重的含义由具体的应用场景确定，如在路网中表示距离。给定图中的一条路径 p，其长度为路径上的边权重之和，记为 $\text{len}(p)$。给定顶点 $u,v\in V$，它们之间的距离 $\text{dist}(u,v)$ 为连接 u 和 v 最短路径的长度。对于网络空间安全事件这种无权重图，顶点间的距离 $\text{dist}(u,v)$ 为跳数最少的路径。

定义 4.5（基于标签的子图查询） 给定图 $G=(V,E,L_V,L_E)$，查询标签集 $Q=\{l_1,\cdots,l_k\}$ 以及优化函数 ϕ，基于标签的子图查询的目标是返回 G 的一个子图 g，其中，g 满足以下条件。

条件 1：g 的标签顶点所包含的标签集覆盖查询标签集 Q。

条件 2：在所有满足条件 1 的子图中，g 使优化函数 ϕ 最优。

这里的优化函数 ϕ 有不同的形式，常见的是斯坦纳树（Steiner Tree）[11]，即 g 是一棵斯坦纳树，且其所有叶子节点到根节点的距离之和最小。

依然以图 4-2 为例，若查询标签集 $Q=\{$发送钓鱼邮件,窃取数据并回传$\}$，则返回的子图 $g=\{v_0,v_1,v_3,v_5,v_7\}$，该子图本身是一棵根节点为 v_0 的斯坦纳树。

4.1.4.2 基于标签的子图查询方法

当优化函数的形式为斯坦纳树时，基于标签的子图查询是 NP 完全问题[2]，因此，很多算法采用贪心策略获取近似解，其中较为经典的是 Bhalotia 等人[11]提出的后向搜索算法 BANKS-I。下面我们先介绍 BANKS-I 算法，再介绍优化算法。

1. BANKS-I **算法思想**

BANKS-I 算法以图遍历的方式获取一个包含查询标签的树结构：首先，为每个包含查询标签的顶点建立图遍历游标；然后，从这些图遍历游标出发，进行反向图遍历；最后，当包含所有查询标签的游标都在同一个顶点相遇时，便得到查询结果。

2. BANKS–I 算法步骤

为了更好地介绍算法的具体步骤，我们先介绍一些基本变量。

$l(v)$：顶点 v 的标签，v 也称标签顶点。

$\mathrm{hit}(l)$：标签为 l 的顶点集，也称标签 l 的候选顶点集。

$C(l)$：标签 l 可达的顶点的集合，即 $C(l)$ 中的顶点可以通过一条路径到达某个标签为 l 的顶点。

算法的具体步骤如下。

步骤 1：找出查询标签集 $Q=\{l_1,\cdots,l_k\}$ 中所有标签的候选顶点集，候选顶点集 $H=\mathrm{hit}(l_1)\cup\cdots\cup\mathrm{hit}(l_k)$。

步骤 2：构建 $|H|$ 个图遍历游标，执行 $|H|$ 个单源最短路径算法。以 H 中每个标签顶点为源点，在运行过程中，维护 k 个聚类 $C(l_1),\cdots,C(l_k)$，记录每个查询标签可达的顶点集。

步骤 3：在每一轮拓展过程中，在已访问的顶点中挑选一个顶点 v，并且挑选它的一条入边及该边的源点 u，将 u 加入到包含 v 的所有聚类中，完成一个反向扩展；同时将 u 所有未访问的入边设置为可见，用于后续扩展。

步骤 4：若新扩展的顶点 u 为 k 个聚类的公共顶点，即 u 能到达这 k 个标签顶点，则返回以 u 作为根节点的树的查询结果，算法终止；否则重复执行步骤 3。

为了使读者更加清楚地理解该算法，我们依然使用图 4-2 进行说明。假设查询标签集 $Q=$ {发送钓鱼邮件，窃取数据并回传}，BANKS-I 算法的具体步骤如下。

步骤 1：初始时，所有标签的候选顶点集分别为 hit(发送钓鱼邮件) $=\{v_0\}$ 和 hit(窃取数据回传) $=\{v_7\}$，因此 $H=\{v_0,v_7\}$。

步骤 2：构建 3 个图遍历游标，执行单源最短路径算法，分别以 v_0 和 v_7 为源点，维护 2 个聚类 C(发送钓鱼邮件) $=\{v_0\}$ 和 C(窃取数据并回传) $=\{v_7\}$。

步骤 3：由于 v_0 和 v_7 中只有 v_7 具有入边，即 $v_5\to v_7$ 和 $v_{11}\to v_7$，因此将 v_5 和 v_{11} 加入到所有包含 v_7 的聚类中。此时，C(窃取数据并回传) $=\{v_5,v_7,v_{11}\}$。

步骤 4：重复执行步骤 3，依次将 v_3、v_{10}、v_1、v_9、v_0 加入 C(窃取数据并回传)。此时，v_0 为聚类 C(发送钓鱼邮件)和 C(窃取数据回传 C2)的公共顶点，因此，返回以 v_0 为根节点、v_7 为叶子节点的树的查询结果，即 $\{v_0,v_1,v_3,v_5,v_7\}$。

3. *优化算法*

为了提高计算效率，BANKS-I 算法在扩展时采用了一种启发式搜索策略，即优先选择离叶子节点（即标签节点）距离最短的未访问节点进行扩展，这样能使得最终搜索出的树结构比较平衡。

4.2 知识利用的需求与挑战

网络空间安全知识库是一个大图，知识利用需要在这样的大图上进行各种类型的图计算操作，具有很多难点与挑战，体现在以下方面。

数据规模大且问题本身的计算复杂度高，如何实现计算的实时性？根据国家计算机网络应急技术处理协调中心发布的《2020 年中国互联网网络安全报告》，网络空间存在上亿种攻击、10 万种漏洞、90 万种资源及其复杂组合。由此可见，知识图谱的规模巨大。一方面，问题本身计算复杂度高，例如，子图匹配是典型的 NP 难问题，计算复杂度与知识图谱的规模呈指数关系；可达性查询虽然不是 NP 难问题，但其计算需要多项式时间来完成；基于标签的子图查询也是 NP 难问题。另一方面，在真实的应用场景中进行知识利用时，系统对方法的实时性要求高，如何实现计算的实时性是知识利用面临的一个难点问题。

知识具有动态演化性，如何实现支持知识的动态更新？图计算在进行知识利用计算时会使用合理的数据结构来存储中间结果（下文称中间结果存储结构），这是一种常见的提高计算效率的手段，其目的是以存储空间换时间。然而，频繁更新是网络空间安全数据的重要特征，要保证计算结果的正确性，就需要对中间结果存储结构进行维护，这需要额外的计算开销。对于频繁更新的网络空间安全数据，如何设计并利用合理的中间结果存储结构，是知识利用的又一个难点问题。

知识具有语义、时间和空间的关联关系，如何实现语义及时空信息的融合？在网络空间安全领域，知识通常具有很强的时空关系。以海莲花攻击为例，整个攻击过程通常包括发送钓鱼邮件、释放远控木马、后门程序连接、内网横向渗透、窃取数据并回传等步骤，步骤间存在空间关联，如发送钓鱼邮件的目的 IP 地址与释放远控木马的源 IP 地址是相同的，而且具有先后顺序。在进行知识利用时，如何将时空信息融合到算法中，使得算法对这些网络空间安全事件的研判达到全面且准确，也是知识利用的难点问题。

| 4.3 MDATA 认知模型的知识利用方法 |

4.3.1 MDATA 认知模型的子图匹配方法

在应用系统中，网络空间安全数据通常以攻击事件流的方式呈现，这要求对网络空间安全事件的研判要具有强实时性。为实现这一目标，MDATA 认知模型采用流图子图匹配方法。

4.3.1.1 流图子图匹配的概念

一个攻击事件流 $\langle a_1, a_2, \cdots, a_i \rangle$ 由一系列攻击事件组成，其中，a_i 表示第 i 个攻击事件，对应 MDATA 认知模型知识库中的一个实体。MDATA 认知模型在进行流图匹配前，会将事件流转化成流图，识别攻击事件实体间的隐形关系。如图 4-2 所示，由攻击事件流发送钓鱼邮件、释放远控木马、后门程序连接、内网横向渗透、窃取数据并回传等形成一个流图。通常来说，流图由一系列边组成，图 4-2 所示的海莲花攻击的流图为 $\langle v_0 \to v_1, v_1 \to v_3, v_3 \to v_5, v_5 \to v_7 \rangle$。

定义 4.6（流图子图匹配）　给定查询图 Q 和数据流图 $G = \langle e_0, e_1, \cdots, e_i \rangle$，其中，$e_i = (v, v')$ 表示插入一条边 (v, v')，那么流图子图匹配的目标是当每条边 e_i 进来时，实时计算查询图 Q 在当前数据图中新出现的匹配子图。

给定图 4-1 所示的海莲花攻击查询图 Q 和图 4-2 所示的数据流图，假设边的顺序是 $\langle e_0, e_1, \cdots, e_8 \rangle$，那么当 e_6 出现时，会出现一个完整的海莲花攻击事件，即顶点集 $\{v_0, v_1, v_3, v_5, v_7\}$ 所组成的子图。

4.3.1.2 流图子图匹配算法

近年来，不少研究人员关注流图上的子图匹配问题[12-14]，他们采用的思路如下：构建一个数据结构来存储匹配的中间结果，每当有边进入时更新这个中间结果存储结构，并根据中间结果存储结构计算新的匹配结果。这种针对流图的子图匹配框架无须在每次图更新时调用子图匹配算法来重新计算匹配结果，因而能极大提高匹配效率。基于这个计算框架，我们提出了一种支持时序约束的流图子图匹配算法 TCMatch，该算法解决了知识利用所面临的难点与挑战，实现了对知识利用的实时计算，支持对知识的动态更新，以及在匹配过程中考虑了查询图中的时序约束。

1. TCMatch 算法思想

TCMatch 算法采用剪枝的思路来减少搜索空间。当流图中新的边到达时，算法将为这条边创建一个实体，并将其存储到中间结果中，为该实体维护一个布尔类型的状态信息。在后续的匹配搜索过程中，只有当该实体的状态信息为 1 时，算法才将该实体视为起点，按照一定的搜索顺序进行子图搜索。如果查询图中的边涉及时序约束（即一条边在另一条边之前/之后出现），而更新边不满足时序约束时，算法将丢弃该更新边。

2. TCMatch 算法步骤

为了更好地介绍算法的具体步骤，我们先介绍一些基本变量。

$l(u),l(v)$：顶点 u 或 v 的标签。

$e(u,u'),e(v,v')$：查询图边上的标签或数据图边上的标签。

$C(u,u')$：查询图中边 (u,u') 在数据图中的候选匹配边。

$\phi(u,u')$：以边 (u,u') 为起始的搜索顺序。

$\prec$：查询图中边的时序约束。

M：中间匹配结果，即搜索子图匹配的搜索空间。

$E(v,v',s)$：将边 (v,v') 转化为中间结果 M 中的实体，实体状态记为 s。

R：输出结果，即查询图与数据图中匹配的边对。

算法的具体步骤如下。

步骤 1：初始化中间匹配结果 M 为空。

步骤 2：对查询图中的最后时序边生成以该边为起点，最终遍历查询图中所有边的搜索顺序 ϕ。

步骤 3：进来一条源点为 v，汇点为 v'，边的标签为 e 的更新边 (v,v',e)，如果该更新边的$(l(v),l(v'),e)$ 与查询图中任何一个 $(l(u),l(u'),e)$ 都不相同，那么将丢弃该更新边；否则为该更新边 (v,v',e) 创建一个实体 $E(v,v',s)$。

步骤 4：检查实体 $E(v,v',s)$ 的时序约束 $\prec$，如果实体 $E(v,v',s)$ 的前置时序实体不存在，那么丢弃该更新边；否则将 $E(v,v',s)$ 保存到中间结果 M 对应的 $C(u,u')$ 中。

步骤 5：对实体 $E(v,v',s)$ 的所有邻域实体创建双向链接。

步骤 6：检查实体 $E(v,s)$ 的邻域是否完整，如果不完整，则将实体 $E(v,s)$ 的状态信息 s 置为 0，否则置为 1。

步骤 7：如果实体 $E(v,v',s)$ 的状态信息 s 为 1，那么按照以 (v,v') 为起始的搜索

顺序 $\phi(u,u')$，在中间结果 M 中进行子图搜索，将搜索结果保存到输出结果 R 中。

步骤 8：如果 R 的大小与查询图相同，则输出 R 中的匹配结果；否则，重复执行步骤 4～步骤 6。

为了使读者更加清楚地理解 TCMatch 算法，我们以图 4-1 和图 4-2 为例加以说明。使用该算法在数据图 G 上搜索查询图 Q 的匹配子图，时序约束为 $\{(u_0,u_1)\prec(u_1,u_2)\prec(u_2,u_3)\prec(u_3,u_4)\}$，具体步骤如下。

步骤 1：初始化中间匹配结果 M 为空。

步骤 2：为查询图中最后时序边生成一个以该边为起点，最终遍历完查询图中所有边的搜索顺序，由于查询图中只有 (u_3,u_4) 是最后时序边，因此搜索顺序如图 4-3 所示。

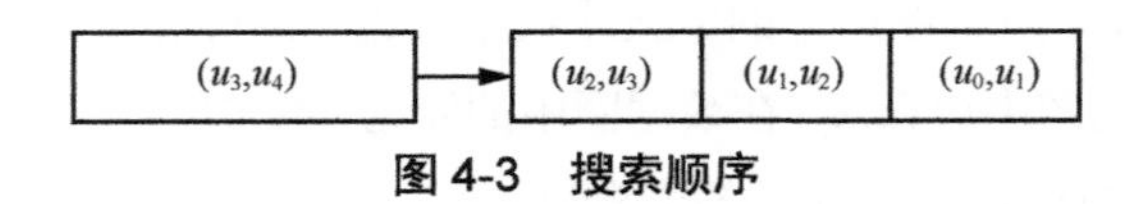

图 4-3　搜索顺序

步骤 3：当边 (v_0,v_1,e_0) 出现时，发现该更新边的 $(l(v_0),l(v_1))$ 与查询图中的 $(l(u_0,u_1))$ 相同，因此将该更新边转化为实体 $E(v_0,v_1,0)$。

步骤 4：实体 $E(v_0,v_1,0)$ 与 (u_0,u_1) 有映射关系，且在时序约束中，(u_0,u_1) 为第一时序，因此满足时序约束，将实体 $E(v_0,v_1,0)$ 保存到中间结果 M 的 $C(u_0,u_1)$ 中。

步骤 5：$E(v_0,v_1,0)$ 目前没有邻域，因此不创建任何双向链接，如图 4-4 所示。

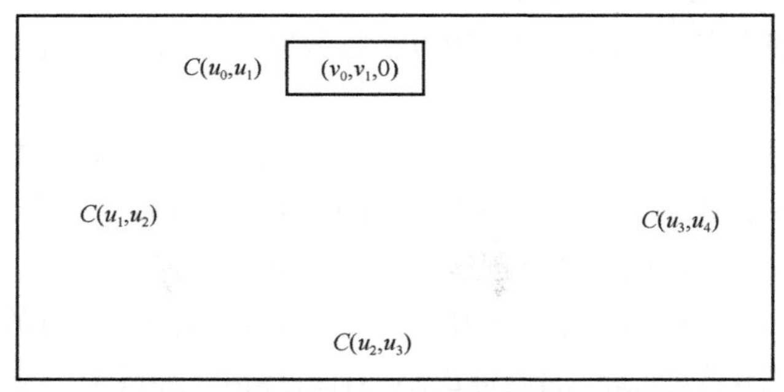

图 4-4　插入更新边（v_0,v_1,e_0）后的中间结果

步骤 6：当边 (v_0,v_2,e_1) 出现时，发现该更新边的 $(l(v_0),l(v_2))$ 与查询图中的 $(l(u_0),l(u_1))$ 相同，因此将该更新边转化为实体 $E(v_0,v_2,0)$，并保存到中间结果 M 的 $C(u_0,u_1)$ 中。

步骤 7：当边(v_1,v_3,e_2)出现时，发现该更新边的$(l(v_1),l(v_3))$与查询图中的$(l(u_1),l(u_2))$相同，因此将该更新边转化为实体$E(v_1,v_3,0)$，并保存到中间结果M的$C(u_1,u_2)$中。

步骤 8：由于(u_1,u_2)的前置时序边为(u_0,u_1)，且$C(u_0,u_1)$中有实体$E(v_0,v_1,0)$和$E(v_0,v_2,0)$，因此$E(v_1,v_3,0)$满足时序要求，将实体$E(v_1,v_3,0)$保存到中间结果M的$C(u_1,u_2)$中。

步骤 9：由于实体$E(v_0,v_1,0)$是$E(v_1,v_3,0)$的邻域，因此创建$E(v_1,v_3,0)$与$E(v_0,v_1,0)$的双向链接。

步骤 10：由于实体$E(v_0,v_1,0)$的邻域完整，因此将该实体的状态信息置为 1，即$E(v_0,v_1,1)$，但由于更新边实体$E(v_1,v_3,0)$的状态信息不为 1，因此不执行搜索。

在(v_1,v_3,e_2)之后继续插入图 4-2 中其他边时，相应更新中间结果，但不会产生完整匹配结果，直到插入(v_5,v_7,e_6)时，才会产生一个完整匹配结果。接下来，我们以这条更新边为例展示具体步骤。

步骤 1：边(v_5,v_7,e_6)更新前的中间结果如图 4-5 所示。

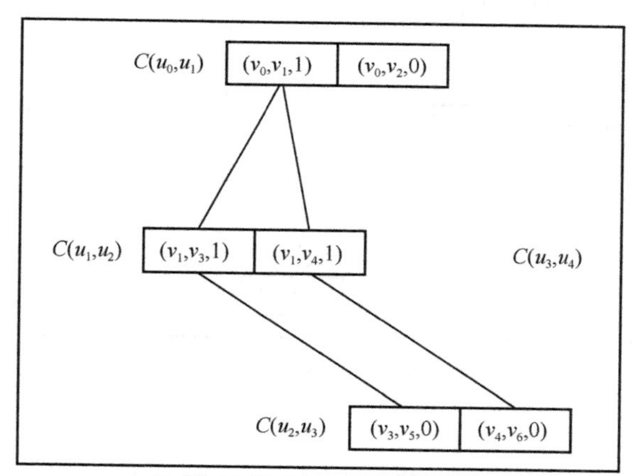

图 4-5　边（v_5,v_7,e_6）更新之前的中间结果

步骤 2：当边(v_5,v_7,e_6)进来时，发现该边$(l(v_5),l(v_7))$与查询图中的$(l(u_3),l(u_4))$相同，因此将该更新边转化为实体$E(v_5,v_7,0)$

步骤 3：经过时序判断和双向链接操作之后，由于实体$E(v_5,v_7,0)$的邻域完整，因此将该实体的状态信息置为 1，即实体$E(v_5,v_7,1)$，如图 4-6 所示。

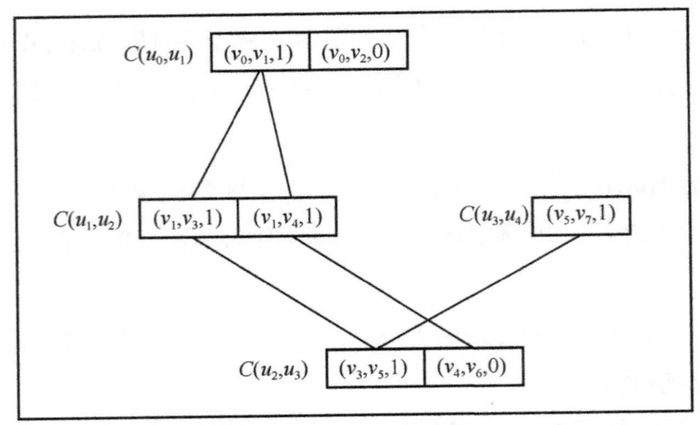

图 4-6　边（v_5,v_7,e_6）更新后的中间结果

步骤 4：由于实体 $E(v_5,v_7,1)$ 既是更新边实体，状态信息也是 1，因此按照以 (u_3,u_4) 为起点的搜索顺序 $\{(u_3,u_4),(u_2,u_3),(u_1,u_2),(u_0,u_1)\}$ 来执行子图搜索，最终得到匹配结果 R ，即 $\{(v_5,v_7),(v_3,v_5),(v_1,v_3),(v_0,v_1)\}$ ，如图 4-7 所示。

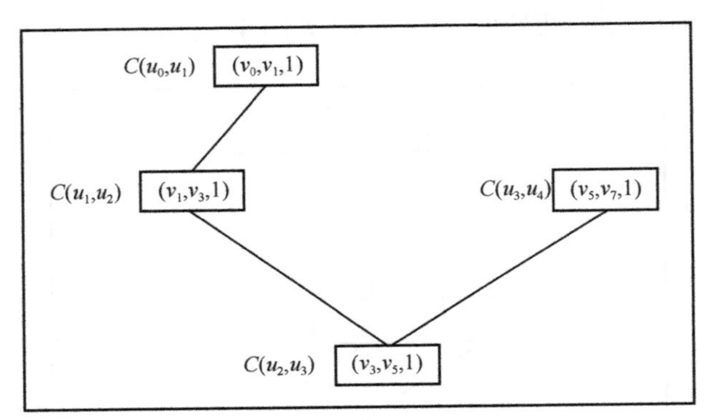

图 4-7　搜索结果

4.3.2　MDATA 认知模型的可达路径计算方法

在真实的应用场景中，图中的边通常具有特定标签，用于表示顶点之间的关系类型。这些标签的含义由具体应用场景确定，例如在网络空间安全领域，边的标签表示事件的操作类型（如发送钓鱼邮件、内网横向渗透等）。这类图上的可达路径计算称为标签约束的可达性查询，即给定查询顶点 u 和 v ，以及标签集合 L ，标签约束的可达性查询是：在 G 上是否存在从 u 到 v 的可达路径，且路径上

每条边的标签都属于集合 L 。下面我们通过一个例子说明利用二跳索引实现的 P2H 算法[15]。

考虑图 4-2 所示的网络空间安全事件图，给定路径标签 $\Sigma=\{$钓鱼邮件, 远控木马, 后门程序, 内外渗透$\}$，可以发现顶点 $v_0 \sim v_7$ 是可达的，顶点 $v_0 \sim v_6$ 也是可达的，顶点 $v_9 \sim v_7$ 则不可达。

1. P2H 算法思想

为了更好地描述算法思想，我们先介绍一些基本变量。

$L_{\text{in}}(v)$：有向图上能够到达顶点 v 的顶点所构成的集合。

$L_{\text{out}}(v)$：有向图上顶点 v 能够到达的顶点所构成的集合。

$(u,\mathcal{L}_u)$：$L_{\text{out}}(v)$ 或 $L_{\text{in}}(v)$ 中的元素，表示在标签集合 $\mathcal{L}_u$ 的约束下，v 可达 u 或 u 可达 v 。

$\text{Query}(u,v,\mathcal{L}_{uv})$：一个标签约束的可达性查询，其中的 3 个参数分别是源顶点 u 、目的顶点 v ，以及标签约束集合 $\mathcal{L}_{uv}$ 。

Λ：知识图谱中已经存在的标签所构成的集合。

A：边标签，表示这条边的源事件为“发送钓鱼邮件”。

B：边标签，表示这条边的源事件为“释放远控木马”。

C：边标签，表示这条边的源事件为“进行后门程序连接”。

D：边标签，表示这条边的源事件为“进行内网横向渗透”。

E：边标签，表示这条边的源事件为“代理执行签名脚本”。

F：边标签，表示这条边的源事件为“进行进程注入”。

P2H 算法基于二跳索引来构建索引。每个顶点 v 的 $L_{\text{in}}(v)$ 和 $L_{\text{out}}(v)$ 中存储元素的结构为 $(u,\mathcal{L}_u)$ ，表示 u 可达 v ，并且路径的标签集合为 $\mathcal{L}_u$ 。该算法的思想是利用一种贪心策略，以顶点度降序的顺序对所有顶点进行遍历，每次遍历到顶点 u 时，执行正向广度优先搜索和反向广度优先搜索，将顶点 u 及 u 到顶点 v 的路径标签集 $\mathcal{L}_u$ 添加到 v 的 $L_{\text{in}}(v)$ 和 $L_{\text{out}}(v)$ 中，但是如果此时利用已得到的部分二跳索引可以判断出 u 到 v 在路径标签集 $\mathcal{L}_u$ 的约束下可达，那么跳过记录 $(u,\mathcal{L}_u)$ 。利用这个思想进行剪枝可以使 P2H 索引结构尽可能得小。

2. P2H 算法步骤

P2H 算法优化了索引的构建策略，在构造索引时应用了 3 种剪枝规则，其特点是通过构造特殊的二跳索引来提高标签约束可达性查询的效率。当从顶点 u 进行的正向广度优先搜索扩张到顶点 v 时，我们可以应用以下 3 种剪枝规则之一。

剪枝规则 1：若顶点 v 在之前已经遍历，则不用添加 $(u,\mathcal{L}_u)$ 到 $L_{\text{in}}(v)$ 中，这是因为若顶点 u 在标签约束 $\mathcal{L}_u$ 下可达顶点 v，则 $(v,\mathcal{L}_u)$ 已经被添加到 $L_{\text{out}}(u)$ 中。

剪枝规则 2：若此时利用已得到的索引进行查询 $\text{Query}(u,v,\mathcal{L}_{uv})$ 且返回正确，则跳过记录 $(u,\mathcal{L}_u)$。

剪枝规则 3：若此时在 $L_{\text{in}}(v)$ 中存在元素 $(u,\mathcal{L}'_u)$，满足 $\mathcal{L}_u \supseteq \mathcal{L}'_u$，则不用记录 $(u,\mathcal{L}_u)$。

反向广度优先搜索应用了类似的剪枝技巧。

我们以图 4-2 为例，介绍如何构建 P2H 索引，具体步骤如下。

步骤 1：将图中的顶点按照度数降序排序，得到的结果如表 4-7 所示。

表 4-7　图 4-2 中各顶点的度分布

顶点	顶点度	顶点	顶点度
v_5	4	v_{10}	2
v_1	3	v_2	1
v_0	2	v_6	1
v_3	2	v_8	1
v_4	2	v_9	2
v_7	2	v_{11}	1

步骤 2：按照表 4-7 中的顺序，我们先对顶点 v_5 进行正向广度优先搜索以及反向广度优先搜索，将顶点 v_5 及其路径上的标签所构成的索引元素添加到其余顶点的二跳索引中，得到表 4-8 所示的二跳索引。

表 4-8　将顶点 v_5 添加到其余顶点后的二跳索引

顶点	L_{in}	L_{out}
v_0	$\varnothing$	(v_5,ABC)
v_1	$\varnothing$	(v_5,BC)
v_2	$\varnothing$	$\varnothing$
v_3	$\varnothing$	(v_5,C)

续表

顶点	L_{in}	L_{out}
v_4	∅	∅
v_5	∅	∅
v_6	∅	∅
v_7	(v_5, D)	∅
v_8	(v_5, D)	∅
v_9	∅	(v_5, BF)
v_{10}	∅	(v_5, B)
v_{11}	∅	∅

步骤 3：进行第二次遍历，对顶点v_1进行正向广度优先搜索以及反向广度优先搜索，将v_1及其路径上的标签所构成的索引元素添加到其余顶点的二跳索引中。这里需要注意的是，虽然顶点v_1在正向广度优先搜索时会遇到顶点v_5，但是由于此时$(v_5, ABC) \in L_{out}(v_1)$，根据剪枝规则 1，不用将$(v_1, ABC)$记录在$L_{in}(v_5)$；同样地，当$v_1$由正向广度优先搜索的时候到达顶点$v_7$和$v_8$，它访问的路径标签均为$BCD$，但是由于$(v_5, BC) \in L_{out}(v_1)$、$(v_5, D) \in L_{in}(v_7)$、$(v_5, D) \in L_{in}(v_8)$，根据剪枝规则 2，不需要将$(v_1, BCD)$记录在$L_{in}(v_7)$和$L_{in}(v_8)$中，这样无须记录 3 个索引元素。处理完节点$v_1$后的索引如表 4-9 所示。

表 4-9 处理完节点 v_1 后的索引

顶点	L_{in}	L_{out}
v_0	∅	$(v_5, ABC), (v_1, A)$
v_1	∅	(v_5, BC)
v_2	∅	∅
v_3	(v_1, B)	(v_5, C)
v_4	(v_1, B)	∅
v_5	∅	∅

续表

顶点	L_{in}	L_{out}
v_6	(v_1, BC)	$\varnothing$
v_7	(v_5, D)	$\varnothing$
v_8	(v_5, D)	$\varnothing$
v_9	$\varnothing$	(v_5, BF)
v_{10}	$\varnothing$	(v_5, B)
v_{11}	$\varnothing$	$\varnothing$

重复执行以上步骤，得到的标签约束二跳索引如表 4-10 所示。

表 4-10　标签约束二跳索引

顶点	L_{in}	L_{out}
v_0	$\varnothing$	$(v_5, ABC), (v_1, A)$
v_1	$\varnothing$	(v_5, BC)
v_2	(v_0, A)	$\varnothing$
v_3	(v_1, B)	(v_5, C)
v_4	(v_1, B)	$\varnothing$
v_5	$\varnothing$	$\varnothing$
v_6	(v_1, BC) , (v_4, C)	$\varnothing$
v_7	$(v_5, D), (v_1, BCD)$	$\varnothing$
v_8	$(v_5, D), (v_1, BCD)$	$\varnothing$
v_9	$\varnothing$	(v_5, BF) , (v_{10}, F)
v_{10}	$\varnothing$	(v_5, B)
v_{11}	$\varnothing$	(v_7, D)

我们利用二跳索引进行如下查询。

查询 1：$\text{Query}(v_1, v_8, \mathcal{L} = \{B, C, D\})$。由于 $(v_5, BC) \in L_{out}(v_1)$ 且 $(v_5, D) \in L_{in}(v_8)$，因此 $L_{out}(v_1) \cap L_{in}(v_8) = \{v_5\}$，路径标签符合约束，故查询返回 True。

查询 2：$\text{Query}(v_1, v_6, \mathcal{L} = \{B, C, D\})$。由于 $(v_1, BC) \in L_{in}(v_6)$，路径标签符合约束，

因此查询返回 True。

查询 3：Query$\left(v_9, v_7, \mathcal{L}=\{B,C,D\}\right)$。由于$(v_5, BF)\in L_{\text{out}}(v_9)$且$(v_5, D)\in L_{\text{in}}(v_7)$，所以$L_{\text{out}}(v_1)\cap L_{\text{in}}(v_8)=\{v_5\}$，但是路径标签不符合约束，故查询返回 False。

4.3.3 MDATA 认知模型的基于标签的子图查询方法

当将斯坦纳树作为优化函数时，基于标签的子图查询是 NP 完全问题。BANKS-I[11]算法在处理大规模图数据，特别是标签顶点多的图数据时，效率较低。为了处理大规模图数据，我们应用了一种基于贪心策略的 KeyKG 算法[16]，解决了大图实时计算出现的效率较低的问题。

4.3.3.1 KeyKG 算法思想

KeyKG 算法首先利用贪心策略选择一组相互距离较近的标签顶点集U_x，对于每一个查询标签，U_x包含且仅包含一个标签顶点；然后利用贪心策略为U_x构建一棵斯坦纳树 GST。由于需要频繁计算顶点间的距离，因此 KeyKG 算法利用二跳索引，快速获取顶点间的距离。

4.3.3.2 KeyKG 算法步骤

为了更好地介绍算法的具体步骤，我们先介绍一些基本变量。

$l(v)$：顶点v的标签。v也称标签顶点。

hit(l)：标签为l的顶点集，也称标签l的候选顶点集。

U_x：x为hit(l_1)中的一个顶点，v_i为x到其他所有标签顶点hit(l_i)距离最短的顶点（又称最短距离顶点），U_x为这些v_i的顶点集，而且包含x自身。

W_x：顶点x到U_x中所有顶点的距离之和。

T_u：以u为种子顶点进行扩展的覆盖查询标签集的斯坦纳树。

算法的具体步骤如下。

步骤 1：找出查询标签集$Q=\{l_1,\cdots,l_k\}$中每个标签所对应的顶点集hit(l_i)。

步骤 2：对于hit(l_1)中的每个顶点v_1，找出它在其他所有标签顶点hit(l_i)中的最短距离顶点v_i。令U_{v_1}为所有这些v_i的顶点集，包括v_1自身；令W_{v_1}为v_1到所有这些v_i的距离之和，则hit(l_1)中的每个顶点v_1都有一个对应的W_{v_1}。

步骤 3：从hit(l_1)选择W_{v_1}值最小的顶点x，因此，U_x覆盖所有查询标签且所包含的顶点间距离最近。

步骤 4：从U_x中的顶点u开始，利用贪心策略拓展构建U_x的斯坦纳树T_u。

步骤 5：选择具有最小权值T_u，并将其作为最终的输出结果。

为了使读者更加清楚地理解该算法的应用，下面我们以图 4-2 为例加以说明。假设查询标签集$Q=\{发送钓鱼邮件,窃取数据回传\}$，算法的具体步骤如下。

步骤 1：初始时，所有标签对应的候选顶点集分别为 hit(发送钓鱼邮件) = $\{v_0\}$和 hit(窃取数据回传) = $\{v_7\}$。

步骤 2：由于v_0到v_7的距离为 4，且每个查询标签对应的标签集只有一个顶点，因此，$U_x=\{v_0,v_7\}$。

步骤 3：根据U_x构建斯坦纳树，得到v_0为根节点，v_7为叶子节点的树为查询结果，即$\{v_0,v_1,v_3,v_5,v_7\}$。

很显然，KeyKG 算法比 BANKS-I 算法的搜索空间更小，且不会回溯不相关的顶点。

4.3.4 MDATA 认知模型的分布协同知识利用方法

在进行知识利用时，计算任务往往是多任务并发进行的，同时知识的存储是多层次的，因此，MDATA 认知模型的分布协同知识利用方法具有重要作用。

4.3.4.1 雾云计算体系结构

为了实现知识的分布系统计算，我们提出了泛在网络空间数据的雾云计算体系结构[17]，如图 4-8 所示。在多知识体及其协同推理的基础上，该结构由雾端知识体、中间层知识体和云端知识体组成。

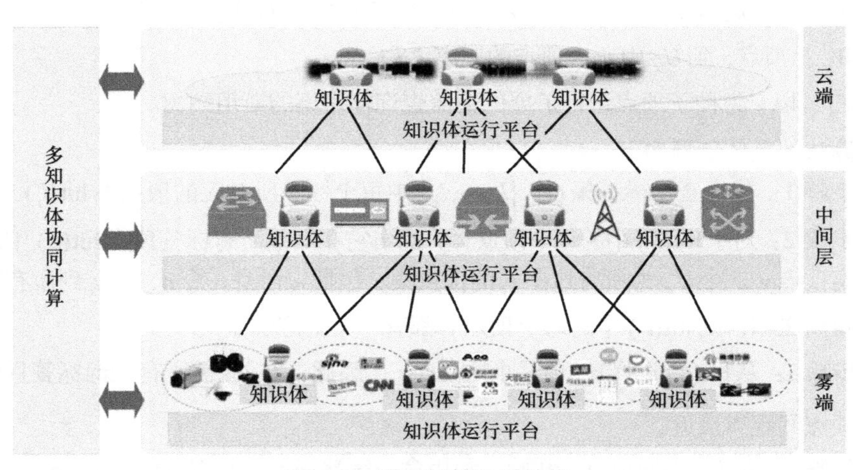

图 4-8 雾云计算体系结构

1. 雾端知识体

规模巨大的雾端边缘节点是数据的直接来源，这些节点包括网络空间安防设备、传感器网络中的传感器、智能家居设备、移动互联网中的应用程序（App）等。这些边缘节点中的很多设备设施也具备一定的计算能力，可用于部署本地实时计算、数据及知识获取知识体，是网络空间数据计算的一部分。

2. 中间层知识体

中间层知识体位于雾端和云端之间，通常部署在离边缘节点较近的服务器上，有时也会部署在网关、路由器、通信基站等汇聚型节点上。中间层知识体通常运行在计算能力、存储能力较强的服务器上。相对于云端节点来说，中间层知识体更贴近雾端边缘节点和数据源，是局部边缘知识体综合计算的中心。

3. 云端知识体

云端知识体通常是雾云计算的远端后台处理中心，是分散在世界范围内的边缘物联网节点、网页（Web）应用、移动互联网中的 App、互联网中间节点知识的汇集地，也是分散在雾端知识体和中间层知识体内容的集散地。云端知识体对雾端知识体与中间层知识体上下文和时空位置敏感，是雾云计算的全局中心。云端知识体通常存储非隐私的全局数据和上下文数据，并进行知识的全局推理。

4. 多知识体协同计算

分布在雾端、中间层、云端的知识体在协同计算语言的支持下进行协同计算与任务调度。多知识体的协同既有层间的协同（如从雾端向中间层和云端汇聚知识），也有同层之间的协同（如对不同数据和知识的计算进行分工合作）。多知识体的协同也是一种动态的协同，在任务执行期间，根据系统的负载情况或者知识源的变化情况使知识体动态地加入或退出任务。

4.3.4.2 基于雾云计算的知识利用方法

在网络空间安全领域，MDATA 认知模型会在雾端构建各子网的知识图谱。当进行知识利用时，MDATA 认知模型会在各子网知识图谱上并行运行算法，并使用信息同步技术，将各子网知识图谱上的计算结果进行汇聚，形成全局结果。下面我们以可达路径查询为例，介绍基于雾云计算的知识利用。

分布式可达性查询同样涉及二跳索引的构建，其难点在于由于顶点分布在不同的子网，而前面介绍的二跳索引构建技术需要维护一个全局顶点序，在数据分布的情况下，该顶点序不可用。另外，为了尽可能地减少索引大小，二跳索引构建算法需要按照这个顶点序依次计算每个顶点的索引集，这限制了计算的并行化。为此，Zhang 等人[18]提出了面向分布式图的可达性二跳标签索引构建技术，并在以顶点为中心（Vertex-Centric）的分布式计算框架[19]上进行实现。我们提出了采用多轮超步进行消息同步，实现一个精简化的宽度优先搜索。在每一个超步计算中，每个顶点会使用框架提供的“计算”函数更新自身的标签状态，并将更新后的状态分发出去给邻居顶点；在经过多轮超步计算后，当每个顶点的状态不改变时，算法停止，完成分布式二跳索引标签的构建。分布式可达性查询过程与前面介绍的可达性查询过程一样，这里不再赘述。

对于图 4-9 所示的两个子网的安全事件知识图谱，在第一个超步计算中，所有顶点将顶点 ID 和顶点序信息发送给邻居顶点。接下来的每个超步计算都会对从邻居顶点处接收到的信息进行计算，得到一个顶点可到达以及可以到达本顶点的其他顶点，之后以并行方式构建二跳索引结构。

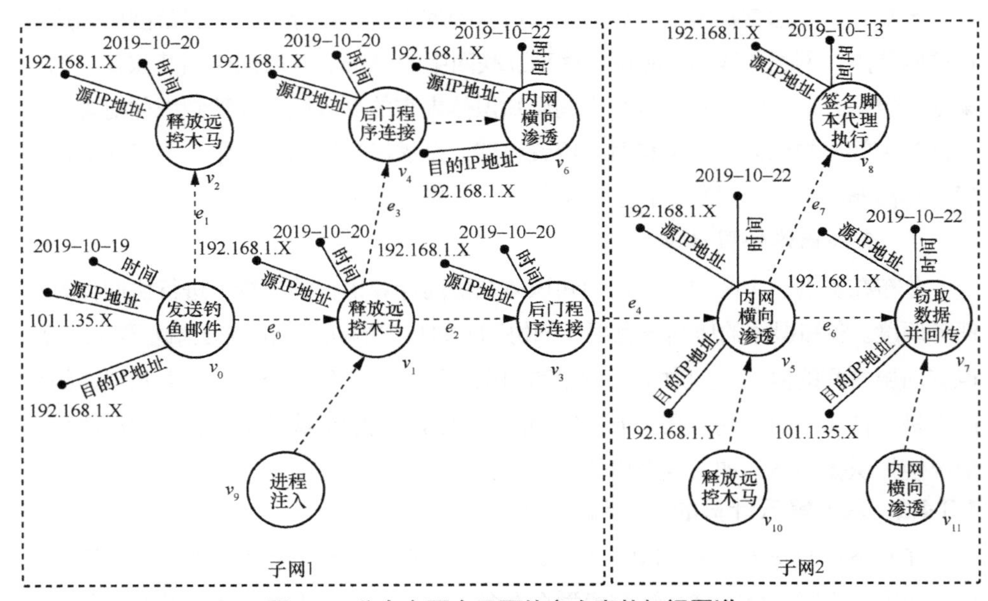

图 4-9　分布在两个子网的安全事件知识图谱

4.4　本章小结

MDATA 认知模型中的知识利用是实现网络攻击准确研判最后一步，也是关键的一步。由于 MDATA 认知模型的知识图谱是一个巨规模的大图，因此本章重点介绍了 3 种支撑知识利用方法——子图匹配方法、可达性查询方法，以及基于标签的子图查询方法，这些方法具有计算实时性、支持知识更新、融合时空关联等特点。同时，我们还提出了基于雾云计算的知识利用方法，进一步提升知识利用的计算效率。

参考文献

[1] MILAJERDI S M, ESHETE B, GJOMEMO R, et al. POIROT: aligning attack behavior with kernel audit records for cyber threat hunting[C]// Proceedings of the 2019 ACM SIGSAC Conference on Computer and Communications Security. 2019: 1795-1812.

[2] GAREY M R, JOHNSON D S. Computers and intractability: a guide to the theory of NP-completeness[M]. New York: W. H. Freeman, 1979.

[3] SUN Z, WANG H Z, WANG H X, et al. Efficient subgraph matching on billion node graphs[J]. Proceedings of the VLDB Endowment. New York: ACM, 2022:788-799.

[4] CORDELLA L P, FOGGIA P, SANSONE C, et al. A (sub) graph isomorphism algorithm for matching large graphs[J]. IEEE Transactions on Pattern Analysis and Machine Intelligence, 2004, 26(10): 1367-1372.

[5] BI F, CHANG L J, LIN X M, et al. Efficient subgraph matching by postponing cartesian products[C]//Proceedings of the 2016 International Conference on Management of Data. New York: ACM, 2016: 1199-1214.

[6] HAN M, KIM H, GU G, et al. 2019. Efficient subgraph matching: harmonizing dynamic programming, adaptive matching order, and failing set together[C]// Proceedings of the 2019 International Conference on Management of Data. New York: ACM, 2019: 1429-1446.

[7] BHATTARAI B, LIU H, HUANG H H. CECI: compact embedding cluster index for scalable subgraph matching[C]// Proceedings of the 2019 International Conference on Management of Data. New York: ACM, 2019: 1447-1462.

[8] HE H H, SINGH A K. Query language and access methods for graph databases[J]. Managing and Mining Graph Data, 2010, 40:125-160.

[9] COHEN E, HALPERIN E, KAPLAN H, et al. Reachability and distance queries via 2-hop labels[J]. SIAM Journal on Computing, 2003, 32(05): 1338-1355.

[10] CHENG J, HUANG S L, WU H H, et al. TF-Label: a topological-folding labeling scheme for reachability querying in a large graph[C]// Proceedings of the 2013 ACM SIGMOD International Conference on Management of Data. New York: ACM, 2013: 193-204.

[11] BHALOTIA G, HULGERI A, NAKHE C, et al. Keyword searching and browsing in data-

bases using BANKS[C]// Proceedings 18th International Conference on Data Engineering. Piscataway: IEEE, 2002: 431-440.

[12] KIM K, SEO I, HAN W S, et al. Turboflux: a fast continuous subgraph matching system for streaming graph data[C]// Proceedings of the 2018 International Conference on Management of Data. New York: ACM, 2018: 411-426.

[13] MIN S, PARK S G , PARK K, et al. Symmetric continuous subgraph matching with bidirectional dynamic programming[J]. Proceedings of the VLDB Endowment, 2021, 14(08): 1298-1310.

[14] SUN X B, SUN S X, LUO Q, et al. An in-depth study of continuous subgraph matching[J]. Proceedings of the VLDB Endowment, 2022, 15(07): 1403-1416.

[15] PENG Y, ZHANG Y, LIN X M, et al. Answering billion-scale label-constrained reachability queries within microsecond[J]. Proceedings of the VLDB Endowment, 2020, 13(06): 812-825.

[16] SHI Y X, CHENG G, KHARLAMOV E. Keyword search over knowledge graphs via static and dynamic hub labelings[C]// Proceedings of the Web Conference 2020. New York: ACM, 2020: 235-245.

[17] 贾焰, 方滨兴, 汪祥, 等. 泛在网络空间大数据“雾云计算”软件体系结构[J]. 中国工程科学, 2019, 21(06): 114-119.

[18] ZHANG J H, LI W T, QIN L, et al. Reachability labeling for distributed graphs[C]//2022 IEEE 38th International Conference on Data Engineering. Piscataway: IEEE, 2022: 686-698.

[19] VALIANT L G. A bridging model for parallel computation[J]. Communications of the ACM, 1990, 33(08): 103-111.

第5章

MDATA认知模型在网络攻击研判中的应用

进入20世纪以后，网络空间安全事件频频发生，且网络空间安全事件的数量持续增长。这些事件中充斥着大量具有高隐蔽性、针对性、持续性的多步攻击的身影，对用户、企业甚至国家安全造成严重威胁。为了实现网络空间安全事件的全面、准确、实时研判，本章介绍如何将MDATA认知模型用于网络攻击研判。

本章的结构如下。5.1节介绍已有的网络攻击检测与研判方法，分析它们的优点和不足。5.2节介绍网络攻击研判面临的问题和挑战。5.3节详细介绍基于MDATA认知模型的网络攻击研判方法及其实现效果。5.4节介绍基于MDATA认知模型开发的YHSAS系统的架构、功能及典型应用。5.5节对本章内容进行小结。

5.1 已有的网络攻击检测与研判技术

网络攻击检测是指通过对网络流量或主机侧操作行为进行分析和检测，以发现和识别可能存在的恶意攻击或威胁行为，支撑后续对网络攻击全面、准确、实时的研判。网络攻击研判基于采集的网络空间数据和异常告警信息，利用网络空间安全知识，全面、准确和实时检测网络空间安全事件，并对与事件相关的攻击技战术、发展趋势、攻击危害等进行全方位分析。网络攻击检测是网络攻击研判的基础。

根据国家标准《信息安全技术 网络攻击定义及描述规范》（GB/T 37027—2018）[1]和其他已公开的资料，网络攻击可以从不同维度进行分类。

根据攻击效果，网络攻击可以分为有效攻击和无效攻击。有效攻击是指攻击者利用某种方法或技术对计算机网络、系统或系统中的数据造成实质性的损坏，从而影响计算机网络/系统的完整性、机密性和可用性。无效攻击是指攻击者所实施的攻击行为尚未对计算机网络、系统或系统中的数据造成任何实质性的损害。

根据攻击利用的方式，网络攻击可以分为已知攻击和未知攻击。已知攻击是指利用已被公开的软件漏洞及其利用方式或安全缺陷对计算机网络/系统中的硬件、软件或系统中的数据所实施的攻击行为。未知攻击是指利用计算机网络或计算机系统软件中存在的未公开的漏洞或安全缺陷所发起的网络攻击，比如零日攻击。

根据攻击的复杂程度，网络攻击可以分为单步攻击、多步攻击和跨域攻击。单步攻击作为最小的、不可分割的操作行为单元，是指独立实施的一次攻击操作行为。多步攻击是由一系列单步攻击按照一定逻辑关系或时空依赖关系进行组合所实施的复杂网络攻击。例如 APT 攻击，它就是一种典型的多步攻击，具有针对性强、隐蔽性高、持续时间长等特点。跨域攻击是指在不同局域网络内的攻击者协同发起的网络攻击，也是一种典型的多步攻击。

5.1.1 基于特征匹配的单步攻击检测方法

基于特征匹配的单步攻击检测方法的核心思想是将当前网络的数据包或行为模式与已知攻击库及系统漏洞的特征库进行模式匹配来发现入侵行为。在实际场景中，广泛使用的网络入侵检测系统 Snort 是典型的基于特征匹配的单步攻击检测方法的系统，该系统利用抓包函数库 Libpcap 实时采集网络流量数据，在对网络流量进行预处理后，通过预定义的检测规则进行特征匹配，从而产生告警。为了提高特征匹配的效率，Snort 在启动时对特征库中所有的检测规则进行解析并构建规则语法树，其特征匹配过程包括规则头部和规则选项关键词的匹配，具体步骤如下。

步骤 1：按照顺序遍历规则语法树的规则子树，每棵子树对应不同的操作行为。

步骤 2：根据网络报文的 IP 地址和端口号在规则子树中寻找对应的规则头部，如果找到则进入规则子树继续寻找并匹配，否则退出匹配过程。

步骤 3：开始匹配第一个规则选项，如果匹配成功则依次进行其余规则选项的匹配，否则执行下一条规则的模式匹配。

步骤 4：如果匹配本条规则成功，则执行匹配的规则所定义的操作行为，并退出匹配过程。

步骤 5：重复执行步骤 1～步骤 4，直到网络报文与规则语法树中的所有检测规则匹配完毕。在这个过程中，如果没有产生告警，则表明该网络报文不是入侵行为。

以图 5-1 所示的 Snort 检测规则为例，我们使用 Snort 规则来说明特征匹配的过程。该检测规则对应操作子树为 alert 的规则子树，判断捕获到的网络报文的五元组<协议，源 IP 地址，目的 IP 地址，源端口，目的端口>是否匹配检测规则的头部<TCP，$EXTERNAL_NET，any，$HOME_NET，$HTTP_PORTS >（$表示系统变量），并使用网络报文中的内容来匹配检测规则中的选项关键词。比如，关键字 flow 用于判断会话是否已建立且其会话（方向）为客户端向服务端发起的请求；关键词 http_header 指示对应选项关键词中的内容是否出现在会话中；关键词 pcre 是指使用正则表示对 Payload 中的内容进行特征匹配。如果上述特征都满足，则表示本条检测规则匹配成功，系统执行对应的告警操作，否则表示匹配不成功。

```
alert tcp $EXTERNAL_NET any -> $HOME_NET $HTTP_PORTS
( msg:"SERVER-APACHE Apache Tika crafted HTTP header command injection attempt";
flow:to_server,established;
http_header; content:"X-Tika-OCRtesseractPath"; content:"|00|",within 200;
pcre:"/X-Tika-OCRtesseractPath:[^\r\n]+?\x00/i";
metadata:policy max-detect-ips drop,policy security-ips drop; service:http; reference:cve,2018-1335;
classtype:attempted-user; sid:47615; rev:1; )
```

图 5-1　Snort 检测规则

基于特征匹配的检测方法主要包括 3 种：状态建模、字符串匹配和专家系统。状态建模将攻击编码为有限自动机中的不同状态，并在流量配置文件中进行观察，用于检测攻击行为[2]。字符串匹配采用字符串模式匹配的方式在网络流量包中匹配攻击规则（签名），从而判断是否存在入侵行为[3]。专家系统是用于描述由系统已知攻击推导出的检测规则或程序，以对审计数据进行攻击检测分类[4]。以人工方式为已知的攻击行为生成特征规则这种方式既费时又容易出错，一些学者提出使用自动化的方式为已知攻击生成检测规则。Syrius 通过深度包审查技术来自动生成 Suricata 的检测规则[5]，MQTT 使用贝叶斯方法来自动生成 if-then 的检测规则[6]。

基于特征匹配的方法通常采用模式匹配的方法，因为这种方法易于实现且检测精度高。但是，这种方法高度依赖已有的签名或规则特征知识库，难以检测未知攻击，无法适应新的攻击行为以及已有攻击的变体。

5.1.2　基于机器学习的单步攻击检测方法

基于机器学习的单步攻击检测方法的核心思想是利用机器学习方法对网络流量

数据、日志等数据进行分析，并构建分类器，从而识别出异常行为。使用机器学习方法进行单步攻击检测模型的训练一般包括数据收集和预处理、特征提取、训练集和测试集划分、模型训练、模型评估和优化等步骤。

Sinclair 等人[7]提出了使用迭代二叉树三代（ID3）算法构建决策树，并将该算法用于单步攻击检测。虽然该算法仅使用较少的网络入侵特征，但是其核心不变。决策树基于树结构进行分支判断，其中，根节点为全量的数据集，非叶子节点表示根据某个标签进行判断，分支表示判断结果的输出，叶子节点表示分类的预测结果。ID3 算法根据信息增益选择标签并对其进行划分，信息增益的计算方式为 $\text{InfoGain}(D|A)=\text{Entorpy}(D)-\text{Entorpy}(D|A)$，其中，$D$ 表示所有的数据样本；A 表示数据的标签；函数 $\text{Entorpy}=-\sum_{i=1}^{N}p(x_i)\cdot \text{lb}\ p(x_i)$ 用于计算信息量的大小，信息量越大，不确定性越高。D3 算法的步骤如下。

步骤 1：从根节点开始计算所有标签的信息增益 InfoGain，并选择信息增益最大的标签进行划分。

步骤 2：根据之前选择标签的不同取值建立子节点。

步骤 3：对子节点递归执行步骤 1 和步骤 2，以完成决策树的构建。

步骤 4：当没有标签可选或标签类别完全相同时停止，这时会得到最终的决策树。

下面以决策树算法为例，介绍基于机器学习的单步攻击检测方法，如图 5-2 所示。基于决策树的分类模型可以预测特定的网络活动是“良性”行为还是“入侵”行为，并在树的每个节点上做出决策，直到到达叶子节点。数据点的标签（良性或入侵）在叶子节点中确定。换句话说，树的每个节点表示一个特征，每个分支表示根据每个特征获得的信息所做出的决策，每个叶子表示一个预测类别。比如，样本（IP 端口为 000010、系统名称为 Apollo）在与剪枝后的决策树匹配时，虽然和根节点匹配成功，但未能与 IP 端口节点的分支匹配成功，这表示该样本不属于入侵行为。

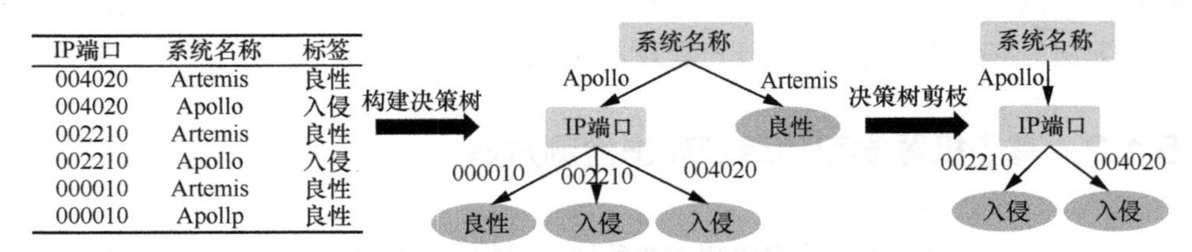

图 5-2 基于机器学习的单步攻击检测方法示例

基于机器学习的单步攻击检测方法分为基于有监督的机器学习算法和基于无监督的机器学习算法。常用的有监督的机器学习算法包括朴素贝叶斯模型[8]、隐马尔可夫模型[9]、决策树、逻辑回归等[10]。常用的无监督的机器学习算法有 k 均值聚类[11]、层次聚类[12]、高斯混合模型[13]等。

基于机器学习的单步攻击检测方法通常需要人工选取特征，且要求相关人员具备大量的专业知识。基于有监督的机器学习算法能够充分利用先验知识，可以准确地对未知样本数据进行分类，但是训练数据的选择评估和类别标注需要花费大量的人力和时间。基于无监督的机器学习算法不需要人为地对数据类别信息进行标注，减少了人为误差，但是需要对大量的无监督处理结果进行人工分析。

5.1.3 基于深度学习的单步攻击检测方法

基于深度学习的单步攻击检测方法的核心思想是利用深度神经网络自动学习样本数据的内在规律和特征表示，从而检测网络攻击。基于深度学习的网络攻击检测方法一般采用端到端的方式，无须人工提取特征，其处理流程包括数据预处理和规范化、自动特征提取、模型训练、模型测试和优化等。下面介绍一种基于深度学习的代表性算法 KitNET，它是 Kitsune[14]系统的核心算法。Kitsune 系统是一种即连即用的网络入侵检测系统，能够针对实时网络流量进行异常检测。KitNET 算法具体的攻击检测步骤如下。

步骤 1：使用良性网络流量数据来训练一个自动编码器网络，将从网络流量中抽取的特征作为训练网络模型的输入。

步骤 2：使用集成自编码器网络模型对输入的样本进行重构，将重构的新样本作为自编码器网络的输出。

步骤 3：使用均方根误差（RMSE）函数计算输入样本和重构的新样本的重构误差得分，并集成多个自编码器的结果，以得到最终的异常检测得分。

步骤 4：使用反向传播算法更新自编码器网络的参数。

步骤 5：重复执行步骤 2～步骤 4，直至训练次数达到要求或模型性能不再提升为止。

步骤 6：将测试样本输入到训练完成的集成自编码器网络模型中查询误差得分，如果得分大于指定阈值则产生告警，否则不产生告警。

以图 5-3 所示 Kitsune 系统单步攻击检测为例，介绍基于深度学习的单步攻击检测过程。首先，系统从被捕获的原始网络流量（Packet）中自动抽取特征并输入到集成自编码器网络模型中。然后，系统使用自编码器模型对输入的样本特征进行重构，并使用 RMSE 函数计算输入特征和重构特征之间的误差。最后，系统将 RMSE 函数的输出输送到集成自动编码器中进行非线性投票，通过加权投票后计算得分。如果得分大于设定阈值则表明输入流量为异常网络流量。

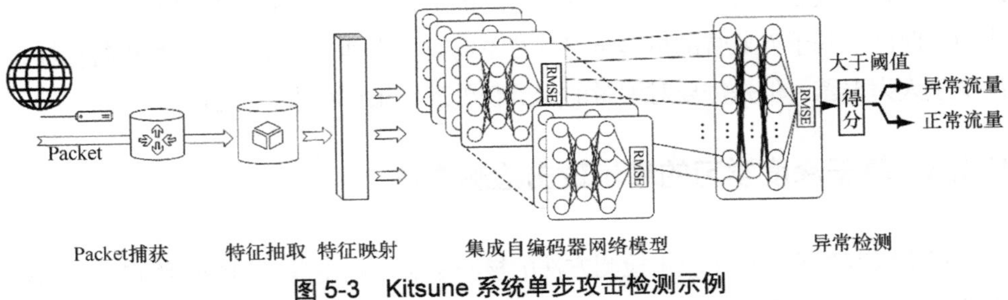

图 5-3　Kitsune 系统单步攻击检测示例

关于基于深度学习的单步攻击检测的研究目前已经有大量成果，这些成果主要采用自动编码器[15]、深度玻尔兹曼机[16]、深度信念网络[17]、循环神经网络[18]、卷积神经网络[19]、生成对抗网络[20]等网络结构。

深度学习技术能够将特征提取器和分类器集成到一个框架中，实现端到端的训练，无须人工提取特征，具有更高的训练推理效率和检测准确率。此外，与传统的机器学习方法相比，基于深度学习的单步攻击检测方法具有更好的适应性和稳健性，可以处理大规模、高维度的数据。但是，这种方法的训练过程较为复杂，模型可解释性较差，并且严重依赖大规模的有标注训练数据。

5.1.4　基于溯源图的多步攻击检测方法

基于溯源图的多步攻击检测方法利用图挖掘和分析技术来发现攻击者的攻击路径，使工作人员能够更容易地理解用户在遭受攻击期间所发生的安全事件及其关联关系。此类方法一般通过溯源图来记录系统实体间的交互关系，并根据上下文数据和操作交互信息进行多步攻击检测。基于溯源图的多步攻击检测包括以下步骤。

步骤 1：通过解析系统审计日志来提取其中的字段信息。

步骤 2：利用这些字段信息构建系统溯源图。图中的节点表示主体或客体，主体主要是操作对象，比如进程；客体主要是被操作对象，比如用户、IP地址、文件。图中的边表示节点之间的相互关系和数据流量。

步骤3：通过与攻击事件相匹配并分析不同攻击事件之间的关系来形成攻击路径，以检测多步攻击。

我们以图5-4所示某浏览器入侵溯源为例，介绍利用该浏览器中的漏洞进行入侵的溯源图。攻击者从X.X.X.X:80发起攻击，利用该浏览器中的漏洞创建并启动了mozillanightly插件、该插件通过cmd执行环境信息执行命令及获取敏感信息后回传到X.X.X.X:443，之后创建burnout.bat清除所有入侵痕迹（箭头方向表示数据流或者控制流方向）。

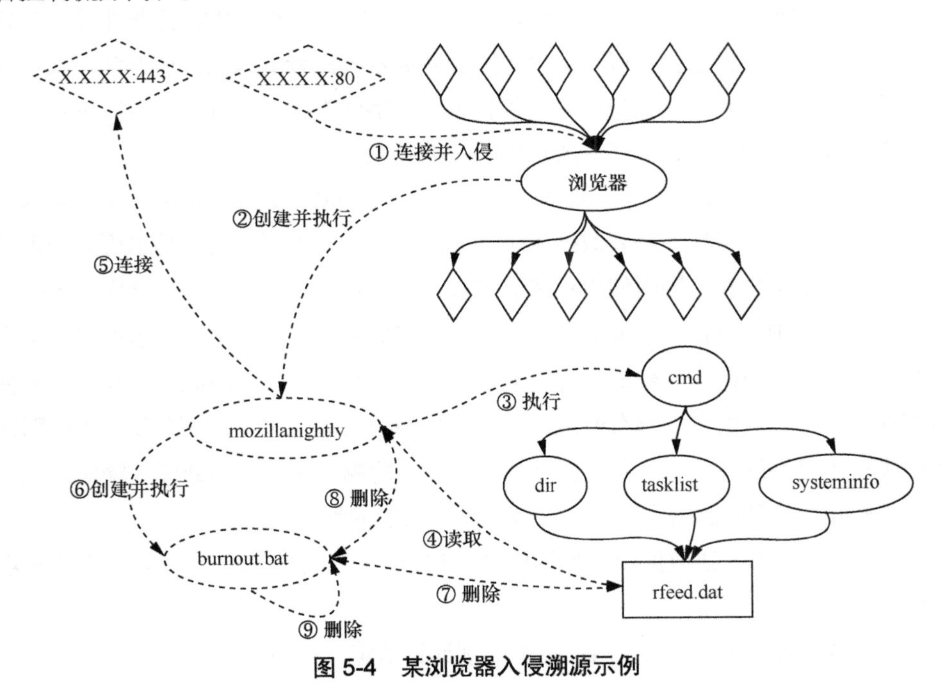

图5-4 某浏览器入侵溯源示例

在后续研究中，SLEUTH[21]中提出了一种攻击重构方法，并利用标签在溯源图上进行多步攻击检测，同时满足了实时性要求。ZePro实现了一个原型系统，在溯源图中增加了概率形成贝叶斯网络，以识别零日攻击路径[22]。Holmes把溯源图和杀伤链[23-24]相结合，将低级别的系统日志信息映射到高级别图标，帮助管理者更容易理解当前攻击的状况。RapSheet将终端检测EDR和溯源图相结合，采用了战术溯源图，以描述最低级别的攻击模式[25]。Alsaheel 等人[26]指出不同的攻击可能共享相似的抽象攻击策略，因而将自然语言处理技术和溯源图相结合，提出了一个用于表示攻击语义的序列模型。

基于溯源图的方法主要依赖于主机日志,难以对基于流量的攻击进行有效检测。知识表示模型（如知识图谱），具有很好的解释性，但现有基于知识表示模型的攻击检测框架或方法的通用性较差，无法满足对资产、漏洞等知识的持续动态更新。

5.1.5 基于相关性的多步攻击检测方法

基于相关性的多步攻击检测方法的核心思想是利用多维度信息来进行综合分析，找出所有的攻击步骤，以形成攻击路径并揭示攻击者的意图。该方法一般根据单步攻击检测算法和安全设备产生的告警事件对事件进行关联分析，以减少噪声、误报以及聚合相似告警，最终完成攻击路径的发现。

Shawly 等人[27]提出了基于隐马尔可夫模型（HMM）的攻击检测框架。隐马尔可夫模型是一种用于建模序列数据的统计模型，其主要思想是利用马尔可夫链来描述序列中的状态转移，同时使用观测值来表示状态转移过程中的观测结果。这些观测结果往往是难以直接观察或测量的，因此将它们称为“隐变量”。这里的基本假设是当前状态只与前一时刻的状态有关，而与其他时刻无关。因此，隐马尔可夫模型在建模序列数据时，能够有效地捕捉到序列中的局部相关性，并在预测和识别任务中表现出良好的性能。基于相关性的多步攻击检测方法一般的处理步骤如下。

步骤 1：根据问题的实际情况，确定隐含状态的种类及其数目。

步骤 2：利用已知数据集，计算模型的初始状态概率分布、状态转移矩阵和观测概率矩阵。

步骤 3：利用前向算法、后向算法分别计算给定观测序列的概率。

步骤 4：利用维特比算法求解当前观测序列下可能性最大的状态序列。

步骤 5：利用 Baum-Welch 算法对模型参数进行迭代优化，使得模型的预测精度逐渐提高。

步骤 6：利用训练好的隐马尔可夫模型对新的观测序列进行分类或预测。

图 5-5 展示了基于隐马尔可夫模型的攻击检测框架。该框架设计了 K 个隐马尔可夫模型模板，以应对当前复杂的多种单步攻击之间的交错配合，即多阶段攻击。通过

这样的设计，该框架可以识别长度为T的告警信息，至多可识别K种攻击的混合攻击。

该框架的执行流程如下。首先使用基于Snort的入侵检测系统（IDS）从网络/系统中获取攻击告警信息，对这些告警信息按时间戳进行排序，并预处理成合适的格式；然后将告警信息传入具有多组隐马尔可夫模型模板的数据库中，通过计算信息的隐变量来捕捉告警序列中的局部信息，分析这些单步攻击之间的相关性，得出一些类似的攻击路径，产生相应告警。对于一个告警信息，基于隐马尔可夫模型的多步攻击检测方法会提取7种特征（时间戳、ID、源IP地址、源端口、目的IP地址、目的端口和优先级），每次提取T个告警信息，并将它们组成信息流，经过预处理之后转换为能够被隐马尔可夫模型使用的输入数据。每一个隐马尔可夫模型模板通过维特比算法计算可能性最大的攻击序列，并给出风险提示。

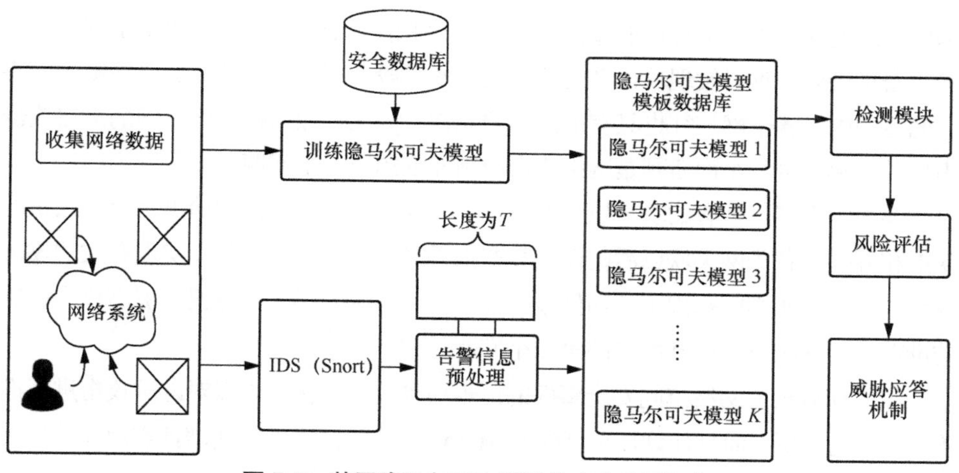

图5-5 基于隐马尔可夫模型的攻击检测框架

基于相关性的多步攻击检测方法涉及多种安全防御措施和分析方法，主要包括告警产生、关联分析和攻击路径发现。根据分析方法的不同，多步攻击检测可以进一步划分为基于相似性的检测[28]、基于因果关系的检测[29]、基于结构的检测[30]和基于实例的检测[31]。

基于相关性的多步攻击检测方法能够充分利用多维度的攻击信息，探究不同攻击信息之间的关联性。和基于机器学习的方法相比，基于相关性的多步攻击检测方法无须依赖某一攻击领域的规则知识，在应对目前层出不穷的新型攻击上具有明显的优势。但由于攻击信息之间的相关性可能不是完全确定的，该方法会产生误报或漏报。另外，基于相关性的多步攻击检测方法在建模时需要从大量的网络空间数据中提取特征并进行模型训练，需要较长的训练时间以及较高的计算和存储资源开销。

| 5.2 网络攻击研判面临的问题 |

网络空间安全事件具有巨规模、演化性、关联性的特性，要达到对网络空间安全事件进行全面、准确、实时研判的目的，就需要解决很多关键的技术难题。我们将网络攻击研判面临的问题总结如下。

关联分析难。网络空间无边无际，而且攻击手段越来越高级和复杂，各子网内部检测到的网络攻击很有可能仅仅是多步攻击中的一个步骤，仅对单个子网检测到的攻击进行分析难以发现攻击者的意图及技术手段。即使在可感知、可探测的网络空间范围内，各子网往往也具有很高的独立性，因此，如何把不同子网的网络攻击事件关联起来进行全面研判是网络攻击研判面临的第一个问题。

误报漏报多。现有的攻击检测系统在单步攻击和多步攻击的检测上存在大量的误报和漏报，各子网关联以后的误报和漏报无疑会更多，这会难以实现有效的攻击检测。在全面研判的基础上，如何减少攻击检测系统的误报和漏报，提高攻击检测的准确率是网络攻击研判面临的第二个问题。

实时计算难。网络空间安全事件的巨规模且实时演化，难以对跨域攻击进行准确、实时的分析，而且计算复杂度随着 MDATA 认知模型知识图谱顶点规模的扩大而呈指数增长。如何做到实时响应，支撑不断演化和发展的攻击检测是网络攻击研判面临的第三个问题。

只有解决了以上 3 个问题，才有可能高效地利用网络空间安全知识，实现对网络空间安全事件的全面、准确和实时研判。从上一节的分析可以看出，现有的针对单步攻击、多步攻击的检测方法无法完全解决这 3 个问题。

| 5.3 MDATA 认知模型的网络攻击研判技术 |

MDATA 认知模型的网络攻击研判技术可以有效解决网络攻击研判关联分析

难、误报漏报多、实时计算难这3个问题。具体而言，针对关联分析难的问题，本节将要介绍的MDATA认知模型的网络攻击研判技术可以解决网络攻击研判误报漏报多、关联分析和实时计算难的问题。具体而言，针对误报漏报多的问题，本节将介绍的MDATA认知模型的有效攻击研判方法能够去除误报并对漏报进行补全，实现有效攻击的研判；针对关联分析难、实时计算难的问题，本节将介绍的MDATA认知模型的跨域攻击研判方法能够把不同时空分布的网络攻击事件联合起来进行研判，基于雾云计算的攻击研判技术能够将MDATA认知模型大图计算划分成雾端、中间层和云端3个层面，通过这3个层面的协同实现攻击研判的实时计算。进一步地，为了应对可能出现的未知攻击，本节将介绍MDATA认知模型自演化的未知攻击研判方法，以应对网络空间潜在的风险和挑战。

5.3.1 MDATA 认知模型的有效攻击研判方法

MDATA认知模型的有效攻击研判方法的流程如下。首先建立面向已知攻击的网络空间安全知识库，实现对已知网络攻击知识的全面覆盖；然后针对防护系统的特点进行靶向数据采集，根据资产和漏洞分布情况采集与有效攻击相关的数据，去除大量误报；最后通过构建的攻击检测子图对多步攻击进行匹配，实现网络攻击的有效检测。

5.3.1.1 网络空间安全知识库

网络空间安全知识库指当前所有的资产信息，包括硬件的型号和软件的版本，以及各种已知的系统安全漏洞和攻击模式，是用于支撑网络攻击研判的基础知识库。网络空间安全知识库通常包含大量已知的攻击模式、漏洞、恶意软件等信息，这些信息有助于识别已知的攻击，是提前部署防御系统的依据。此外，网络空间安全知识库中的规则和算法可以用于发现未知的攻击。例如，对网络流量和日志的分析可以检测到一些异常行为，再结合知识库中的攻击模式进行推理，可以发现不同于以往的新型攻击行为。在实际应用中，网络空间安全知识库需要根据最新的威胁情报进行更新，以及时响应新的攻击行为，提高实时检测的准确率。总的来说，网络空间安全知识库可以为网络攻击研判提供基础知识支撑。

前文介绍的知识获取、知识表示与管理为网络空间安全知识库的构建奠定了基础，它们的关键技术可以帮助我们构建一个多维度关联的网络空间安全知识库。例如，对网络攻击事件、攻击过程涉及的漏洞及资产进行的多维关联和统一表示可以避免数据格式纷繁复杂的问题，为网络攻击全面、准确、实时的研判提供依据。

网络空间安全知识库包括攻击事件层、漏洞层、资产层这 3 层，如图 5-6 所示。攻击事件层以攻击事件为实体节点，以攻击事件的发生时间和涉及的 IP 地址作为时间属性和空间属性。漏洞层包括攻击行为所利用的漏洞，其中，漏洞属性包括被公布时间、公布组织等信息。资产层包括被攻击的资产，如文件服务器、Web 服务器等。

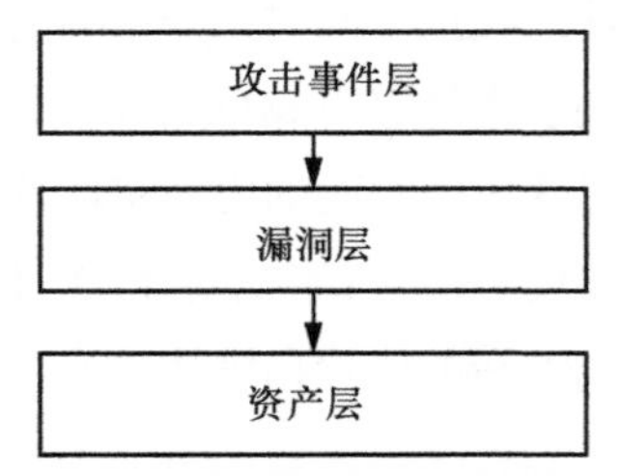

图 5-6　网络空间安全知识库结构

我们以海莲花攻击事件为例，构建该事件的网络空间安全知识库，具体如图 5-7 所示。海莲花攻击事件的构建可以分解为 5 个步骤，具体如下。

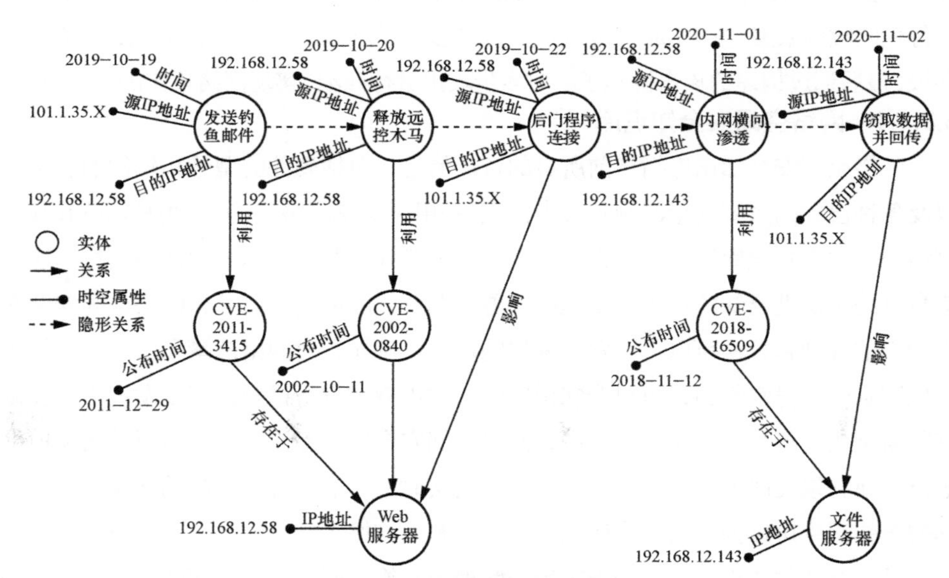

图 5-7　网络空间安全知识库

步骤 1：在攻击事件层，攻击者 101.1.35.X 于 2019 年 10 月 19 日给“受害者” 192.168.12.58 发送钓鱼邮件，利用漏洞层的漏洞实体 CVE-2011-3415 对资产层的

Web 服务器发起攻击。

步骤 2：在攻击事件层，攻击者释放远控木马，利用漏洞层的漏洞实体 CVE-2002-0840 对资产层的 Web 服务器进行控制。

步骤 3：在攻击事件层，攻击者通过木马病毒安装的后门程序来控制资产层的 Web 服务器，将该服务器与攻击者服务器进行连接。这一步骤没有涉及漏洞层的实体。

步骤 4：在攻击事件层，攻击者潜伏一年多后，于 2020 年 11 月 1 日进行内网横向渗透，利用漏洞层的漏洞实体 CVE-2018-16509，获取资产层的文件服务器控制权。

步骤 5：在攻击事件层，攻击者窃取数据并回传。这一步骤没有涉及漏洞层的实体，但会对资产层的文件服务器产生影响。

在构建了网络空间安全知识库后，我们可以通过演绎算子推演出攻击者行为之间的关联，即图 5-7 中的隐形关系（虚线箭头连接部分）。

不同于现有的以 IP 地址为节点的表示方法，网络空间安全知识库以单步攻击行为/安全事件为实体节点，对每个攻击行为的时间属性和空间属性进行关联分析，推演出攻击行为的时序关系，之后利用子图匹配、可达路径计算等方法来检测网络系统中发生的多步攻击。

5.3.1.2 靶向数据采集

面对网络空间巨规模和数据多源异构的场景，无目的的数据采集会产生大量无用的时间开销，靶向数据采集可以解决这个问题。

靶向数据采集是一种定制化的数据采集方式，能够有目的性、针对性地对网络空间安全场景下的特定攻击事件、资产、漏洞、告警等指标进行数据采集。靶向数据采集的目的主要是帮助安全分析师快速、精准地获取有代表性的网络空间安全数据，以便进行更加高效的数据挖掘和安全分析。安全分析师能够通过靶向数据采集更快速地了解网络中存在的安全隐患，从而及时作出决策。

靶向数据采集对网络空间安全状态分析具有重大意义，主要体现以下几个方面。

精准掌握网络空间安全状况。靶向数据采集可以根据安全分析师的实际需要采集特定的安全数据，这有助于安全分析师更加准确地分析网络空间安全状况，快速发现网络空间中的安全漏洞、威胁行为，及时作出安全响应。

支持网络空间安全决策。靶向数据采集可以收集与特定网络空间安全问题相关的数据，这些数据可以帮助安全分析师更好地了解网络空间中存在的风险和漏洞，从而更好地制订安全策略和计划。

提升安全防护能力。靶向数据采集可以帮助安全分析师更加全面地了解网络空间中存在的安全威胁和漏洞，从而提升系统安全防护和响应能力。安全分析师可以基于采集到的数据来分析安全威胁的特征和行为模式，从而采取有效的安全防护措施。

提高安全响应效率。靶向数据采集可以采集特定的网络空间安全数据，使安全分析师能够做出快速响应。通过采集特定的数据，安全分析师可以更快速地定位安全问题，找出潜在风险，制订相应的安全措施，从而提高安全响应效率。

下面我们介绍一种网络空间安全典型场景的靶向数据采集，其整体框架如图 5-8 所示。该框架涵盖了从资产到漏洞到攻击，以及针对流量侧和终端侧的靶向数据采集的全过程。

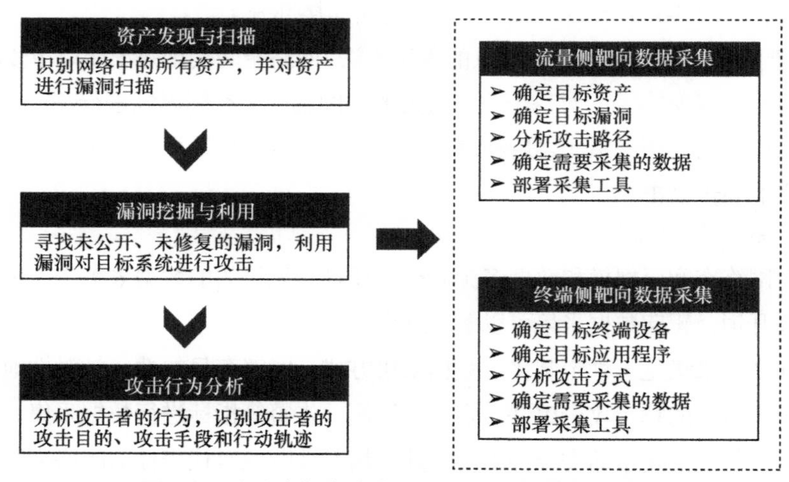

图 5-8 网络空间安全典型场景靶向数据采集框架

（1）资产发现与扫描

资产发现主要指在目标网络中识别所有的主机、网络设备、应用程序等的信息，其中包括 IP 地址、开放端口、操作系统版本、应用程序版本、运行的服务等。常见的资产探测工具包括 Nmap、Masscan、Zmap 等。

资产扫描则是对发现的主机进行漏洞扫描，以识别存在的漏洞。常见的漏洞扫描工具有 Nessus、OpenVAS、Qualys 等，这些工具可以帮助我们识别出系统的漏洞和弱点，确定采集目标。

（2）漏洞挖掘与利用

漏洞挖掘指寻找未公开、未修复的安全漏洞。常用的手段有模糊测试、反汇编等。

漏洞利用是使用已知的漏洞对目标系统进行攻击，这可以通过对公开漏洞库的查询和分析并结合黑客攻击工具来完成。我们可以使用 Metasploit、CANVAS、Core Impact 等工具来模拟攻击行为，确定攻击所需要的信息和数据。

（3）攻击行为分析

攻击行为分析主要通过分析攻击者在目标系统上的操作行为来识别攻击者的目的、手段、行动轨迹等信息。常见的攻击行为分析工具包括 Snort、Suricata、Bro 等。

（4）流量侧靶向数据采集

流量侧靶向数据采集主要通过监控网络流量来获取攻击者的行为数据，包括以下几个步骤。

步骤 1：确定目标资产。确定需要采集的目标资产，其中包括服务器、网络设备等。

步骤 2：确定目标漏洞。基于已知的漏洞库或漏洞扫描结果，确定目标资产所存在的漏洞。

步骤 3：分析攻击路径。根据目标资产和漏洞信息，分析攻击者可能采取的攻击路径。

步骤 4：确定需要采集的数据。根据攻击路径确定需要采集的数据，其中包括网络流量、日志、文件等。

步骤 5：根据需要采集的数据部署采集工具。根据确定的数据采集需求部署相应的采集工具，如入侵检测系统、入侵防御系统（IPS）、流量分析器等。

在流量侧靶向数据的采集过程中，需要注意采集的范围和深度，以确保采集到有意义的数据。例如，可以设置过滤器，只采集与目标主机有关的流量，或者只采集特定协议的流量。

（5）终端侧靶向数据采集

终端侧靶向数据采集主要通过监控目标主机上的进程、文件、注册表等信息来获取攻击者的行为数据，包括以下几个步骤。

步骤 1：确定目标终端设备。确定需要采集数据的目标终端设备，其中包括计算机、手机、服务器等。

步骤 2：确定目标应用程序。根据已知的漏洞库或安全威胁情报，确定目标终端设备上存在的高危应用程序或操作系统漏洞。

步骤 3：分析攻击方式。根据目标应用程序和漏洞信息，分析攻击者可能采用的攻击方式。

步骤 4：确定需要采集的数据。根据攻击方式，确定需要采集的数据，其中包括进程监控信息、系统日志、文件修改记录等。

步骤 5：针对需要采集的数据部署采集工具；根据确定的数据采集需求部署相应的采集工具，如终端监控工具、文件审计工具等。

在终端侧靶向数据的采集过程中，需要注意采集的精度和完整性，以确保采集到的数据能够提供有用的线索。例如，可以设置监控规则，只采集与目标进程有关的数据，或者只采集关键文件的变更信息。

对于海莲花攻击事件，它的终端侧靶向数据采集过程如下。

首先，利用 Nmap 对现有资产进行扫描，如 Web 服务器（IP 地址为 192.168.12.58）、文件服务器（IP 地址为 192.168.12.143）及其上的应用服务（如邮件系统），确定需要保护的目标主体。

其次，进一步收集保护目标上可能存在的漏洞及其利用方式。例如对于 Web 服务会用到的 Microsoft.NET Framework，我们需要采集与 Microsoft.NET Framework 相关的漏洞信息（如漏洞 CVE-2011-3415）。

再次，根据资产和漏洞的组合，借助网络空间安全知识库分析海莲花攻击可能使用的攻击手段，如伪造官方通知的 Word 文档进行钓鱼攻击等。

最后，在网络侧的 IDS/IPS 设备上监控流量，分析 Web 服务器日志（如 /public/games 等目录），把收集到的靶向数据关联起来，分析检测攻击行为。

5.3.1.3 基于子图匹配的有效攻击检测

为了更好地进行多步有效攻击检测，我们需要虚警过滤、知识推演、攻击子图等多种辅助方式。一方面，复杂的网络环境可能使一些正常的网络行为被误判为攻击行为，而一些真正的威胁被忽略，一些无关紧要的事件被错误地标记为威胁，因此，基于特征匹配的方法并不适用于多步攻击检测。另一方面，随着新型攻击手段的不断涌现，传统的单步攻击检测方法可能无法有效应对复杂的威胁，如 APT 攻击。

在多步攻击中，攻击者通过多个步骤来实现其最终目标。这些步骤可能难以察觉或具有欺骗性，而基于子图匹配的有效攻击检测可以更好地应对这类威胁，其框架如图 5-9 所示。

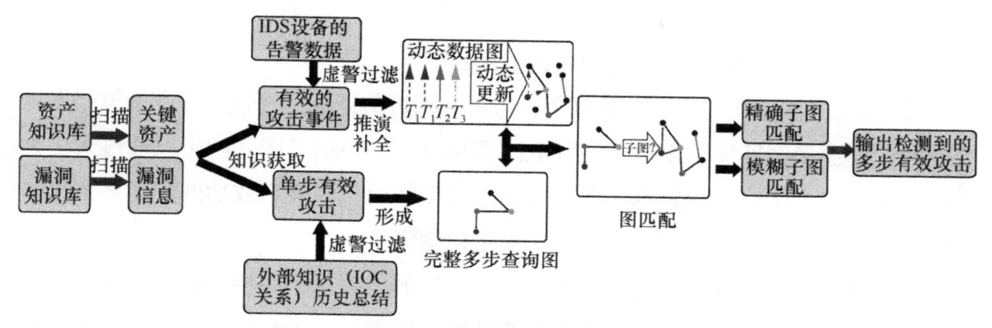

图 5-9　基于子图匹配的有效攻击检测框架

基于子图匹配的有效攻击检测的具体步骤如下。

步骤 1：通过对资产知识库和漏洞知识库的扫描来发现关键资产和漏洞信息。

步骤 2：生成动态数据图。

① 告警数据由 IDS 等设备生成，这些设备用于监控网络或系统中的恶意活动或违规使用行为。在生成告警数据后，可以通过过滤不相关的告警来减少虚假报警，这个过程称为虚警过滤，其目的是去除那些错误地将正常事件标记为威胁的告警。

② 结合关键资产和漏洞信息来得到有效的攻击事件，从告警数据中提取与攻击行为相关的知识，实现知识获取。

③ 检测过程中可能出现漏报情况，对于没有识别出来的攻击行为，可以通过推演补全来发现检测设备未发现的漏报，这个过程叫作知识推演，是指利用已有的知识和信息来推断新的结论或作出预测。例如，检测到两个攻击，但这两个攻击之间明显缺乏某种关联关系，这时可以通过知识推演补全未检测到的攻击。知识推演有助于解决漏报问题，帮助安全分析师更好地了解攻击情况，采取相应措施来防患于未然。之后根据时间信息，我们便得到了动态数据图。

步骤 3：生成多步查询图。

① 根据外部知识和历史知识形成单步有效攻击事件，其中，外部知识包括入侵指标（IOC）等有关特定安全漏洞的信息，可以帮助安全团队确定是否发生了攻击。

② 通过知识获取得到关键资产和漏洞信息，形成完整的多步查询图。

步骤 4：在此场景中存在数据图和查询图两种元素，那么我们可以利用子图匹配方法在数据图中寻找与查询图相匹配的部分，从而进行有效的攻击检测。在匹配过程中，我们可以采用精确子图匹配和模糊子图匹配这两种方式。

① 精确子图匹配：在数据图中查找与查询图完全匹配的子图。这种方式可以用于在整个网络拓扑图中进行有效的攻击检测。

② 模糊子图匹配：在数据图中查找与查询图近似匹配的子图。当攻击策略发生变化时，模糊子图匹配可以检测出疑似的多步攻击。模糊子图匹配可以通过人工为匹配度设定一个阈值，如果真实匹配度高于这个阈值，则表示成功匹配了某个多步攻击，在复杂的网络拓扑中进行了有效攻击检测场景。

综上所述，安全分析师只需要关注实时出现的与攻击子图相关的告警数据。当某类攻击子图告警频繁出现时，安全分析师便可以判断当前存在针对系统关键资产的有效攻击行为。

在基于子图匹配的有效攻击检测中，关键点是准备描述表示动态数据图和多步查询图。下面我们继续描述生成查询图，也就是攻击子图的具体流程。

动态数据图根据安全设备的告警信息进行构建，通过对告警数据过滤、攻击知识获取以及推演而动态生成。随着告警数量的增多，动态数据图的规模会变大。查询图用于描述待检测的多步攻击模式，例如图 5-10 展示了一个用于检测海莲花攻击的多步查询图。通过在动态数据图中匹配是否存在该查询图，可以准确检测出海莲花多步攻击。对已知的多步攻击均构造对于每个多步攻击的检测模板，即查询图，并在数据图中并行进行子图匹配，实现多个已知多步攻击的准确检测。

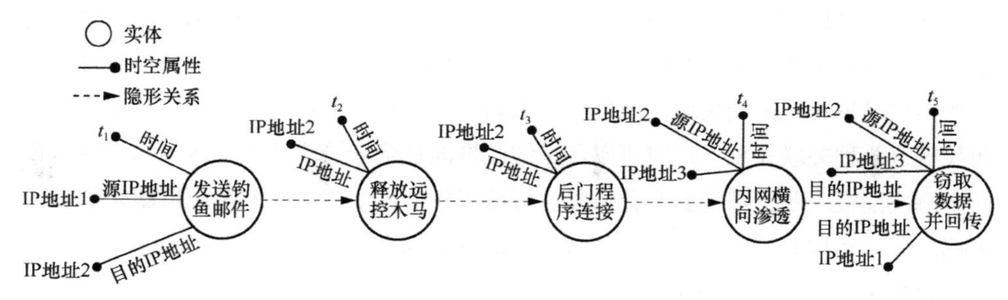

图 5-10　检测海莲花攻击多步查询图

注：t_1～t_5 表示时间。

为了提升针对有效攻击的检测率，我们根据资产和漏洞的情况对动态数据图进行优化，减少无关的攻击行为，具体流程如下。

首先，收集并整理 IDS 设备等来源的告警数据。

其次，进行资产扫描，确定网络中存在哪些资产；进而进行漏洞扫描，确定资产中存在哪些漏洞。

再次，根据资产和漏洞扫描结果，过滤不相关的告警数据，并在网络空间安全知识库中查询相关的攻击模式。

最后，根据查询结果、关键资产和漏洞信息，生成用于有效攻击检测的动态数据图，即攻击子图。

5.3.2 MDATA 认知模型的跨域攻击研判方法

子网具有一定的独立性，网络空间安全数据往往涉及内部资产、内部网络结构等敏感信息，而多步攻击往往由不同子网的多个单步攻击组成。只有把各子网关联起来，才能检测多步攻击。要在实际应用场景中实现跨域攻击研判，就要解决如何把各子网数据关联起来这个首要问题。各子网关联起来后是一个极其庞大的系统，利用系统内海量的数据进行实时计算将是一个巨大挑战。

针对跨域攻击研判数据关联分析难、实时计算难的问题，我们介绍一种基于雾云计算体系结构的 MDATA 认知模型的跨域攻击研判方法，其核心思想是将 MDATA 认知模型的大图计算划分成包含雾端、中间层和云端 3 层的分布式子图（也称知识体），构建多知识体分布层次协同计算体系，通过数据流和控制流协同混合调度来实现攻击研判的实时计算，如图 5-11 所示。MDATA 认知模型的跨域攻击研判方法的具体步骤如下。

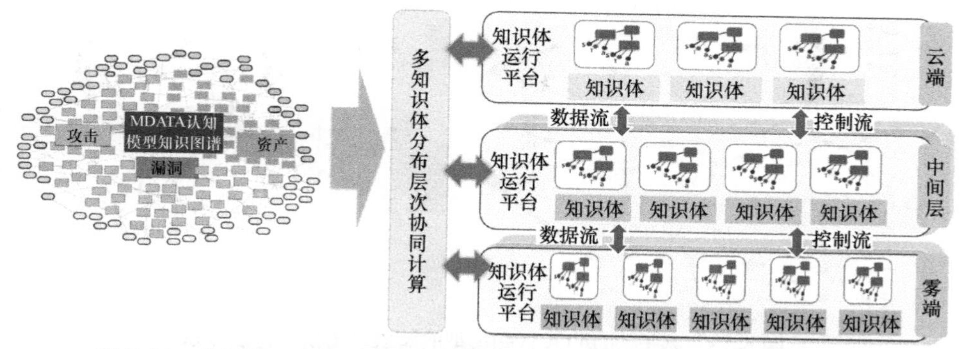

图 5-11 基于雾云计算体系结构的 MDATA 认知模型的跨域攻击研判方法

步骤 1：在各子网建立知识体架构，为多知识体的组装和协同计算奠定基础。知识体由数据获取器、知识推演器、任务协同器等组成，通过数据获取器和知识推演器进行知识管理。知识体间通过任务输入接口进行组装和协同。知识体内部架构如图 5-12 所示。

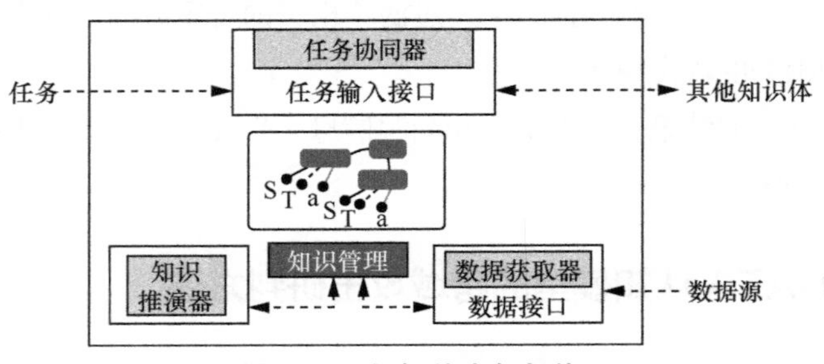

图 5-12　知识体内部架构

步骤 2：构建基于分布式构件技术的知识体远程在线组装体系，将不同子网内部的知识体组装起来，实现面向不同网络结构和网络资产的 MDATA 认知模型知识图谱的灵活划分和组装。

步骤 3：设计基于数据流和控制流协同混合调度方法，实现基于雾端、中间层和云端的大规模知识体的协同计算，通过协同计算实现攻击研判的实时计算。

步骤 4：搭建好雾云计算体系架构后，根据子网资产和漏洞组成和分布形成对应的 MDATA 认知模型子图。在 MDATA 认知模型子图的基础上检测各子网的局部攻击事件，并基于雾云计算体系结构进行跨域攻击的并行协同计算，实现全网多步攻击全面、准确、实时的研判。基于 MDATA 认知模型的跨域攻击研判方法体系如图 5-13 所示。

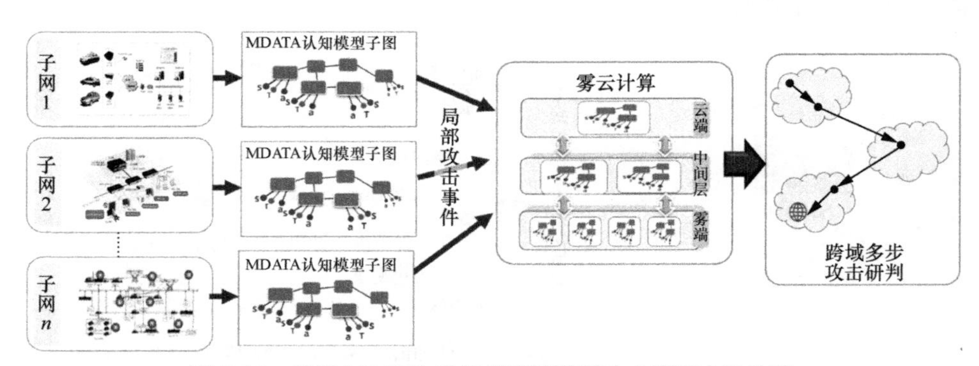

图 5-13　基于 MDATA 认知模型的跨域攻击研判方法体系

基于MDATA认知模型的跨域攻击研判方法通过雾云计算体系结构来支持分布式MDATA认知模型知识库的协同应用，提升了具有时空特性的动态知识的共享、交互、关联，形成知识协同效应，解决了网络空间安全领域各子网数据难以关联的问题，可应用于具有时空敏感特性的跨域攻击研判场景中。最终，基于MDATA认知模型的跨域攻击研判系统能够处理十亿级别的超大规模数据集，可达路径、子图匹配、子图查询等常规计算的响应时间可稳定在毫秒级，解决了网络空间中海量数据难以进行实时计算的难题。在计算规模上，该系统首次实现了亿级和十亿级规模的顶点相关计算，优于Neo4J、TigerGraph等大图计算系统。

5.3.3 MDATA认知模型自演化的未知攻击研判方法

在信息化升级加快、各类型漏洞日益增长的同时，攻击者的攻击技术也在不断演化和发展，新型攻击方法、攻击策略不断涌现。已有攻击检测方法难以检测出新型和未知的网络攻击，网络攻击研判面临新型和未知攻击难以检测的难题。

为了应对不断涌现的未知攻击，我们介绍一种MDATA认知模型自演化的未知攻击研判方法，该方法包含以下两个功能。

（1）基于MDATA认知模型的实时知识抽取与更新

网络空间安全知识存在于博客、论坛等的结构化和半结构化数据中，随着新漏洞、新的网络攻击不断被披露，多种未知的网络空间安全知识会随之出现。基于MDATA认知模型自演化的未知攻击研判方法可持续对新公开的漏洞、攻击等进行知识抽取，并通过MDATA认知模型的知识获取方法对知识进行补全。同时，随着大量网络攻防演习活动、攻防对抗比赛的举办，与之相关的网络攻防行为数据为网络空间安全知识的获取提供了新的数据源。对这些活动中产生的网络攻防行为数据进行分析，可以有效挖掘攻防双方选手的攻防策略，并抽取出未知的与攻防行为相关的知识，实现网络空间安全知识库的完善和丰富，支撑更多类型网络攻击的检测。

（2）基于MDATA认知模型的推理自适应攻击策略生成

由于攻击步骤往往具有一定的先后时序关系，未知的攻击可能基于已有的攻击方法进行变种，采用不同的攻击策略来达到攻击目的，因此，我们采用基于MDATA认知模型的时序知识图谱推理方法实现针对未知攻击策略的持续推演，具体过程如下。

首先，按照攻击发生的先后顺序对提取到的一系列单步攻击进行排序，得到一

个长度为 n 的攻击序列 M。

其次，构建长度在 2～n 之间的候选序列，其中候选序列是攻击序列 M 的子序列。

再次，基于 MDATA 认知模型进行时序知识图谱推演，得出可能存在的新型攻击链路。

最后，在网络仿真验证平台中对推理得到的攻击链路和攻击策略进行复现，如果能实现攻击者的攻击目的且知识库中没有这种策略，则对网络空间安全知识库进行补充，从而提高应对未知网络攻击的检测能力。

基于 MDATA 认知模型的推理自适应攻击策略生成攻击链路的整体流程如图 5-14 所示。

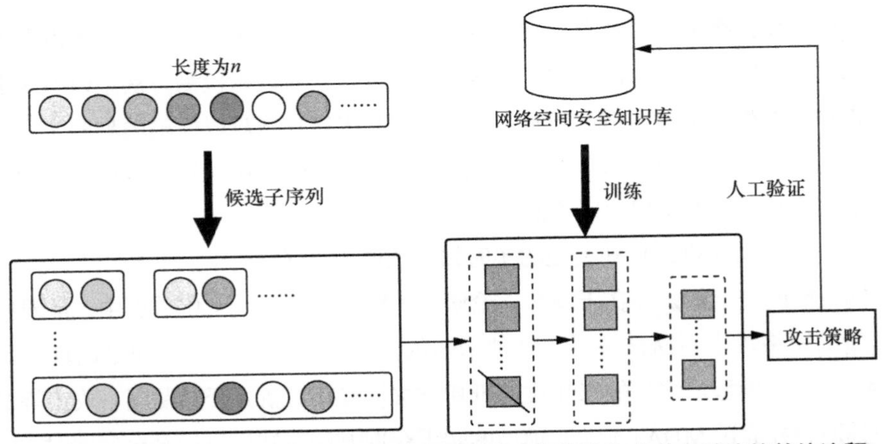

图 5-14　基于 MDATA 认知模型的推理自适应攻击策略生成攻击链路的整体流程

通过对网络空间安全知识的持续抽取和推演，MDATA 认知模型自演化的未知攻击研判方法实现了网络空间安全知识库的丰富和完善，提升了对未知网络攻击的应对能力，且进一步提高了网络空间安全的保障水平。

5.4　基于 MDATA 认知模型的网络攻击研判系统 YHSAS

前文中介绍了利用 MDATA 认知模型进行网络攻击研判所采用的主要技术，接下来我们介绍基于 MDATA 认知模型的网络攻击研判系统 YHSAS。

YHSAS 系统为网络管理者提供一个统一的网络空间安全管理平台，让网络管理者可以对其网络管辖范围内的安全态势拥有一个详细的全局视图，其中包括攻击、流量、资产、脆弱性、综合风险等内容。通过安全人员对关联分析规则和网络空间安全指数的配置，YHSAS 系统能够对各类网络空间安全事件进行关联分析，并计算出网络空间安全指数，直观地反映网络空间安全态势，从而能够做到实时检测网络中的安全攻击事件，调整网络空间安全产品的安全策略，及时应对网络空间安全威胁。YHSAS 系统包含多个功能组件，这些组件可根据具体的用户需求进行合理搭配。

5.4.1 YHSAS 系统的体系架构和功能介绍

YHSAS 系统的体系架构如图 5-15 所示，主要包括数据采集模块、系统配置模块、网络攻击检测模块、网络攻击分析模块、安全态势指数计算模块和系统展示模块。每个模块提供的功能具体如下。

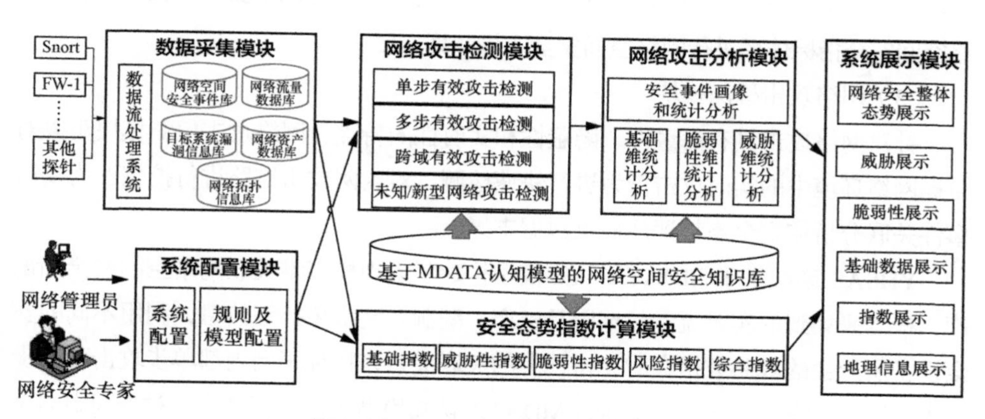

图 5-15　YHSAS 系统的体系架构

（1）数据采集模块

数据采集模块可集成现有的网络空间安全工具，能够对网络空间的安全性进行实时检测，也能够作为系统的插件，对系统进行动态扩展，如对目标网络进行靶向数据采集、对各安全工具的运行状态进行检测和管理（执行启动/关闭插件的操作）。数据采集模块提供了基于日志的被动数据收集器，各节点通过实时检测其网络空间安全设备产生的日志信息来收集网络空间安全事件，把收集的网络空间安全事件按照预先定义的技术封装成一个对象，并将其发送到中心数据库服务器进行存储和预处理，为后续网络空间安全事件的关联分析以及态势计算提供基础数据。此外，数据采集模块还提供了基于主动查询收集信息的探测器，核心服务器调用远程的安全工具对远程网络进行主动扫描，并把扫描结果返回给服务器。扫描的信息主要是网络的固有数据，如基础流量信息、网络拓扑信息、漏洞信息等。

（2）系统配置模块

系统配置模块向用户提供友好的配置界面，主要包括探针配置、网络和主机配置、服务器配置、用户配置以及指数配置。探针配置主要包括流量配置和脆弱性扫描配置。网络和主机配置向用户提供网络中主要资产的配置界面，包括主机、子网、主机组、子网组，以及端口及端口组的配置。服务器配置可以让网络管理员对服务器进行配置，分为框架配置（主要是对系统展示参数值的配置）、前端插件配置（包括前端插件分组配置和默认值配置）以及服务端配置。用户配置支持网络管理员对系统用户进行管理，包括用户管理、用户组管理和权限定义这 3 种配置。指数配置支持用户根据实际需求对网络空间安全指标体系进行配置。配置完成后，YHSAS 系统可以根据新的网络空间安全指标体系进行网络空间安全态势计算与展示。

（3）网络攻击检测模块

针对网络攻击具有海量性、隐蔽性和实时性的特点，网络攻击检测模块可以对目标网络环境中的实时攻击行为进行快速检测，对内网攻击链路进行挖掘，为安全事件关联分析和安全态势评估提供数据支撑。

YHSAS 系统基于 MDATA 认知模型构建了大规模多维关联网络空间安全知识库，根据采集到的实时流量数据以及资产、漏洞、网络拓扑等信息，利用不同的安全设备所产生的威胁数据在时空特性上的关联关系来指导子网内部单步攻击和多步攻击检测。网络攻击检测模块通过 MDATA 认知模型子图匹配技术，对子网中的攻击链路进行推理和挖掘，为跨域攻击研判提供支撑。此外，该模块还结合外网威胁情报，通过不同子网辖域内威胁情报的共享和融合来检测跨域的攻击链路，实现对跨域攻击和未知/新型攻击的有效检测。网络攻击检测模块可检测已知的单步有效攻击、多步有效攻击、跨域有效攻击，以及未知/新型网络攻击，能够大幅度降低系统误报率，避免实际应用中出现误警虚警的情况。

（4）网络攻击分析模块

网络攻击分析模块对不同地点、不同时间、不同层次的网络空间安全告警进行多维度的关联分析，从而挖掘出真实的安全事件，识别出真实的安全风险。YHSAS系统关联分析的事件源包括基于网络的入侵检测引擎（如Snort）、基于主机的入侵检测引擎（如 Snare）、统计分组异常检测引擎（如 Spade）、漏洞扫描工具（如Nessus）、网络流量监测工具（如Ntop）、主动探测工具（如Arpwatch、P0f、Pads等）、网络扫描器（如Nmap）以及开源漏洞库。关联分析包括以下步骤。

步骤1：进行数据预处理，在检测端完成合并处理，减轻引擎处理在性能上的压力；对事件级别进行划分，以提高告警分析的针对性；对来自异构安全设备、格式互不相同的事件进行归一化处理，可参考事件对象描述交换格式（IODEF[32]）、入侵检测消息交换格式（IDMEF）等描述标准。

步骤2：读取配置策略，其中包括定义资产重要度、特定类型事件的处理方式（必须进行的关联类型）、事件处理方式（重定向到其他服务器或者本地存储）。

步骤3：将事件分别与漏洞、资产进行关联，按照不同用户的要求实现对现有数据的统计分析。例如，从事件维度对事件画像和原始数据包进行统计分析；从基础运行维度对流量数据、服务信息数据和网络结构进行统计分析；从脆弱性和威胁维度对漏洞名称、出现次数、优先级、风险级别等进行统计分析，为指数计算提供数据支撑。

（5）安全态势指数计算模块

安全态势指数计算模块从基础指数、威胁性指数、脆弱性指数、风险指数、综合指数等5个方面对网络空间安全态势进行量化分析和展示。指数通过二维坐标系来展示，其中，横轴表示时间；纵轴表示指数值，值越大说明相关情况越严峻。下面我们介绍除风险指数之外的其他4种指数。

基础指数主要用于展示网络基础运行的安全状况，网络管理员可以查看特定地区的实时基础指数、历史基础指数。例如，当基础指数为0～2时，表示当前基础网络运行正常，用户对网络空间安全问题没有显著感知；当基础指数为8～10时，表示当前基础网络运行因大面积网络瘫痪而受到严重影响，用户普遍对网络空间安全问题有显著感知。

威胁性指数主要用于展示网络面临的网络攻击状况。为了满足不同用户对网络威胁的感知需求，威胁性指数从机密性、完整性和可用性这3个维度进行展示，提供特定地区的实时威胁指数、历史威胁指数的查看功能。当威胁性指数为0～2时，表示当前安全状态为优，网络服务运行正常，所有用户可以正常使用网络，网络完整性良好，无任何非授权修改数据事件；当威胁性指数为8～10时，表示当前网络空间安全状态为危，网络的可用性、完整性和机密性均受到严重威胁，这意味着网络服务完全不可用，所有数据均被非授权的修改，所有用户的私有信息受到严重威胁。

脆弱性指数主要用于展示网络存在的潜在风险状况，同样提供实时脆弱性指数、历史脆弱性指数的查看功能。当脆弱性指数为 0～2 时，表示当前网络空间安全状况为优；当脆弱性指数为 8～10 时，表示当前网络空间安全状况为危，网络的核心设备存在特别严重的漏洞，这个漏洞可以对整个网络的可用性、完整性和机密性产生严重威胁。

综合指数评估了系统威胁、漏洞和资产之间的关联关系，给出了网络当前遭受的风险情况。当综合指数为 0～2 时，表示当前网络空间安全状况为优，网络几乎没有遭受攻击，所遭受的网络攻击对用户正常使用网络的影响可忽略不计，所造成的损失通过简单的措施即可弥补。当综合指数为 8～10 时，表示当前网络空间安全状况为危，网络上存在着特别多的网络攻击，这些网络攻击对网络产生的影响特别大，使用户无法正常使用网络，这时只有通过特别大的代价才可以弥补这些影响造成的损失。

（6）系统展示模块

通过图、表等多种方式展示网络空间安全态势情况，例如区域安全态势、网络态势评估、网络空间安全资源，以及面向场景构建的网络空间安全知识图谱等。

宏观的区域安全态势可视化界面将网络空间安全事件发生地映射到图上，将受攻击者区域、受攻击漏洞、基础攻击类型与被攻击者目的 IP 地址等检测到的威胁实时进行可视化展示，使用户能够非常直观地了解到各地的网络空间安全状况。微观态势可视化界面将网络中的复杂多步攻击通过列表来展示，如图 5-16 所示，能够分步展示复杂攻击的攻击源、攻击目标和攻击步骤，并提供查看攻击分布，以及通过攻击源和攻击目标查找攻击的功能。

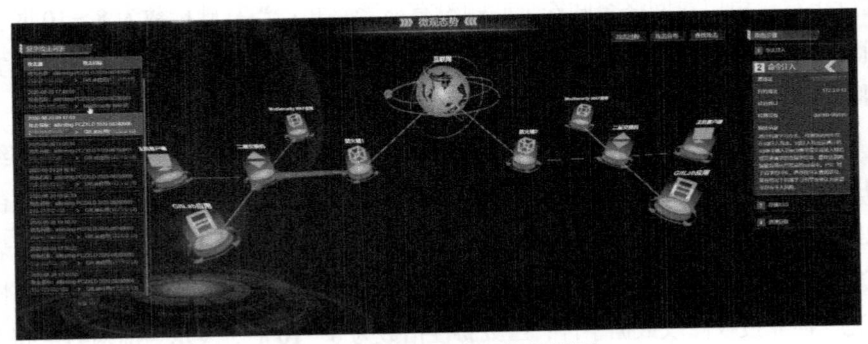

图 5-16　微观态势可视化界面

网络态势评估可视化界面展示指标体系计算出的不同维度的网络空间安全指数，主要包括综合风险指数、基础指数、脆弱指数、威胁指数。根据曲线波动的情况，用户能够非常直观地了解到当前的网络状况，如图 5-17 所示。

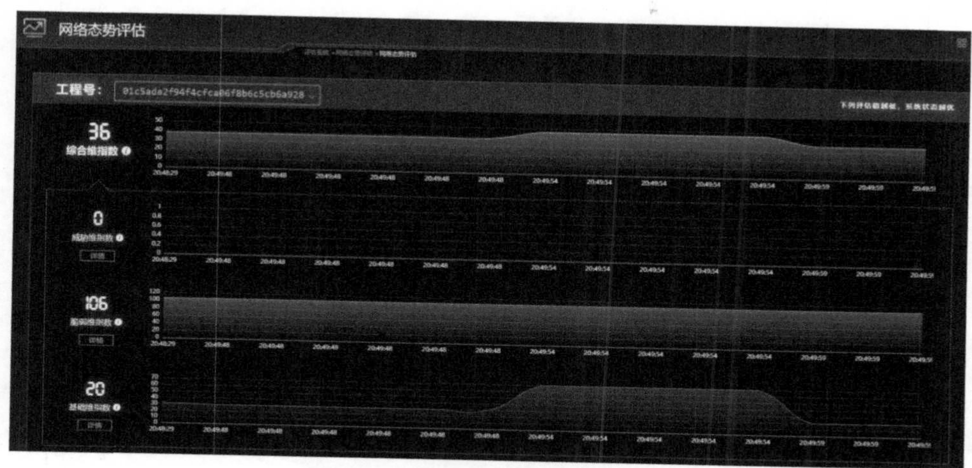

图 5-17　网络态势评估可视化界面

网络空间安全漏洞资源可视化展示漏洞、弱点、基础攻击、复杂攻击等 4 类资源库的信息，为后续构建网络空间安全知识图谱提供网络空间安全漏洞知识、攻击知识的管理。这些可视化界面如图 5-18～图 5-21 所示。

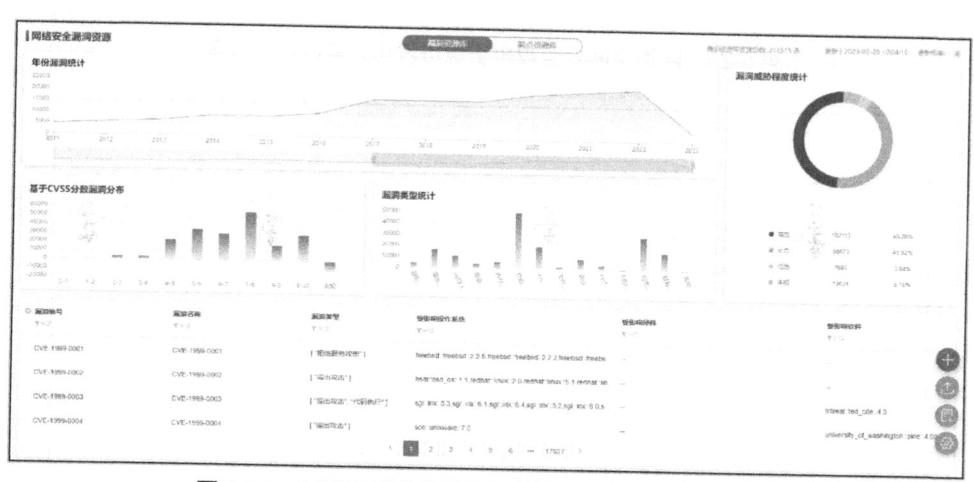

图 5-18　网络空间安全漏洞资源可视化界面之漏洞资源

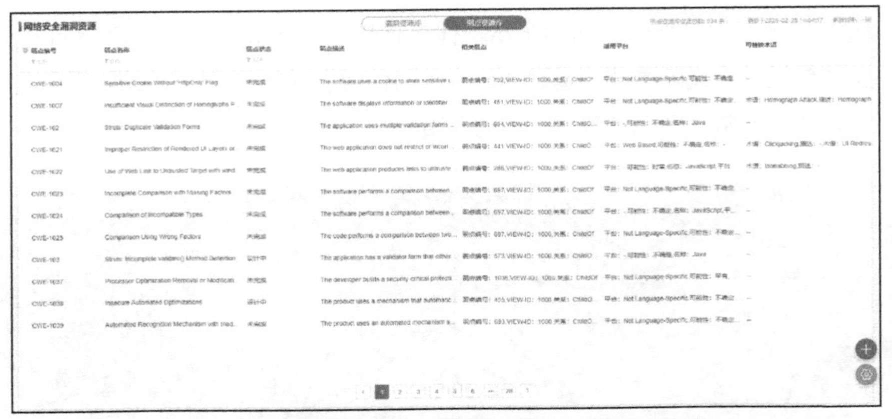

图 5-19　网络空间安全资源可视化界面之弱点资源

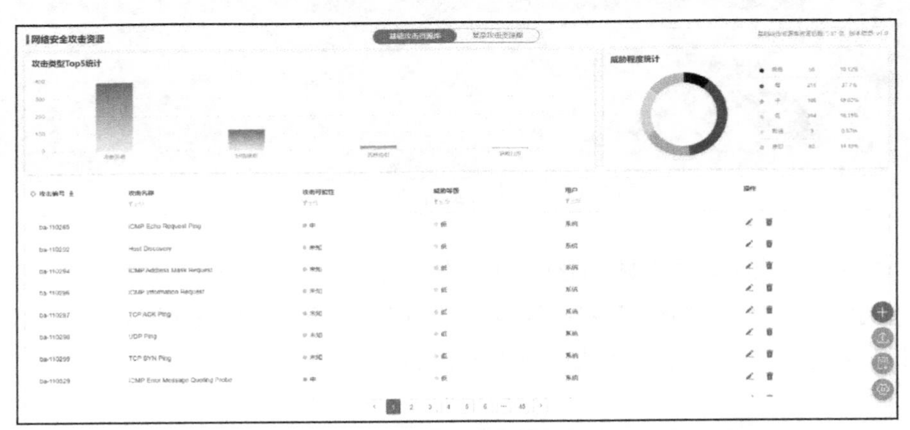

图 5-20　网络空间安全攻击资源可视化之基础攻击资源

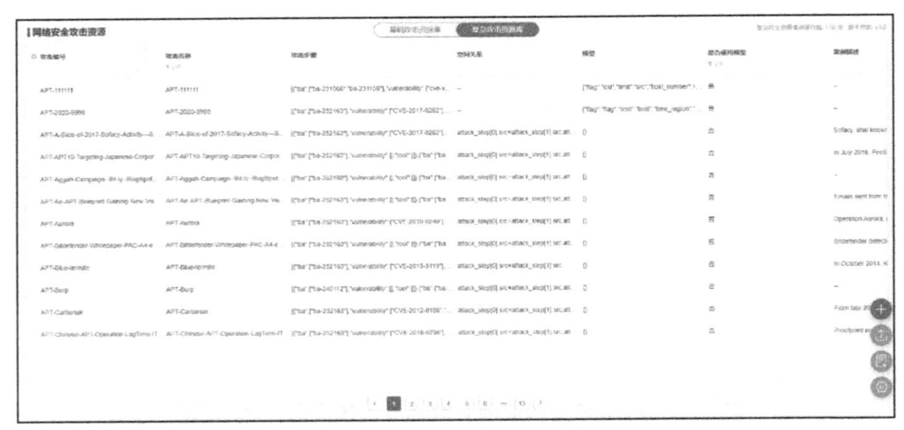

图 5-21　网络空间安全攻击资源可视化界面之复杂攻击资源

网络空间安全知识库可视化展示了基于MDATA认知模型构建的面向不同场景的多维关联网络空间安全知识库，为后续进行资产、漏洞、攻击关联分析以及有效复杂攻击检测提供支撑。如图 5-22 和图 5-23 所示，基础攻击可视化展示了基础攻击相关的漏洞、资产、弱点等，复杂攻击可视化展示了复杂攻击相关的基础攻击、漏洞、资产、弱点等。

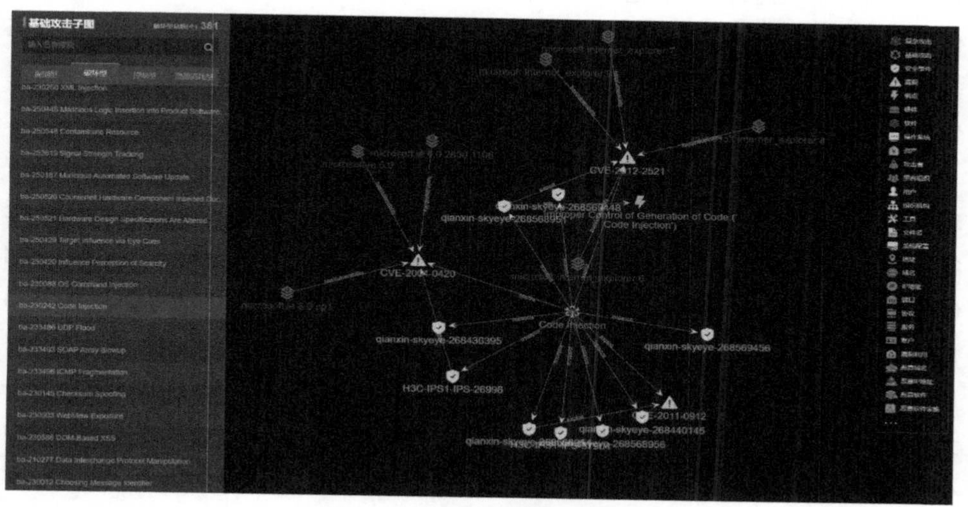

图 5-22　基础攻击可视化界面

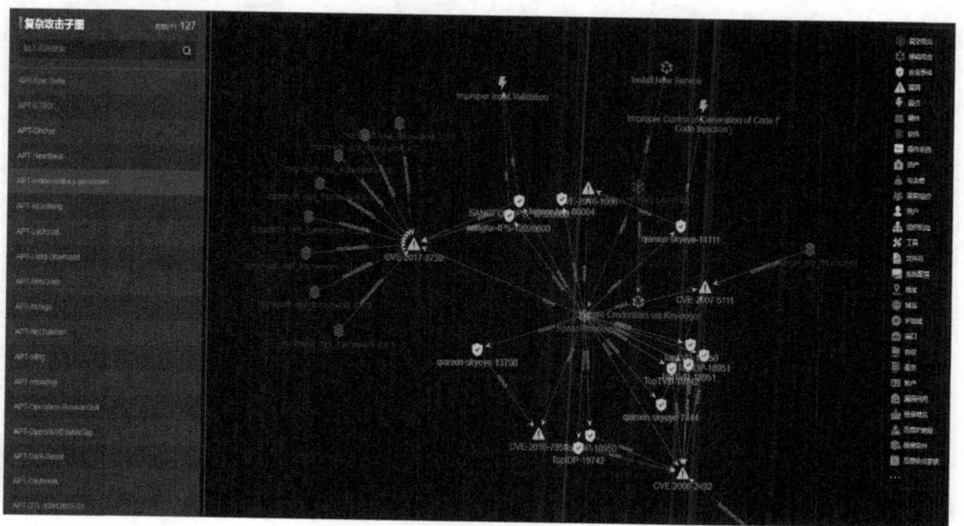

图 5-23　复杂攻击可视化界面

5.4.2 YHSAS 系统的典型应用及其效果

YHSAS 系统已成功应用于政府、公安、安全、军队、电信、金融等行业，为维护我国网络空间安全发挥了重要作用。该系统在某互联网中心中能准确发现和预报来自境外的攻击；在某信息中心中能够去除 99.9%以上的误报和虚警，并可从整体上实时反映网络空间安全态势，支撑了该信息中心网络的安全高效安全管理；在多个公安局、网信办应用中可准确发现网络空间安全事件，为我国信息系统和关键信息基础设施的正常运行提供强有力的保障。

YHSAS 系统同时应用于国家重大任务的安保、攻防演练、网络安全竞赛等活动中。我们以 YHSAS 系统在某次网络安全竞赛活动中的应用为例，介绍该系统进行实时攻击检测的情况和效果。在网络安全竞赛中，本系统的网络攻击检测模块能够实现对具体场景下的单步攻击与多步攻击的检测，实时展示全网攻击态势。图 5-24 展示了针对某多步攻击的检测情况，检测结果可视化界面左侧的“复杂攻击列表”中依次展示了该场景中发生的所有多步攻击和具体发生的时间。通过单击某个多步攻击，它所包含的具体攻击步骤，即对应的单步攻击类型将在下方“攻击步骤”中依次展示。

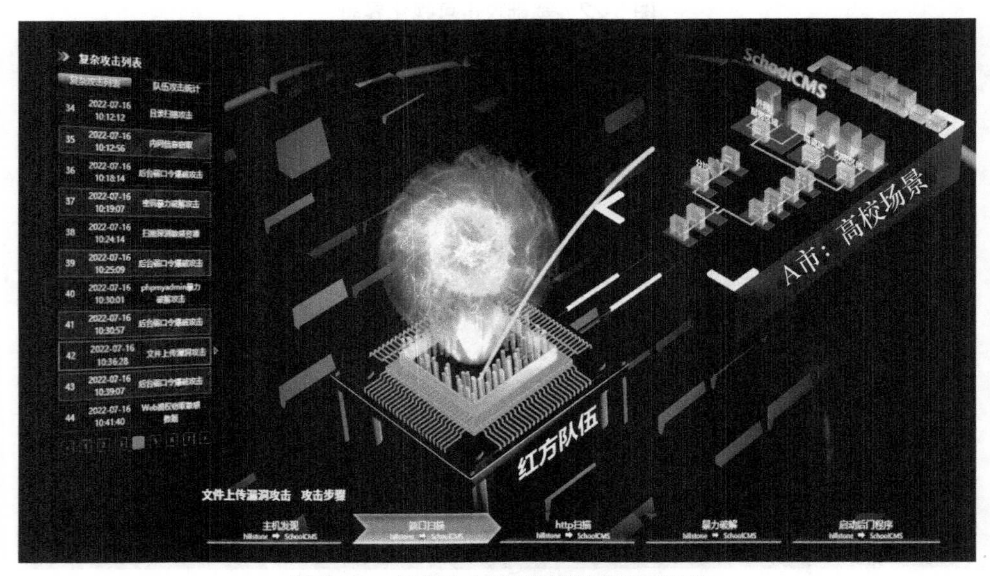

图 5-24　多步攻击检测结果可视化界面

YHSAS 系统还能提供更具体的攻击检测结果数据展示。在图 5-25 所示的微观可视化界面中，左侧展示了全网多步攻击结果，包含攻击源、攻击目标、复杂攻击名称、攻击发生时间等信息；右侧具体展示了每一个复杂攻击所包含的攻击步骤，每个步骤即为一次单步攻击。单步攻击检测结果包含源 IP 地址、目的 IP 地址、目的端口、检测设备、（攻击行为）描述信息等。

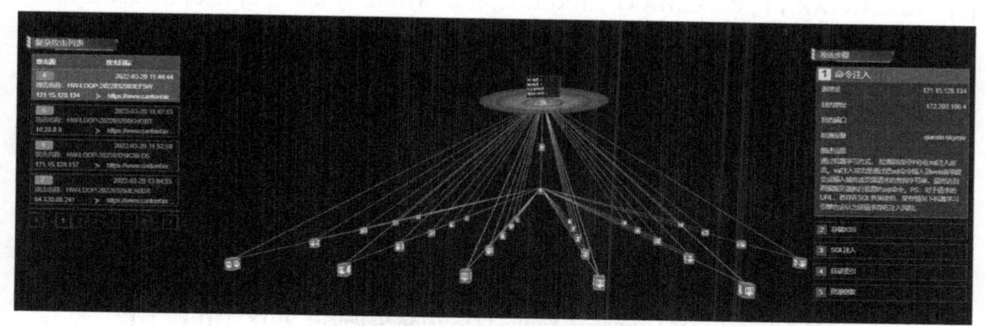

图 5-25　微观可视化界面

5.5　本章小结

本章主要介绍了 MDATA 认知模型在网络攻击研判中的应用，从网络空间安全事件巨规模、演化性、关联性这 3 个特性出发，分析了网络攻击研判面临的关联分析难、误报漏报多、难以实时计算这 3 个问题。针对这些问题，本章分析了已有网络攻击检测与研判技术的优缺点，并提出了基于 MDATA 认知模型的网络攻击检测与研判方法，包括有效攻击研判、跨域攻击研判和未知攻击研判等。本章还介绍了基于 MDATA 认知模型的网络攻击研判系统 YHSAS。

参考文献

[1] 中华人民共和国工业和信息化部. 信息安全技术 网络攻击定义及描述规范：GB/T 37027—2018[S].（2018-12-28）[2023-04-30].

[2] PORRAS P A, KEMMERER R A. Penetration state transition analysis: a rule-based intrusion detection approach[C]//[1992] Proceedings Eighth Annual Computer Security Application

Conference. Piscataway: IEEE, 1992: 220-229.

[3] SHEU T F, HUANG N F, LEE H P. NIS04-6: a time- and memory-efficient string matching algorithm for intrusion detection systems[C]// IEEE Globecom 2006. Piscataway: IEEE, 2006: 1-5.

[4] 帅春燕，江建慧，欧阳鑫. 基于状态机的多阶段网络攻击模型及检测算法[C]//第六届中国测试学术会议论文集. 北京：中国计算机学会, 2010: 503-509.

[5] ALCANTARA L, PADILHA G, ABREU R, et al. Syrius: synthesis of rules for intrusion detectors[J]. IEEE Transactions on Reliability, 2022, 71(01): 370-381.

[6] LIU Q, KELLER H B, HAGENMEYER V. A Bayesian rule learning based intrusion detection system for the MQTT communication protocol[C]// Proceedings of the 16th International Conference on Availability, Reliability and Security. New York: ACM, 2021:1-10.

[7] SINCLAIR C, PIERCE L, MATZNER S. An application of machine learning to network intrusion detection[C]// Proceedings 15th Annual Computer Security Applications Conference(ACSAC'99). Piscataway: IEEE, 1999: 371-377.

[8] YU N. A novel selection method of network intrusion optimal route detection based on naive Bayesian[J]. International Journal of Applied Decision Sciences, 2018, 11(01): 1-17.

[9] XU J, SHELTON C R. Intrusion detection using continuous time Bayesian networks[J]. Journal of Artificial Intelligence Research, 2010, 39(01): 745-774.

[10] LIU Y F, PI D C. A novel kernel SVM algorithm with game theory for network intrusion detection[J]. Transactions on Internet and Information Systems, 2017, 11(08): 4043-4060.

[11] LAFTAH A Y W, ALI O Z, AHMAD N M Z. Multi-level hybrid support vector machine and extreme learning machine based on modified k-means for intrusion detection system[J]. Expert Systems with Applications, 2017, 67(Jan): 296-303.

[12] AUNG Y Y, MIN M M, et al. A collaborative intrusion detection based on K-means and projective adaptive resonance theory[C]// International Conference on Natural Computation, Fuzzy Systems and Knowledge Discovery (ICNC-FSKD). Piscataway: IEEE, 2017: 1575-1579.

[13] BUTUN I, RA I H, SANKAR R. An intrusion detection system based on multi-level clustering for hierarchical wireless sensor networks[J]. Sensors, 2015, 15(11): 28960-28978.

[14] MIRSKY Y, DOITSHMAN T, ELOVICI Y, et al. Kitsune: an ensemble of autoencoders for online network intrusion detection[DB/OL]. (2018−05−27) [2023−04−30]. arXiv: arXiv. 1802.09089.

[15] KAMALOV F, ZGHEIB R, LEUNG H, et al. Autoencoder-based intrusion detection system[C]//2021 International Conference on Engineering and Emerging Technologies (ICEET). Piscataway: IEEE, 2021.

[16] YAO R, LIU C D, ZHANG L X, et al. Unsupervised anomaly detection using variational auto-encoder based feature extraction[C]// 2019 IEEE International Conference on Prognostics and Health Management (ICPHM). Piscataway: IEEE, 2019: 1-7.

[17] GAO N, GAO L, GAO Q L, et al. An intrusion detection model based on deep belief net-

works[C]// 2014 Second International Conference on Advanced Cloud and Big Data. Piscataway: IEEE, 2014: 247-252.

[18] YAN B H, HAN G D. LA-GRU: building combined intrusion detection model based on imbalanced learning and gated recurrent unit neural network[J/OL]. Security and Communication Networks, (2018-08-27)[2023-04-30]. DOI:10.1155.2018.6026878.

[19] CUI Y, SUN Y P, HU J L, et al. A convolutional auto-encoder method for anomaly detection on system logs[C]// 2018 IEEE International Conference on Systems, Man, and Cybernetics (SMC). Piscataway: IEEE, 2018: 3057-3062.

[20] ZHANG S C, XIE X Y, XU Y. Intrusion detection method based on a deep convolutional neural network[J]. Journal of Tsinghua University (Science and Technology), 2019, 59(01): 44-52.

[21] HOSSAIN M N, MILAJERDI S M, WANG J A, et al. SLEUTH: real-time attack scenario reconstruction from COTS audit data[C]// Proceedings of the 26th USENIX Security Symposium. Berkeley: USENIX Association, 2017: 487-504.

[22] SUN X Y, DAI J, LIU P, et al. Using Bayesian networks for probabilistic identification of zero-day attack paths[J]. IEEE Transactions on Information Forensics and Security, 2018, 13(10): 2506-2521.

[23] MILAJERDI S M, GJOMEMO R, ESHETE B, et al. HOLMES: real-time APT detection through correlation of suspicious information flows[C]// 2019 IEEE Symposium on Security and Privacy (SP). Piscataway: IEEE, 2019: 1137-1152.

[24] HUTCHINS E M, CLOPPERT M J, AMIN R M. Intelligence-driven computer network defense informed by analysis of adversary campaigns and intrusion kill chains[C]// Leading Issues in Information Warfare & Security Research. Reading: Academic Publishing International Ltd, 2011:78-104.

[25] HASSAN W U, BATES A, MARINO D. Tactical provenance analysis for endpoint detection and response systems[C]// 2020 IEEE Symposium on Security and Privacy (SP). Piscataway: IEEE, 2020: 1172-1189.

[26] ALSAHEEL A, NAN Y H, MA S Q, et al. ATLAS: a sequence-based learning approach for attack investigation[C]// Proceedings of the 30th USENIX Security Symposium. Berkeley: USENIX Association, 2021: 3005-3022.

[27] SHAWLY T, ELGHARIANI A, KOBES J, et al. Architectures for detecting interleaved multi-stage network attacks using hidden Markov models[J]. IEEE Transactions on Dependable and Secure Computing, 2021, 18(05): 2316-2330.

[28] WANG C H, CHIOU Y C. Alert correlation system with automatic extraction of attack strategies by using dynamic feature weights[J]. International Journal of Computer and Communication Engineering, 2016, 5(01): 1-10.

[29] KHOLIDY H A, ERRADI A, ABDELWAHED S, et al. A finite state hidden Markov model for predicting multistage attacks in cloud systems[C]//2014 IEEE 12th International Conference on Dependable, Autonomic and Secure Computing. Piscataway: IEEE, 2014: 14-19.

[30] ZHANG S J, LI J H, CHEN X Z, et al. Building network attack graph for alert causal correlation[J]. Computers & Security, 2008, 27(5-6):188-196.

[31] PANICHPRECHA S, ZIMMERMANN J, MOHAY G M, et al. Multi-Step scenario matching based on unification[C]// Proceedings 5th Australian Digital Forensics Conference. Perth Western Australia: Edith Cowan University, 2007: 87-96.

[32] TAKAHASHI T, LANDFIELD K, MILLAR T, et al. IODEF-Extension to support structured cyber security information: draft-takahashi-mile-sci-02 [DB/OL]. (2011−10−29) [2023−04−30].

第 6 章 MDATA 认知模型在开源情报分析中的应用

开源情报是指为满足情报工作需要，从任意公开途径中所搜集、鉴别、提炼和使用的信息。随着互联网的应用，特别是社交媒体的广泛应用，很多领域的公开情报信息分布在互联网的各个角落，彻底改变了开源情报的价值、地位和影响。开源情报一般具有价值密度低（有价值的情报占信息总量的比例较小）、时空演化频繁（信息内涵及关联可随时间发生变化）、多维关联关系复杂（情报及其相关信息可被包含在任意维度，以任意形式出现）等特点。

本章结构如下。6.1 节介绍 MDATA 认知模型在开源情报分析场景下的情报分析技术。6.2 节分析开源情报分析面临的难点与挑战。6.3 节结合科技情报分析的案例，详细阐述基于 MDATA 认知模型的开源情报分析技术。6.4 节介绍基于 MDATA 认知模型的开源情报分析系统。6.5 节对本章内容进行小结。

6.1 开源情报分析概述

开源情报分析首先体现在国家重大战略决策上。以碳达峰碳中和（简称“双碳”）目标为例，它的实现需要科技、法律、制度等多方面进行全方位的互动。为了全面实现“双碳”目标，政府与市场需要对现有技术有较为清楚的了解，以便对新兴技术进行前瞻性预判，从而优化“双碳”的实施和发展路径。开源科技情报可以从科技发展战略、法律体系建设、制度政策规划等方面，为“双碳”目标的实现和规划提供方向和支撑。开源科技情报以开源信息为主要研究对象，借助情报监测与情报分析方法，对“双碳”相关的技术或潜在的新技术进行识别，及时发现和培育相关技术；对“双碳”目标下的全国或区域的科技创新发展能力进行科学评估，为高质量发展提供参考和建议；帮助相关方面在低碳技术标准等政策创新方面制定政策和规划，以促进低碳技术产业化[1]。

开源情报分析在服务科技发展、支撑商业竞争、助力社会治理、维护国家安全等方面的重要作用毋庸置疑，也促进形成了一系列技术与工具。这些技术与工具涵盖了开源信息和数据的多源采集、开源情报分析的情报要素抽取、开源情报分析的知识关联和推理等方面。

6.1.1 开源信息和数据的多源采集技术

开源信息和数据的多源采集是开源情报分析的基础。开源数据和开源信息均存在于公开情报源中，并可通过合法手段获取，其中，开源信息是指从公开网络信息资源中获得，以及可公开获得的、通过应用相关技术收集和挖掘到的信息。现有的开源情报常用采集技术主要包括网络爬虫框架技术、多媒体应用程序接口（API）采集技术、地理信息数据采集技术、基于搜索引擎的元搜索技术等。

6.1.1.1 网络爬虫框架技术

网络爬虫框架技术是指通过程序自动从网页上提取数据的技术，其核心任务是解析 HTML、XML 等页面的源代码，从中提取出有用的信息。网页数据抽取工具可以模拟浏览器行为，例如执行输入关键字、单击按钮、滚动页面等操作，从而获取完整的页面内容。在此基础上，网络爬虫框架技术通过使用数据提取工具或编写代码来处理页面内容，以从中提取出需要的数据，如文本、图片、视频、链接等。

比较常用的爬虫框架有 Selenium、Scrapy 等。很多网页测试工具因为具备模拟浏览器行为的能力，故也用于网页抽取，例如微软公司的网页测试工具 Playwright。用户在进行网页数据抽取时需要遵守相关法律法规和网站的使用协议，以避免侵犯他人的知识产权或隐私权。另外，使用网络爬虫爬取网页数据会给目标网站带来负担，因此，用户在爬取数据时应尽量降低对服务器的影响，如减小爬取频率、设置适当的时延等。同时，用户也应遵守网站的 robots.txt 文件中规定的爬虫访问限制要求。

1. 多语言网页爬取工具 Selenium

Selenium 可以通过模拟用户操作浏览器的行为来进行网页自动化测试。该工具是开源的，支持多种编程语言编写的测试脚本，如 Java、Python、C#等。从开源情报搜索的角度来看，Selenium 可以用于自动化爬取网页数据。它通过编写程序来实现自动打开浏览器、模拟用户操作等行为，例如输入关键字、点击搜索按钮等，从而获取搜索结果页面的 HTML 源代码，进而提取出其中的信息。

Selenium 还具有一个重要的功能，那就是可以处理 JavaScript 生成的内容。在爬取某些网站时，这些网站的页面数据可能是通过 JavaScript 动态生成的，这时，仅仅解析 HTML 代码是无法获取数据的，而 Selenium 可以模拟浏览器执行 JavaScript 代码，从而获取到完整的页面内容。

Selenium 可以部署在 Windows、Linux、Solaris、macOS 等操作系统上。此外，它支持 iOS、Windows Mobile、Android 等移动终端操作系统。

2. Python 语言网页爬取框架 Scrapy

Scrapy 是一种基于 Python 语言的爬虫框架，可以实现爬取网站数据、提取结构性数据等功能，不仅可以作为通用网络爬虫工具，还能使用 Web Services 等 API 来提取和解析数据，进行数据监测、自动化测试等。Scrapy 支持包括并发请求、免登录、URL 去重等复杂操作，也支持通过配置完成反爬虫限制等。总的来说，Scrapy 采用的是异步模式，有利于提高编程效率，能使代码爬取具有高性能，更具有并发能力强、易于编写与维护等优势。

3. 微软自动化测试工具 Playwright

Playwright 是一款由微软公司发布的自动化测试工具，它基于 Chrome DevTools 协议，支持多种浏览器，例如 Chrome、Microsoft Edge、火狐（Firefox）等。Playwright 可以模拟输入、点击、滚动、拖曳等浏览器操作，并支持对浏览页面元素进行截图和录制视频。作为针对 Python 语言的自动测试工具，Playwright 在回归测试中有更好的自动化效果。

Playwright 有以下特点。

① 支持多种浏览器，而且不需要进行额外的配置或安装。

② 支持跨平台部署，可以运行在 Windows、Linux、macOS 等操作系统上。

③ 不依赖 Selenium、WebDriver 等第三方库，而是通过操作 Chrome DevTools 协议和浏览器内部 API 来执行测试。

④ 支持 JavaScript、TypeScript、Python、Java、C#等多种编程语言，方便开发者选择自己熟悉的编程语言进行开发。

6.1.1.2 多媒体 API 采集技术

多媒体 API 采集技术是一种利用编程语言或软件开发工具，通过多媒体 API 从互联网或本地设备中采集多媒体数据的技术。多媒体 API 包括音频、视频、图像等多种类型的数据接口，开发人员可以通过调用这些接口获取相应类型的数据。多媒体 API 采集技术可以应用于许多领域，如音视频采集、图像识别、虚拟现实等。我们以 Facebook Graph API 为例，介绍如何获取 Facebook 网站（下称 Facebook）上的多媒体信息。

Facebook Graph API 是 Facebook 公司提供的一组 Web Services API，可用于访问和操作 Facebook Social Graph 的各种对象。通过使用 Facebook Graph API，开发者可以轻松地访问和操作 Facebook 的用户及其喜好、相册等对象，获取这些对象之间的关联信息，例如朋友、标签、分享内容等连接关系。

Facebook Graph API 使用 OAuth 2.0 协议进行身份验证和授权，开发者通过注册应用程序来获取相应的凭证（应用程序 ID 和应用程序密钥），再使用这些凭证进行 API 调用。Facebook Graph API 返回数据的格式为 JSON，这种类型的数据可以通过 RESTful 风格的 HTTP 请求进行访问和操作。

Facebook Graph API 提供了许多不同的数据，较为典型的是以下几种。

用户数据：例如访问和操作用户的基本信息、个人资料、好友列表等。

页面数据：例如访问和操作 Facebook 页面的帖子、评论等。

应用程序数据：例如访问和操作应用程序的数据、设置、广告等。

消息数据：例如访问和操作 Facebook Messenger 中的消息、会话等。

广告数据：例如访问和操作 Facebook 广告的数据、设置等。

6.1.1.3 地理信息数据采集技术

地理信息数据采集技术是指通过各种手段和工具，对地球表面上的地理信息进行采集的技术。这些地理信息可以是地形地貌、地质构造、气候环境、土地利用、交通道路、水文资源、人口分布等多方面的信息。

（1）Google Maps API

Google Maps API 是谷歌公司提供的一组 API，用于访问和操作谷歌地图上的地图数据。通过使用 Google Maps API，开发人员可以在自己的应用程序中嵌入谷歌地图，实现与地图相关的功能，例如查找位置、获取路线、搜索地点等。

Google Maps API 提供了多种服务，其中包括地图服务、方向服务、位置服务、地图数据服务、业务服务等。

地图服务：提供地图图块、地图样式、地理编码等功能，开发人员可以在自己的应用程序中嵌入谷歌地图。

方向服务：提供查找路线、计算路线距离和到达时间、获取交通状况等功能，可以实现路径规划和导航。

位置服务：提供获取位置信息、搜索周边、搜索地点等功能，可以令开发人员实现基于位置的应用程序。

地图数据服务：提供获取地图数据、地图图层、卫星影像等功能，可以令开发人员实现定制化的地图显示效果。

业务服务：提供商家信息、用户评价、实时公共交通信息等功能，可以令开发人员实现各种基于位置的商业应用。

（2）高德 Web Services API

高德 Web Services API 是一组基于 HTTP/HTTPS 协议的 Web API，向开发者提供 HTTP 接口，开发者可通过这些接口使用各类型的地理数据服务，返回结果（数据）支持 JSON 和 XML 格式。这些地理数据服务包括地图数据查询、路径规划、地理/逆地理编码、行政区域查询、交通事件查询、坐标转换、交通态势、静态地图、天气查询等。

地图数据查询：为用户提供指定区域内的兴趣点（POI）信息、道路信息、交通流量等地图服务数据的查询。

路径规划服务服务：根据起点和终点的位置信息，计算出最优的路径，并提供多种出行方式（如步行、驾车、公交/地铁等）。

地理/逆地理编码服务：提供结构化地址与经纬度之间的相互转化，方便地图显示和路径规划。

行政区域查询服务：提供行政区域的区号、城市代码、中心点、行政区域边界、下辖区域等详细信息，为基于行政区域的地图功能提供支撑。

交通事件查询服务：可以获取授权城市的有效事件，如交通事故、道路施工、交通管制等，以为用户提供更合理的出行方案。

坐标转换服务：将用户输入的非高德地图坐标（GPS 坐标、图吧坐标、百度坐标）转换成高德地图坐标。

交通态势服务：根据用户输入的内容返回相应的交通态势情况。

静态地图服务：通过返回一张地图图片来响应 HTTP 请求，使用户能够将高德地图以图片形式嵌入自己的网页。

天气查询服务：根据中国气象局提供的数据为用户提供指定城市的天气信息，例如温度、湿度、风力等。

6.1.1.4 基于搜索引擎的元搜索技术

基于搜索引擎的元搜索技术是一种利用编程语言和软件开发工具，从多个搜索引擎和网站中收集和整合信息的技术。通过基于搜索引擎的元搜索技术，用户可以同时查询多个搜索引擎和网站，获得更为全面和准确的搜索结果。基于搜索引擎的元搜索技术的实现需要开发人员编写特定的程序或软件，通过访问多个搜索引擎和网站的 API，将搜索请求发送到这些搜索引擎和网站，并将返回的结果整合到一起，形成最终的搜索结果。

（1）Google Search API

Google Search API 是由谷歌公司开发的，允许开发人员通过编程方式来使用谷歌搜索服务，以获取有关特定搜索查询的结果。基于 Google Search API，开发人员可以通过编程这种方式搜索并获取查询结果的元数据，例如标题、描述、网址和缩略图。此外，开发人员还可以在查询中使用筛选器来指定查询结果的类型，例如图像、新闻、视频等。

Google Search API 还可以定制搜索结果，开发人员可以使用自己的搜索引擎来搜索特定的网站。这些网站可以在谷歌个性化搜索引擎（CSE）中创建和配置，然后通过 Google Search API 进行访问。

Google Search API 提供的是付费服务，开发人员需要在谷歌云平台（GCP）上注册并获取 API 密钥。

（2）Bing API

Bing API 是由微软公司提供的 API 服务，允许开发人员将必应（Bing）搜索功能集成到自己的应用程序中。Bing API 提供了图像搜索、新闻搜索、视频搜索、Web 搜索等 API，以便开发人员访问 Bing 搜索引擎返回的搜索结果。

Bing API 的功能与 Google Search API 的功能类似，开发人员可以通过编程这种方式来搜索并获取有关搜索结果的元数据，例如标题、描述、网址和缩略图。同时，Bing API 还提供了地图搜索和实体搜索这类特殊搜索，以支持不同类型的应用程序。另外，Bing API 还提供了语音和翻译 API，开发人员可以使用它们来实现语音识别和语音翻译功能，用于构建语音助手、语音搜索、翻译等应用程序。

Bing API 提供的是付费服务，开发人员需要在 Azure 网站注册并获取 API 密钥。

（3）百度搜索 API

百度搜索 API 是由百度公司提供的 API 服务，开发人员可以将百度搜索功能集成到自己的应用程序中。百度搜索 API 提供了多种 API，其中包括网页搜索 API、图片搜索 API、新闻搜索 API、知识图谱 API 等，以便开发人员可以访问百度搜索引擎返回的搜索结果。

6.1.2 开源情报分析的情报要素抽取技术

开源情报分析中的情报要素抽取是指从多源原始数据中识别出实体、关系、属性等必要成分，并进行去重和消歧。在业务层面上，情报要素还可以通俗地理解为情报所反映的时间、地点、人物（或机构）、事件、原因、结果，因而又称“5W1H”，即 When（何时）、Where（何地）、Who（何人）、What（何事）、Why（为何）、How（如何）。情报要素的提取技术近年来得到了长足发展，特别是事实型、存在型情报的获取能力因识别和消歧技术的发展而得到了提升。但是，潜在情报信息的抽取方法仍处在不断研究和成熟的过程中。情报主题和重点人员（或组织）是两类重要的潜在情报信息。

6.1.2.1 情报要素识别与消歧技术

面对不同来源的低密度异质数据，如何将它们转换为可用的情报信息是开源情报分析的基础问题。开源情报分析应用通常需要完成多源原始数据的情报要素识别与消歧。情报要素[2]是指能够揭示或帮助理解某种情报主题或问题的关键信息。例如，在涉恐情报分析中，情报要素可能是恐怖分子的身份、组织的层级关系、计划的时间和地点等。而多源原始数据的情报要素识别[3-4]是指从不同来源和格式的原始数据中，通过计算机程序或人工智能算法，自动或半自动地识别出具有意义的信息要素，以支持情报分析和决策的制定。多源原始数据的情报要素识别通常包括以下过程：数据收集和预处理、实体识别和分类、关系抽取、事件识别和分类、属性识别。

开源情报要素的识别结果会出现同义不同名、同名不同义等存在歧义的情况。

以实体歧义为例，它指的是一个实体指称项可对应到多个真实世界实体。例如，Michael Jordan 可以对应到篮球运动员，也可以对应到获得 2020 年冯·诺依曼奖的计算机科学家，或者其他人物。确定一个实体指称项所指向的真实世界实体，就是实体消歧。按实体消歧算法所依据的特征类型，命名实体消歧算法可分为以下几种：基于实体显著性的实体消歧、基于上下文相似度的实体消歧、基于实体关联度的实体消歧、基于深度学习算法的实体消歧等[5]。

近年来，基于深度学习的抽取方法逐渐成为情报要素识别与实体消歧的主流方法，其优势在于它不但能够自动地从海量的文本、图像、语音等非结构化数据中识别和抽取情报要素，而且能够高效地将这些情报要素融合在一起。这种方法可以应用于自然语言处理、计算机视觉、语音识别等领域。基于深度学习的抽取方法在人物发现和组织发现中得到了广泛应用，这些应用有助于更好地识别文本数据中的实体和关系，提高文本分析的准确性和效率。

6.1.2.2 主题建模与追踪技术

主题建模与追踪技术主要解决如何对文本类数据进行主题建模的问题。现有应用采用主题建模与追踪技术来挖掘开源数据背后的深层关联，以获取高价值的情报信息。面向多源数据的主题建模[6]是文本挖掘领域的一种技术，它能够从多源数据对象中自动识别主题，并且发现隐藏的模式，进而帮助做出更好的决策。现有的主题建模技术主要分为非概率的主题建模技术和基于概率的主题建模技术两种。非概率的主题建模技术使用多种统计量来描述文本数据中的主题，如词频、聚类、主成分等。基于概率的主题建模技术基于概率模型来描述文本数据中的主题，常见的模型有潜在语义分析（LSA）[7]、潜在狄利克雷分配（LDA）[8-9]。

LSA 是一种基于矩阵分解的模型，它将文本数据表示为一个稠密的低维矩阵，使得文本的含义和主题可以更容易被发现和理解。LDA 是一种生成式模型，它假设文本数据的生成过程是从一些潜在主题中随机选择一些单词来生成文本数据，通过观察文本数据的分布来推断主题的分布。层次狄利克雷过程（HDP）[10-11]是一种非参数的贝叶斯模型，可以自动地从文本数据中发现主题的数量和分布，并通过分层狄利克雷过程来实现主题的追踪和分析。

互联网环境中的情报分析任务时常伴随着数据动态变化，因此，主题建模技术除了用于静态文本外，还用于动态主题追踪，对新闻媒体信息流进行新话题的自动识别和已知话题的持续跟踪。话题检测与跟踪（TDT）[12]起源于早期面向事件的检测与跟踪（EDT）。与 EDT 不同，TDT 与跟踪的对象从特定的事件扩展为具备更多相关信息的话题，TDT 可分为基于概率模型的方法和基于表示学习的方法。动态话题模型（DTM）[13-14]是一种常用模型，是一种基于 LDA 模型的扩展版本，可以用于对时间序列文本数据中的主题进行建模和追踪。DTM 的基本假设是：文本数据的主题和分布在时间上是动态变化的，需要考虑时间因素来对主题进行建模和追踪。具体来说，DTM 假设文本数据由若干个静态主题和动态主题组成，其中，静态主题不随着时间变化而变化，动态主题则随着时间变化而变化。为了实现这一目标，DTM 引入了一个时间潜在变量，用于表示主题分布随时间而变化情况。在 DTM 中，每个时间点都有一个主题分布向量，以表示该时间点文本数据的主题分布情况。这些向量可以描述主题的变化趋势，也可以通过统计方法来反映主题的分布和变化情况。同时，DTM 还可以利用深度学习方法进行表示学习，以提取文本数据中的高层次特征，从而更好地捕捉主题之间的关系和演变趋势，解决开源数据中情报信息时空演化频繁的问题。

6.1.2.3 重点人物和组织的发现技术

在对开源数据进行情报要素提取时，需要用到一项关键技术，那就是重点人物和组织的发现技术。重点人物和组织的发现技术本质上是一种实体发现技术，通过分析社交媒体数据以及其他数据来识别、跟踪和研究一些重要的人物或组织。它使用多种方法，如数据抽取、多维度分析、社交网络分析和模式识别来实现重点人物和组织的发现。

重点人物和组织发现技术始于 20 世纪 80 年代，当时人们开始使用基于规则的实体发现技术来识别在网络空间数据上体现出名气的人物或组织。基于规则的实体发现方法多采用语言学专家人工构造的规则模板，选用统计信息、标点符号、关键字、指示词和方向词、位置词（如尾字）、中心词等特征，以字符串匹配为主要手段，而且大多依赖于知识库和词典的建立。一般而言，当提取的规则能比较精确地反映语言现象时，基于规则的实体发现方法的性能要优于基于统计的实体发现方法。但是，这些规则往往依赖于具体语言、领域和文本风格，难以涵盖所有的语言现象且规则编制过程耗时。此外，该技术中规则的可移植性不好，不同的问题需要语言学专家重新制订规则。

随着技术的不断进步，重点人物和组织的发现技术变得越来越复杂，而自然语言处理、机器学习等人工智能技术可以帮助模型更好地抽取社会中重要人物和组织的行为，因而产生了基于机器学习的统计方法，例如隐马尔可夫模型、最大熵（ME）、支持向量机、条件随机场（CRF）等算法。基于统计的实体发现方法对特征选取的要求较高，需要从文本中选择对该项任务有影响力的特征，并将这些特征加入到特征向量中，主要做法是通过对训练语料所包含的语言信息进行统计和分析，从训练语料中挖掘出特征。有关特征可以分为单词特征、上下文特征、词典及词性特征、停用词特征、核心词特征、语义特征等。基于统计的实体发现方法对语料库的依赖比较大，而可以用于建设和评估命名体识别系统的大规模通用语料库又比较少。

由于自然语言处理并不是一个随机过程，单独使用基于统计的实体发现方法会使状态搜索空间非常大，因此必须借助规则知识提前进行过滤和修剪处理。目前几乎没有只使用统计模型而不使用规则知识的命名体识别系统，很多情况下使用的是混合方法，例如融合了规则、词典和机器学习等方法。

6.1.3 开源情报分析的知识关联和推理技术

知识关联指构成知识的要素间所存在的各种联系。揭示和利用开源情报中的关联关系是知识组织、管理和发现的起点。开源情报分析中知识推理的主要功能是在情报知识表示的基础上，通过推理规则或算子，从已知的知识中推导出未知的知识。本小节以开源情报处理为例，介绍基于知识库的知识关联技术、基于情报知识的推理技术，以及基于开源情报的用户画像技术这一重要的开源情报分析应用。

6.1.3.1 基于知识库的知识关联技术

知识之间的关联关系主要有包含关系、并列关系、证明关系、反对关系、同底层逻辑关系、同表面现象关系等。相比于碎片化的知识，在知识与知识之间建立联系，形成一个有机的知识体系，这是构建知识库的重要基础。

基于知识库的知识关联技术包括基于图结构的分类与时空知识关联表示方法，以及不确定知识信息与统计知识关联的图表示方法[15]。

（1）基于图结构的分类与时空知识关联表示方法

分类知识关联的表示以知识图结构为基础，通过深度学习的方法来捕捉目标实体间被认知的、以特定概念表示的聚集关系，进而描述目标实体间类别关系的分类知识。时空知识关联的表示能够捕捉情报知识的时空属性信息，进而描述目标实体的时空演化特征。

（2）不确定知识信息与统计知识关联的图表示方法

大数据价值的发现与分析依赖对数据特征的统计和可能性判断，这种基于概率的计算需要底层知识关联的表示模型能支持不确定性信息。在图表示方法中，有研究专门对知识结构中不确定信息的表达形式和计算特点进行建模，设计合适的不确定知识的描述方法，以支持统计知识关联的图表示与计算。

6.1.3.2 基于情报知识的推理技术

在开源情报分析的应用场景中，开源情报信息往往蕴含着丰富的有价值信息或者隐藏着重要的关联关系，作为补全缺失知识、推断未知知识的重要手段。我们通过知识推理技术能够发现新的情报线索或者情报线索之间隐藏的关联关系，从而获得完整的情报线索链或者提取出重要的情报信息。在这里，情报线索指的是目标（实体）之间的关联信息。

基于情报知识的推理技术是一种基于已有的目标（实体）属性信息及与其他目标（实体）间的关联信息进行知识推理的技术，该技术适用于两种情况：插值、外推。考虑时间范围$[t_0, t_T]$中信息不完整的情报知识图谱，插值是指在某个时间t对情报知识图谱中缺失的信息（如实体、关系）进行预测，其中，$t_0 \leqslant t \leqslant t_T$；外推是指在时间$t$作出预测，其中，$t > t_T$。通俗来说，外推就是基于过去来预测未来。通常，外推比插值的难度要大。

就推理方法而言，基于情报知识的推理技术主要包括以下几种。

① 基于逻辑推理的知识推理方法：直接使用一阶谓词逻辑、描述逻辑等方式对情报分析专家制定的规则进行表示及推演。这类方法具有精确性高、可解释性强的特点。

② 基于产生式规则的知识推理方法：根据已有的情报知识库和情报分析专家制定的规则库，通过匹配规则的前提条件来推导出新的情报知识，完成推理过程。

③ 基于深度学习的知识推理方法：是指使用深度学习算法来自动推理和学习情报知识的过程，其主要思路是利用深度学习的分布式表示和深层架构来构建情报知识图谱的三元组或五元组。

④ 基于知识图谱的知识推理方法：即利用情报知识图谱中的实体、属性、关系、

规则等信息，通过推演和逻辑推断来发现新的知识和关系的过程。

就情报要素而言，基于情报知识的推理技术主要分为面向实体的推理技术、面向关系的推理技术、面向属性的推理技术和面向时间/空间的推理技术，这些技术根据已有的情报线索推理出未知的或者缺失的目标（实体）、目标间的线索（关系）、目标的情报（属性信息）、目标的时间/空间信息。

基于情报知识的推理技术的适用场景非常丰富。在社交网络、金融、自然灾害等开源情报信息领域中，借助知识推理技术，系统可以从大量的情报线索中自动学习，挖掘舆情信息，预测未来发展，更新威胁情报，为决策制定和行动规划指明方向、规避风险。

6.1.3.3 基于开源情报的用户画像技术

用户画像是大数据技术的重要应用之一，其目标是在多维度上构建针对用户的描述性标签属性。利用这些标签属性对用户多方面的真实的个人特征进行描绘和勾勒，描述用户相关的兴趣、特征、行为及偏好。本小节以科研人员为例，介绍基于开源情报的用户画像技术。

常见的用户画像构建有 3 个步骤：用户数据采集、数据分析及用户细分、完善用户画像。而针对科研人员的用户画像技术需要考虑更多的专业属性，因此需要多维度覆盖、多技术融合的科研人员群体画像构建方法。具体来说，一方面，在画像标签体系中设立人员属性和科研属性两个维度，其中，科研属性维度包含科研能力、关系网络和科研信用这 3 个子维度；另一方面，可以引入机器学习等技术，构造人员属性标签、科研能力计算、关系网络构建、科研信用分析等模型，基于科研人员的原始数据分析和预测出更深层次的信息，切实提高画像系统的应用价值[16]。科研人员群体画像模型整体架构如图 6-1 所示。

群体画像的概念源自用户画像，相关技术已在多个领域蓬勃发展。用户画像是利用用户的真实数据建立的用户模型，可以被看作用户信息的标签化。在一些领域（如在线社交网络分析）中，为了简化待处理的复杂关系，可以试图挖掘出一个虚拟整体的形象，用这个虚拟的形象对用户群体信息进行标签化描述。

首先，构建科研人员群体画像时要根据科研兴趣的相似性划分科研人员群体。将具有相似科研兴趣的科研人员作为一个群体，最能体现出群体的内部趋同性和外部互异性，其中，群体内部交流可深化领域研究，群体之间交流可推动交叉创新。

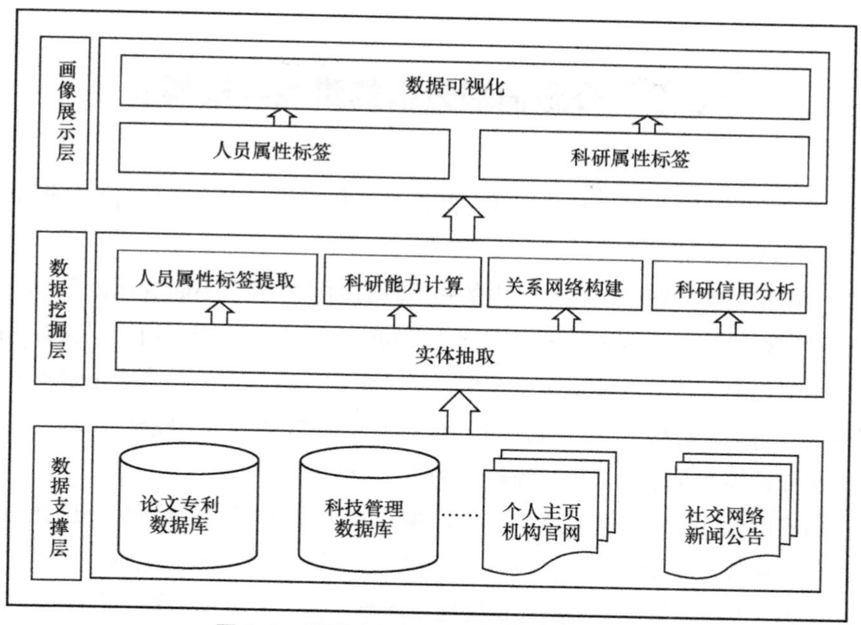

图 6-1　科研人员群体画像模型整体架构

其次，构建科研人员群体画像时可借鉴用户画像的构建思路。Cooper 的七步人物角色法和 Nielsen 的十步人物角色法是经典的用户画像构建方法，这两种方法都包括确认目标用户、获取用户信息、识别行为模式、构造虚拟角色这 4 个阶段。而群体画像更关注如何划分出相似用户，以得到多个各有特点的群体。综合了用户画像的角色法、科研人员群体画像定义和其他领域群体画像的构建方法后，科研人员群体画像的构建方法主要包含 5 个步骤：设计画像标签体系、搭建基础信息库、构建科研兴趣模型、划分科研人员群体、存储和呈现画像。

最后，使用关键词共现分析法和社团划分法来构建科研人员群体画像。所谓关键词共现分析法，就是使用关键词及其相关性表示来提炼科研人员的科研兴趣。关键词共现次数越多，主题相关性越强，科研兴趣就越相似。由这些共现关键词形成的网络称为关键词共现网络。关键词共现网络中存在内部连接紧密、外部连接稀疏的社团结构，适合使用社团划分算法，因此，关键词共现网络可划分为多个联系紧密的子社团，即多个科研人员群体；每个子社团存在多个语义相关的关键词，即相似科研兴趣[17]。科研人员群体画像可以根据子社团来划分，并通过这些语义相关的关键词来展现。

6.2 开源情报分析的难点与挑战

开源情报的来源多样，其内容随时间推进不断演化，这给开源情报分析带来很多难点和挑战，具体如下。

时空演化频繁问题。网络空间中的知识具有时空特性且不断变化，而传统的知识表示模型难以有效表示知识的时空特性。知识并非静止不变，当知识随着时间和空间发生变化时，传统的知识表示模型难以表示和反映知识的动态变化过程。如何根据情报分析的具体任务和需求，与时空特征约束进行融合，开展可计算、高效表达的情报知识表示是情报分析亟待解决的第一个问题。

价值密度低问题。采集技术的发展使得开源情报数据量持续增长，这让知识价值密度低的挑战变得更为突出。同时，情报要素间的关联隐蔽更加难以发现，现有的知识图谱、用户画像技术中的知识处理技术难以满足大规模、多样性的知识需求。如何及时、精准地对海量数据进行分析处理，提取其中的关键要素和关系，挖掘潜在的有价值信息，是开源情报分析亟待解决的第二个问题。

线索多维关联复杂问题。随着开源情报信息量的爆炸式增长，情报知识关联关系的复杂性也在不断加剧，而现有的基于三元组的知识图谱难以适应复杂的多条路径的关联关系和推理。面对复杂的语义关系和场景关联关系挑战，如何高效地利用知识进行推理，准确了解情报事件发展趋势和背后动机是情报分析亟待解决的第三个问题。

只有解决了以上 3 个问题，人们才有可能高效地利用网络情报信息，实现对开源情报的建模、分析，实现对情报线索全面、准确和实时研判。

6.3 MDATA 认知模型的开源情报分析技术

为了应对开源情报时空演化频繁、价值密度低、多维关系复杂等挑战，本节利用前文详细阐述的 MDATA 认知模型，对开源情报分析的典型事例进行剖析。针对情报时空演化频繁问题，MDATA 认知模型的知识表示技术支持开源情报要素及其对应的时空特征的准确获取。针对开源情报价值密度低的问题，MDATA 认知模型的知识抽取与计算技术，进一步对情报要素准确抽取，并表征为具有时空特征约束的情报知识嵌入，实现复杂情报的高效计算。针对线索多维关联复杂问题，MDATA认知模型的推演与利用技术可以挖掘出更多有价值的情报线索，实现情报线索分析和开源情报扩线。图 6-2 展示了基于 MDATA 认知模型的开源情报分析体系结构。

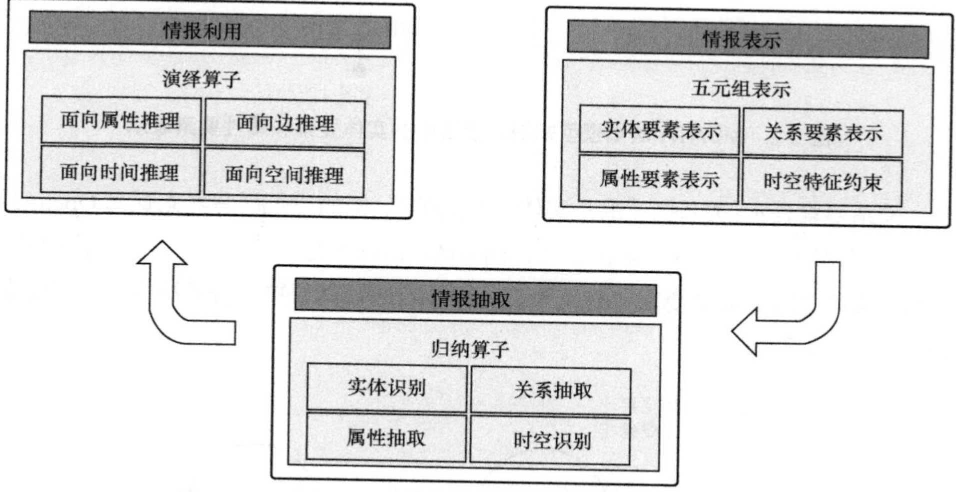

图 6-2　基于 MDATA 认知模型的开源情报分析体系结构

6.3.1　面向开源情报时空演化的 MDATA 认知模型知识表示技术

开源情报知识时空演化频繁所呈现出的快速涌现且动态不确定的特性，给开源情报分析带来了难点和挑战，而传统基于三元组的情报知识表示法难以表示情报知识的动态变化过程，因此，需要能融合时空特征约束的情报知识表示技术。我们提出了支持开源情报时空演化的 MDATA 认知模型知识表示法。以与马斯克相关的科技情报为例，下面简单介绍该方法如何表示情报知识中的三大要素，以及实现时空特征约束的融合。

实体要素表示：MDATA 认知模型的实体要素是指开源情报知识中所涉及的人物与机构。对于“马斯克的国籍是美国”这一情报知识，“马斯克”就是实体要素。

属性要素表示：属性要素描述的是实体的属性，如“马斯克的国籍”这一属性的值为“美国”。

MDATA 认知模型知识表示法中的实体要素和属性要素表示如图 6-3 所示。

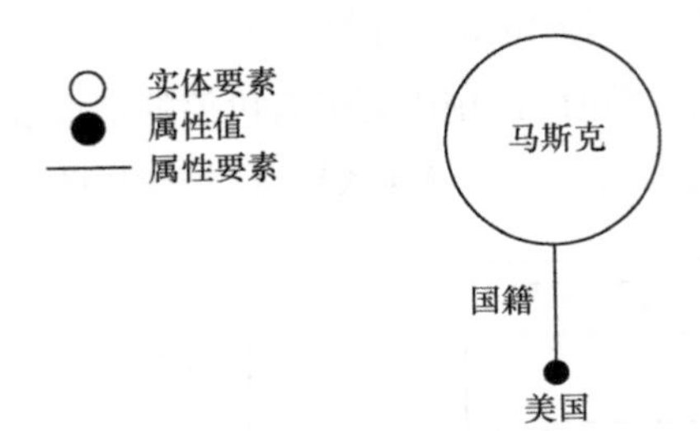

图 6-3　MDATA 认知模型知识表示法中的实体要素和属性要素表示

关系要素表示：关系描述的是实体之间的关系。例如，对于“马斯克创立 OpenAI”这一情报知识，关系<马斯克，创立，OpenAI>描述的是“马斯克”和“OpenAI”这两个实体之间的关系要素“创立”。MDATA 认知模型知识表示法中的关系要素表示如图 6-4 所示。

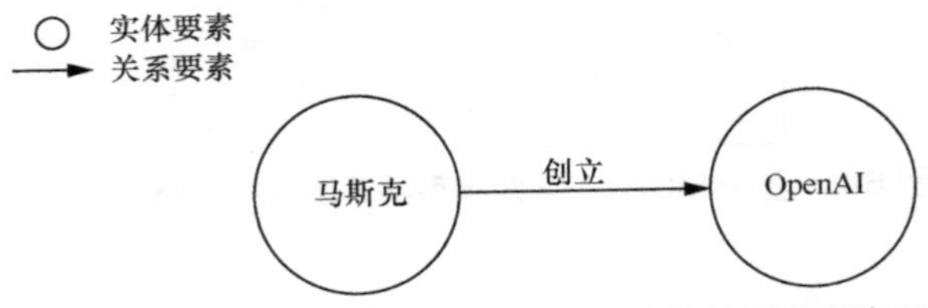

图 6-4　MDATA 认知模型知识表示法中的关系要素表示

时空特征约束：为了引入情报知识的时空信息，MDATA 认知模型知识表示法在传统三元组知识表示的基础上，增加了时间属性及空间属性，将三元组扩展为<头实体，关系，尾实体，时间，空间>五元组。

以图 6-5（a）所示马斯克与 OpenAI 的关系为例，我们可以得到两个五元组：一个是<马斯克，成立，OpenAI, 2015−12−11, 旧金山>，另一个是<马斯克，退出，OpenAI, 2018−02−20, NaN>。可以看出，五元组这种知识表示在传统三元组知识表示的基础上增加了时间信息（2015−12−11、2018−02−20）和空间信息（旧金山），可以准确地描述“马斯克于 2015 年 12 月 11 日在旧金山成立了 OpenAI”和“马斯克于 2018 年 2 月 20 日退出了 OpenAI”的事实。假设没有时空关系的限制，这两个五元组会造成上述两个事实之间的冲突。

类似地，实体也可以具有时空特征。例如，表示“比亚迪和特斯拉存在竞争关系”事实的五元组<比亚迪，竞争，特斯拉，NaN，NaN>中，“比亚迪”实体具有空间属性，其归属地为“中国”；“特斯拉”实体也具有空间属性，其归属地为“美国”，如图 6-5（b）所示。由此可见，MDATA 认知模型知识表示法可有效建模情报知识的动态变化和空间演化过程。

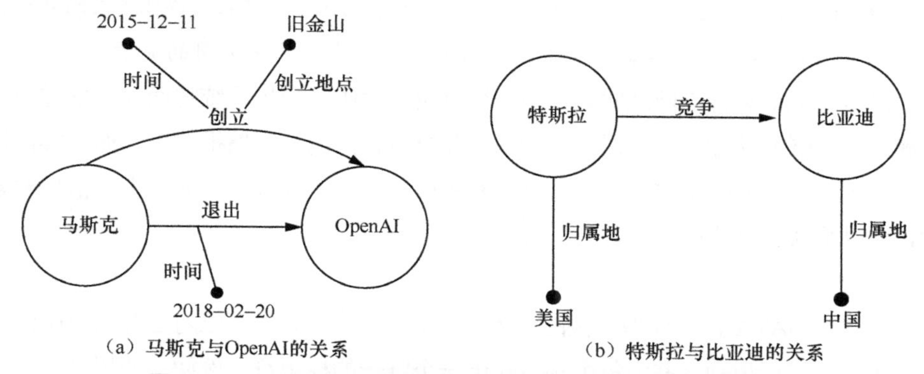

（a）马斯克与OpenAI的关系　　（b）特斯拉与比亚迪的关系

图 6-5　MDATA 认知模型情报知识表示法中的时空约束特征

6.3.2　面向巨规模开源情报的 MDATA 认知模型抽取与计算技术

6.3.2.1　情报要素抽取

开源数据存在巨规模、价值密度低等特点，如何及时、精准地对大量数据进行分析处理，提取出其中的关键要素和潜在关联，挖掘出有价值的情报信息，是开源情报分析亟待解决的难题。而 MDATA 认知模型的提出恰恰是为了解决这一难题。我们以“大语言模型等自然语言处理技术如何影响智能汽车产业的发展”这一开源情报分析过程为例，简述如何利用 MDATA 认知模型对开源情报要素进行自动抽取。

假设围绕“大语言模型等自然语言处理技术如何影响智能汽车产业的发展”这一开源情报分析任务，我们已获得如下公开数据。

- 2015 年 12 月 11 日，著名的科技企业家马斯克作为发起人和出资人之一，创立了 OpenAI，与艾特曼共同担任董事会主席。
- Altman and OpenAI's other founders rejected Musk's proposal. Musk, in turn, walked away from the company. The fallout from that conflict, culminating in

the announcement of Musk's departure on Feb 20, 2018.

- 2019 年年中，比尔·盖茨宣布微软公司投资 10 亿美元，成为 OpenAI 最重要的战略投资者。
- 2019 年开始，马斯克频频在社交媒体上表达对 OpenAI 转型为盈利组织的不满。
- 2023 年 2 月起，马斯克与 DeepMind 公司的多名工程师在社交媒体上互动密切。
- 2023 年 4 月，Musk 承认推特公司购入 1 万张英伟达公司的显卡。

随着相关信息被不断地收集到情报数据资源库中，分析系统将面临数据过载的问题。MDATA 认知模型可以快速地识别和整合相关的核心情报要素，通过实体识别、关系抽取、属性抽取、时空特征识别等归纳算子，高效地完成对相关情报要素的自动抽取。具体步骤如下。

步骤 1：实体抽取。

通过 MDATA 认知模型提供的实体识别算子，分析系统可以对公开语料中涉及的相关实体进行识别，并为每个实体赋予一个唯一的标识符。例如，使用基于神经网络的命名体识别方法来识别公开语料中与这些实体相关的单词，从而准确获取与“大语言模型等自然语言处理技术如何影响智能汽车的产业发展”相关的情报实体要素，如马斯克、OpenAI 等，见例 1。

例 1：从“2015 年 12 月 11 日，著名的科技企业家马斯克作为发起人和出资人之一，创立了 OpenAI”中，可根据归纳算子提取出“马斯克”“OpenAI”两个实体的情报要素。

步骤 2：属性和关系抽取。

通过属性抽取算子和关系抽取算子，抽取与“大语言模型等自然语言处理技术如何影响智能汽车的产业发展”相关的情报属性要素和关系要素。在例 2 中，我们使用特征选择等方法筛选出与马斯克相关的科研情报属性要素，如马斯克的“科技企业家”属性与 OpenAI 的“创立时间”等一系列科研情报属性要素。在例 3 中，我们可以抽取出“马斯克—创立—OpenAI”等关系。

例 2：从“2015 年 12 月 11 日，著名的科技企业家马斯克作为发起人和出资人之一，创立了 OpenAI”中，抽取出马斯克的“科技企业家”属性、OpenAI 的“创立时间”属性。

例 3：从“2015 年 12 月 11 日，著名的科技企业家马斯克作为发起人和出资人之一，创立了 OpenAI，与艾特曼共同担任董事会主席”中，可抽取“马斯克—创立—OpenAI”关系。

步骤 3：情报实体消歧。

通过对以上实体、关系、属性要素的抽取，MDATA 认知模型从不同的数据源中提取出情报要素，并通过时空特征算子进行多个维度的关联。为了进一步得到准确的情报信息，MDATA 认知模型采用实体消歧等技术完成对情报要素的统一表示。在例 4 中，“马斯克”与“Musk”为不同情报源中的等效实体，通过实体消歧后将其统一表示为“马斯克”。

例 4：2023 年 2 月起，马斯克与 DeepMind 公司的多名工程师在社交媒体上互动密切。

2023 年 4 月，Musk 承认推特公司购入 1 万张英伟达公司的显卡。

经过以上步骤，MDATA 认知模型抽取与计算技术完成了对开源情报信息实体、属性、关系等要素的抽取，为 MDATA 认知模型五元组的构建提供了数据支撑。不断重复上述抽取过程，便可以自动生成 MDATA 认知模型五元组集合，进而构建出 MDATA 认知模型知识图谱。基于 MDATA 认知模型的知识表示（部分）如图 6-6 所示。

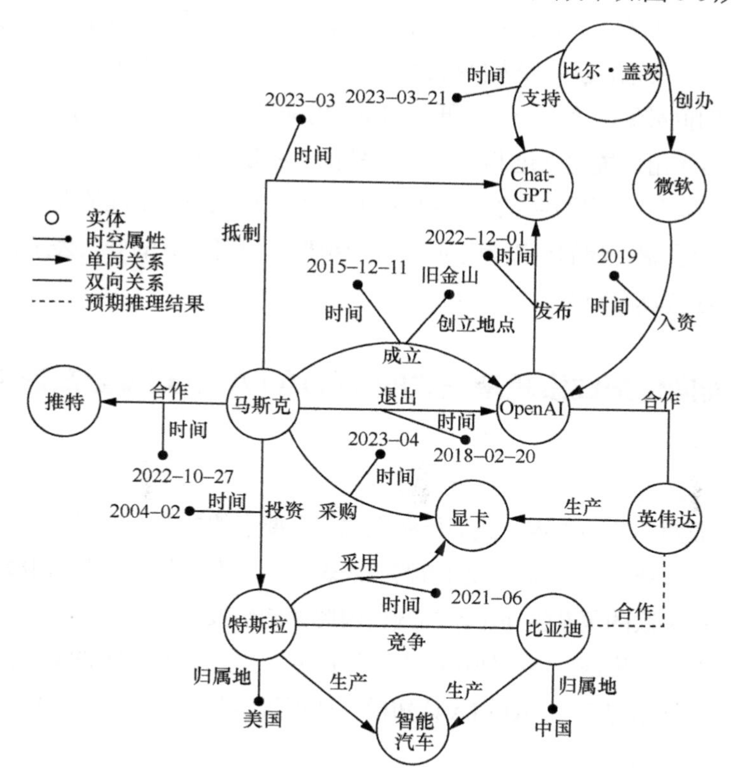

图 6-6 基于 MDATA 认知模型的知识表示（部分）

6.3.2.2 基于 MDATA 认知模型知识表示法的计算技术

基于 MDATA 认知模型知识表示法的计算技术立足于表示学习理论，在保留图关系结构、属性及时空特性的同时，学习知识的连续嵌入表示，为将 MDATA 认知模型情报知识图谱应用于下游情报分析任务提供支撑。

我们通过基于时空信息的联合嵌入方法将图 6-6 中的五元组转化为嵌入表示，用来表征具有时空特征约束的情报知识。我们以两个五元组<马斯克，采购，显卡，2023−04，Null>和<特斯拉，采用，显卡，2021−06，Null>为例，介绍情报知识图谱的嵌入步骤，具体如下。

步骤 1：实体、关系嵌入。ConvE 神经网络[18]将每个实体与关系编码为嵌入向量，如将“马斯克”与“OpenAI”表示为一个固定不变的嵌入向量。

步骤 2：空间嵌入。基于时空信息的联合嵌入方法可将空间信息表示为嵌入向量。空间信息可使用坐标、区域、方向等方式来描述五元组的空间属性，如旧金山和纽约同属于美国，它们嵌入向量初始部分相同。

步骤 3：时间嵌入。基于时空信息的联合嵌入方法可以将时间信息编码为嵌入向量，可与实体、关系、空间嵌入拼接后进行训练。由于时间信息具有连贯性，因此我们将每一个时间戳编码为一个有序低维向量，用来表示五元组信息的时序性，指导模型的训练。若采用传统的三元组模式，无法判断出<马斯克，采购，显卡>与<特斯拉，采用，显卡>这两个事件发生的时间顺序，则会影响后续情报推理的准确性。

经过以上步骤，我们可以为不同的五元组构建出可计算的嵌入表示，这对于后续情报分析任务具有至关重要的作用。

6.3.3 面向情报线索复杂关联的 MDATA 认知模型知识推演与利用技术

通过前面两小节的内容，我们已经完成情报要素的抽取、情报知识五元组的构建，并通过计算获得了情报知识图谱的嵌入表示。然而，随着开源情报数据的爆炸式增长，情报关联的复杂性在不断加剧，因此面向情报线索复杂关联问题，为实现情报线索的补全与推演、情报知识的查找与挖掘，我们基于 MDATA 认知模型的知识推演和利用技术提出了 MDATA 认知模型情报线索分析技术和 MDATA 认知模型开源情报扩线技术。

6.3.3.1 MDATA 认知模型情报线索分析技术

我们在前文中介绍了 MDATA 认知模型知识推演技术，即面向网络空间安全关系、实体、时空属性相关要素通过面向属性推理、面向边推理、面向时间推理和面向空间推理进行五元组的补全和推理。在开源情报分析场景下，MDATA 认知模型情报线索分析技术基于已有的情报线索，通过知识推演来发现新的情报线索或者情报线索间所隐藏的重要关联关系。

具体来说，MDATA 认知模型情报线索分析技术的任务是基于情报要素（实体、属性、关系等）的嵌入表示，通过 MDATA 认知模型演绎算子预测出五元组中缺失的部分，进而实现面向特定用户需求的情报线索补全和推演，例如实体推演、关系推演和时/空属性推演。推演过程一般包含以下 3 个步骤。

步骤 1：将 MDATA 认知模型情报知识库的目标（实体）表示为 3 种拼接的向量——静态特征向量、时间特征向量、空间特征向量，即为该实体的属性信息。

步骤 2：对 MDATA 认知模型情报知识库中的关系进行嵌入表示。

步骤 3：根据实体向量、关系向量进行计算，实现未知知识的推演。

下面我们通过开源情报分析场景中的典型案例来探讨实体推演中尾实体缺失的情况，即根据给定的五元组<v，r，?，t，s>的头实体 v、关系 r 以及时间属性 t 和空间属性 s，预测缺失的尾实体（?）。

新闻语料

随着人工智能技术的不断提升，智能汽车领域的发展越来越迅猛。作为中国较为成功的新能源汽车公司之一，比亚迪公司会考虑和哪家显卡生产公司建立合作关系?

根据现有新闻，特斯拉、蔚来、小鹏等多家智能汽车公司已经在自家汽车产品中引入大模型，并且开始建立自己的超算中心。而大模型的训练需要大量的显卡资源，因此特斯拉、蔚来、小鹏等智能汽车公司和著名显卡公司英伟达建立了合作关系。基于这一趋势，我们可以推断出比亚迪和英伟达公司合作的可能性相当大。

这个简短的新闻语料中涉及众多的情报要素，可抽取出的实体包括“特斯拉”“小鹏”“比亚迪”“英伟达”等，如图 6-7 所示。这些情报要素之间的关系错综复杂。若再加上其中的属性，则在更为广阔的开源情报信息中，涉及的多维关联关系将更加复杂。

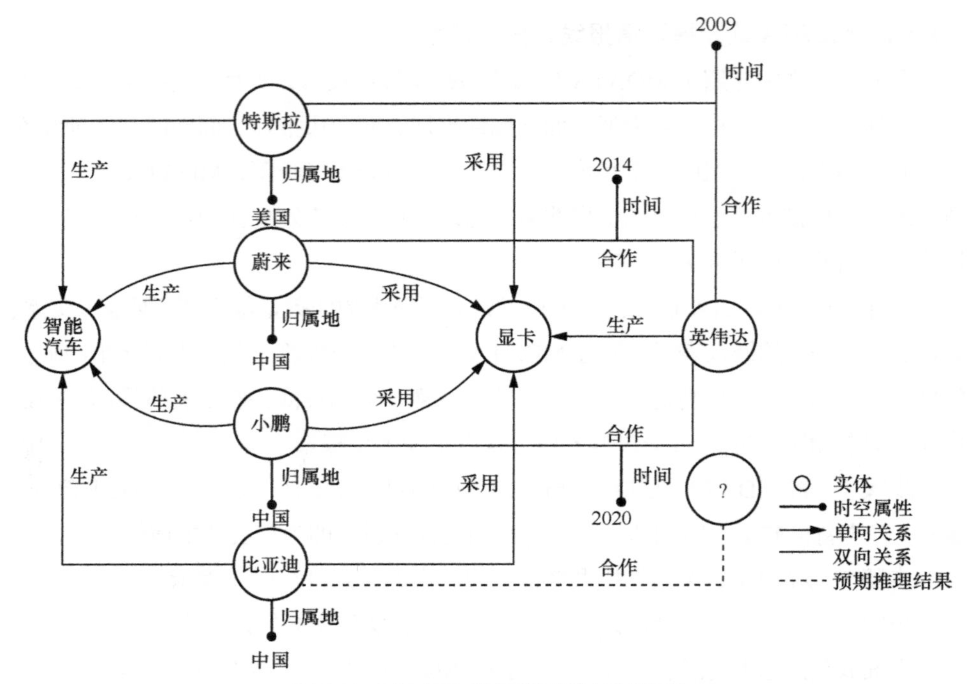

图 6-7　MDATA 认知模型的知识推理

要全面高效地解决上述问题，就需要用到 MDATA 认知模型情报线索分析技术，将该问题形式化为实体推理的任务，即<比亚迪，合作，?，t，s>。我们采用图 6-8 所示的 ConvTransE 算法[19]来预测比亚迪的潜在合作伙伴，具体推演步骤如下。

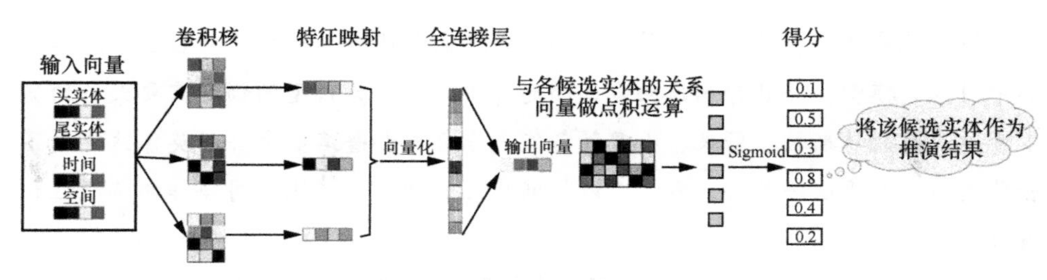

图 6-8　ConvTransE 算法

步骤 1：拼接给定的头实体向量（比亚迪）、关系向量（合作）、时间属性向量和空间属性向量，得到融合多维信息的向量。

步骤 2：将步骤 1 得到的向量作为输入，依次通过基于 ConvTransE 算法的一维卷积层和池化层（对应卷积核和特征映射）、全连接层来提取特征并调整维度，输出一个与尾实体嵌入向量维度相同的向量。

步骤 3：将步骤 2 得到的向量分别与候选实体集合中所有实体的关系向量做点积运算，求得向量间的相似度，并以相似度作为各候选实体推演结果的得分。

步骤 4：在众多候选实体的得分中，取得分最高的候选实体（本例中得分最高的候选实体为“英伟达”），即可得到推演出的完整知识五元组<比亚迪，合作，英伟达，t，s>。

6.3.3.2 MDATA 认知模型开源情报扩线技术

我们在前文中已着重介绍 MDATA 认知模型知识利用技术，即面向网络空间安全事件知识图谱，通过 MDATA 认知模型计算算子 = {QueryOps | SubG, RoadQ, EQ, PQ, TQ, ScopeQ, KNN, …}的各项功能（其中包括子图匹配、可达路径计算、实体查询、属性查询、时间查找、空间查找等），实现面向用户需求的知识查找。在开源情报分析场景下，MDATA 认知模型开源情报扩线技术基于已有的情报知识图谱，通过知识利用来提取出重要的情报信息或者形成完整的情报线索链。

具体来说，MDATA 认知模型开源情报扩线技术的主要任务是基于情报知识图谱及其嵌入表示，通过一组 MDATA 认知模型图计算算子进行带标签语义、带时空索引的查询匹配，挖掘人–人、人–组织（项目或技术）之间单/多跳桥梁关系的可达路径计算，实现面向特定用户需求的情报知识查找和挖掘。MDATA 认知模型开源情报扩线技术的具体应用主要包括以下两种。

情报知识质量排序：针对面向开源情报分析问答系统的情报知识质量排序问题，通过组合神经网络来构造语言模型，并采用排序学习算法实现对情报知识的相关性排序。

线索关联最短路径推理：通过神经张量网络模型等深度学习模型进行降低维度和最短路径打分排序，对目标实体关系进行推理，查询目标实体之间的线索关联关系，实现基于最短路径的推理。

下面通过一个典型开源情报分析场景中的案例来介绍线索关联关系最短路径推理。该案例给定头实体 v、尾实体 u、时间属性 t 和空间属性 s，预测两个情报实体之间存在的线索关联关系，即预测缺失的关系<v，?，u，t，s>。

随着大语言模型（LLM）的风暴席卷全球，我们想从搜集到的科技情报线索中得知推特公司是否会考虑训练大型语言模型这个问题的答案。

根据搜集到的新闻语料可知，推特公司的CEO马斯克表面上呼吁暂停人工智能的研发，公开抵制OpenAI公司发布的大语言模型ChatGPT，背地里却悄悄采购了1万张显卡，而显卡往往被科技公司用来训练大型人工智能模型。同时，马斯克已经为推特公司招聘了人工智能领域的人才——来自Alphabet旗下公司DeepMind的人工智能工程师Igor Babuschkin和Manuel Kroiss。另外，马斯克想要改善推特的搜索功能并提高广告收入，则对大语言模型的开发迫在眉睫，因此，推特公司进行大语言模型研究的可能性相当之大。

在上述语料中，情报要素的交织更为复杂，而且信息量庞大。我们采用MDATA认知模型开源情报扩线技术，将上述语料形式化为关系推理的任务，即<推特，？，大语言模型，t，s>，预测推特和大语言模型间缺失的关系。推理步骤如下，其示例如图6-9所示。

步骤1：将给定的头实体（推特）、尾实体（大语言模型）、时间属性（t）、空间属性（s）的向量表示进行拼接。

步骤2：将步骤1的结果作为输入，依次通过基于ConvTransE算法的一维卷积层和池化层（对应卷积核和特征映射）、全连接层来提取特征并调整维度。

步骤3：将<马斯克，收购，推特，t，s>、<马斯克，采购，显卡，t，s>、<马斯克，招聘，Igor Babuschkin和Manue Kroiss，t，s>、<马斯克，退出，OpenAI，t，s>、<马斯克，抵制，ChatGPT，t，s>等已知情报知识五元组作为输入，以人工智能工程师、显卡、ChatGPT与大语言模型之间均为单跳关系作为辅助信息，通过神经张量网络模型等深度学习模型（技术）降低步骤2中的向量维度并进行最短路径打分排序，输出一个与关系嵌入向量维度相同的向量。

步骤4：将步骤3得到的向量（即最短可达路径）分别与候选关系集合中所有关系的向量做点积运算，求得向量之间的相似度，并将其作为各候选关系的得分。

步骤5：在众多候选关系的得分中，取得分最高的候选关系（该例中得分最高的候选关系为关系“研发”），即可推理出完整的情报知识五元组<推特，研发，大语言模型，t，s>。

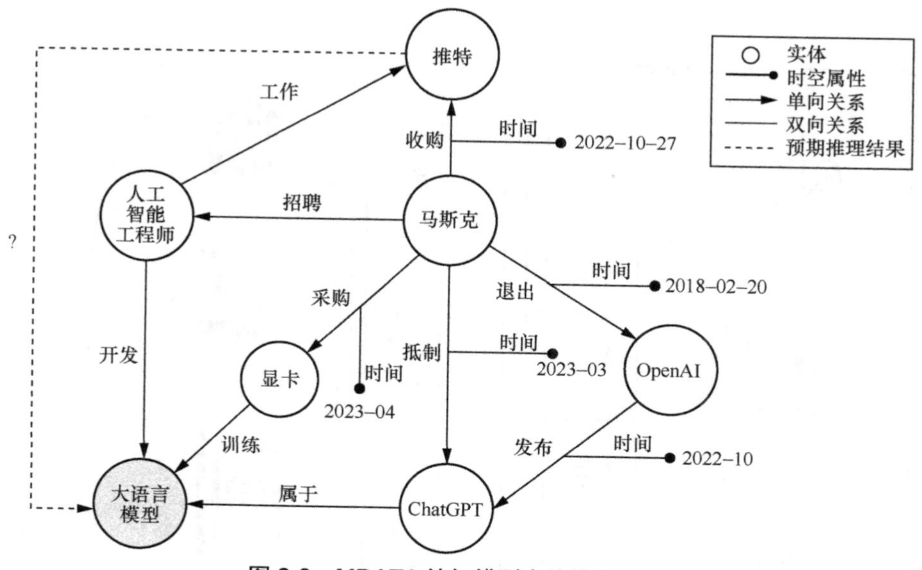

图 6-9　MDATA 认知模型实体推理示例

6.4　基于 MDATA 认知模型的开源情报分析系统——天箭系统

上一节主要介绍了 MDATA 认知模型在开源情报分析过程中所采用的主要技术，本节将介绍一套基于 MDATA 认知模型的大规模开源情报分析系统——天箭多源情报智能分析系统 TANGENT（简称天箭系统），并阐述该系统如何解决开源情报分析过程中存在的情报规模巨大、情报数据间存在的复杂关联关系、情报知识表示存在的动态演化等问题。

天箭系统为情报分析人员提供了一个统一的开源情报分析平台，让情报分析人员可以通过这个平台对目标情报有清晰的理解与认知，从而帮助其决策。

6.4.1　天箭系统的体系架构和功能介绍

天箭系统的体系架构如图 6-10 所示，包括情报知识获取和存储模块、系统功能模块、系统界面模块。

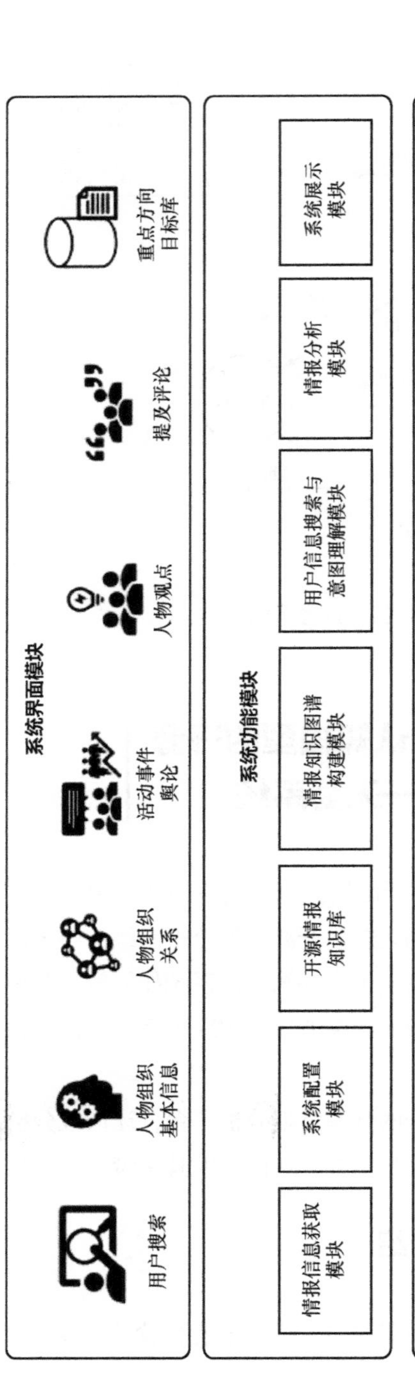

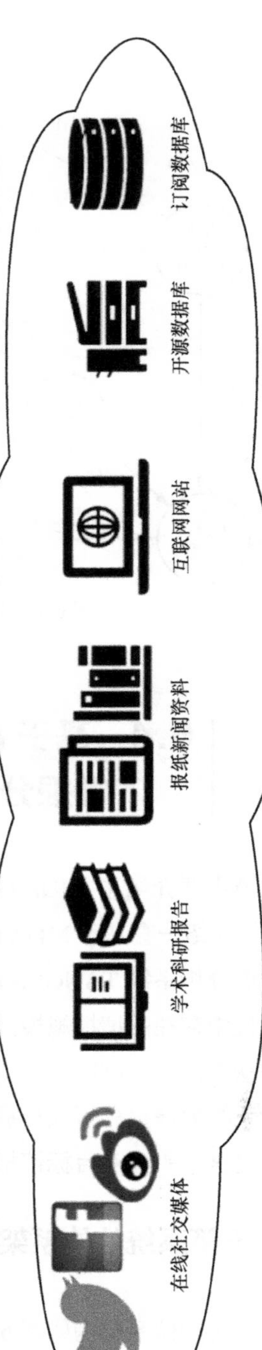

图 6-10 天箭系统的体系架构

在数据采集方面，天箭系统可对全网的数据进行采集，其中包括在线社交媒体、学术科研报告、报纸新闻资料、互联网网站、开源数据库、订阅数据库等。

在情报知识获取和存储方面，天箭系统将采集获得的数据进行数据清洗、目标虚拟身份识别、实体关系抽取、特定实体链接和消歧、时空属性抽取、情报知识图谱构建、情报目标库存储等步骤的处理，获取数据中的情报知识，并将其存储在情报目标库中。

在系统功能方面，情报分析过程通过情报信息获取、系统配置、情报知识图谱构建、用户信息搜索与意图理解、情报分析、系统展示等 6 个功能模块获取有价值的开源情报。

在系统界面方面，天箭系统可展示多个模块，例如用户搜索、人物组织基本信息、人物组织关系、活动事件舆论、人物观点、提及评论、重点方向目标库，向用户提供友好的交互界面。

天箭系统的功能模块如图 6-11 所示，各个模块具体的功能如下。

用户信息搜索与意图理解模块：通过对用户输入的内容进行自然语言预处理、问题转述、用户偏好分析、语义扩展等操作来理解用户的搜索意图，并将意图转化为形式化的查询序列（五元组形式），为情报信息获取模块奠定基础。

情报信息获取模块：从多个来源和通道抓取数据，通过数据清洗、实体识别、用户查询实体链接、实体属性值抽取、情报事件基因抽取、虚拟身份识别等子模块，抽取海量数据中的情报知识，为情报知识图谱构建模块奠定基础。

情报知识图谱构建模块：基于情报信息获取模块得到的知识信息，通过知识融合、知识验证、知识推理、知识更新等技术实现知识图谱的构建，为情报分析模块提供技术支撑。

情报分析模块：在现有的情报知识图谱上，根据用户意图运用关联分析、知识推理等技术进行人物关系挖掘、网络行为分析、时空关联分析、话题发现等操作，以获取情报分析人员所需的情报线索，满足情报分析人员的业务需求。

系统展示模块：将情报分析模块得到的人物组织关系、活动事件舆论、人物观点等重要信息展现给情报分析人员。

系统配置模块：主要包括情报分析人员的个人中心和账号属性的编辑与修改。

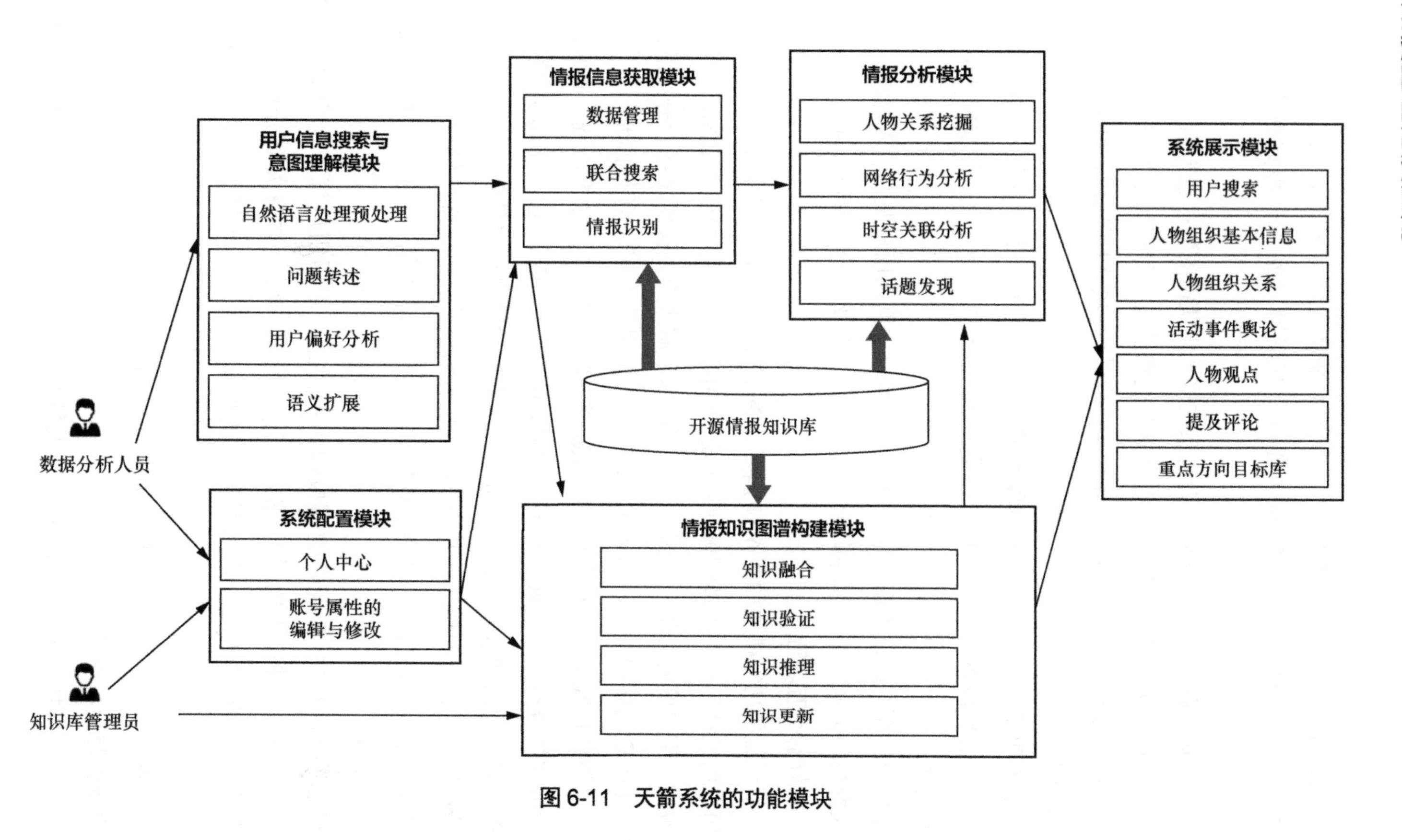

图 6-11 天箭系统的功能模块

6.4.2 天箭系统的典型应用及其效果

我们以大语言模型等自然语言处理模型（技术）如何影响智能汽车技术和产业发展情报中涉及的“马斯克”实体为例，展开说明天箭系统如何实现开源情报分析。

天箭系统先通过用户信息搜索与意图理解模块对用户搜索意图进行分析，帮助情报信息获取模块获取多渠道的情报知识。我们在系统中搜索“Elon musk”，系统经过智能分析后得到了多个与“Elon musk”相关的情报实体要素信息，如图 6-12 所示。用户可以根据自己掌握的情况，对相关虚拟账号进行合并。面向用户的情报要素融合如图 6-13 所示。

图 6-12　情报信息获取模块获取的多渠道情报知识

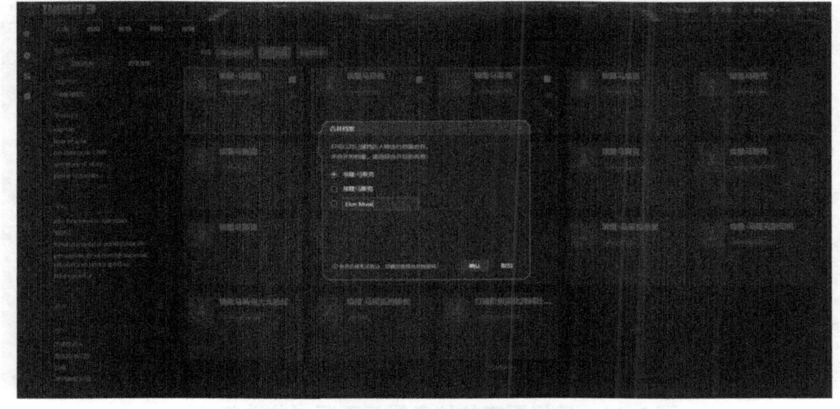

图 6-13　面向用户的情报要素融合

面对巨规模开源情报数据，天箭系统抽取并展示情报要素的相关信息，例如基本信息、个人简介、关联账号、工作经历、教育经历、人物地点轨迹等，并为每条信息提供用户可及的证据查看功能。情报要素的信息展示页面如图 6-14 所示。在该页面上，通过移动鼠标指针，用户可以查看证据，手动纠正错误信息，或者删除不需要的信息。完成情报要素的抽取后，天箭系统通过情报知识图谱构建模块对从多渠道获取的情报知识进行融合，构建出与马斯克相关的机构、人物关系图谱，如图 6-15 所示。通过点击中间节点“埃隆·马斯克”，可以实现图谱的迭代扩展，呈现出更多关系和相关人物或组织。天箭系统提供时序知识过滤功能，通过下方的时间轴可以按照时间过滤信息，使用户能够快速获取到针对特定时间段的图谱和情报。

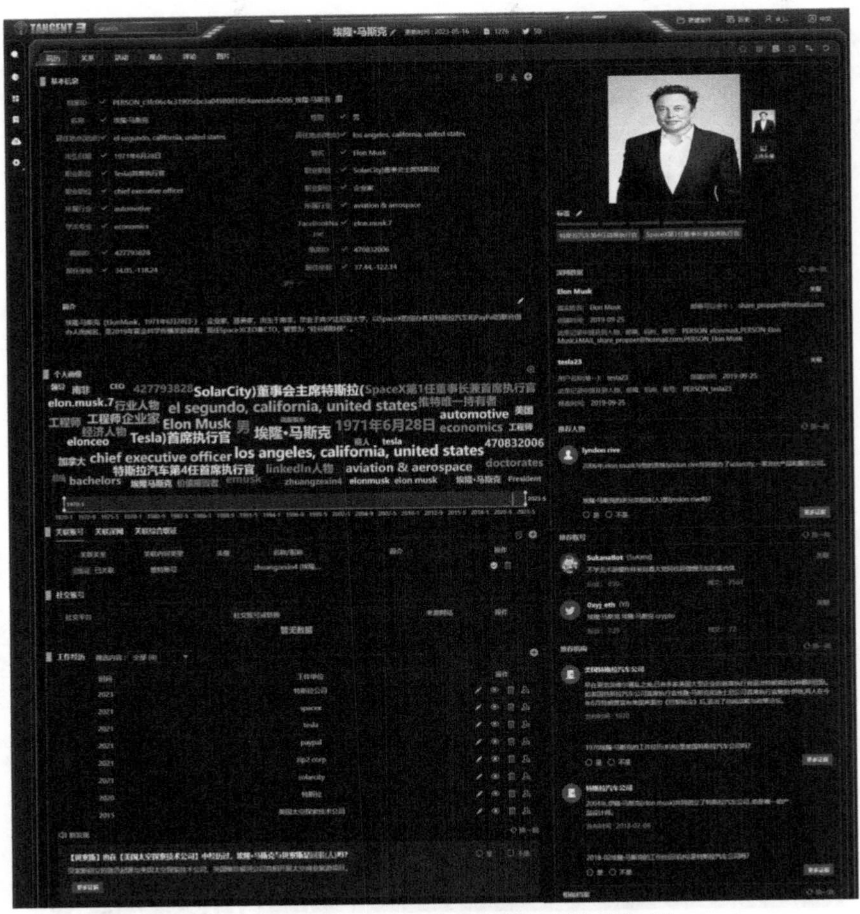

图 6-14　情报要素的信息展示页面（节选部分）

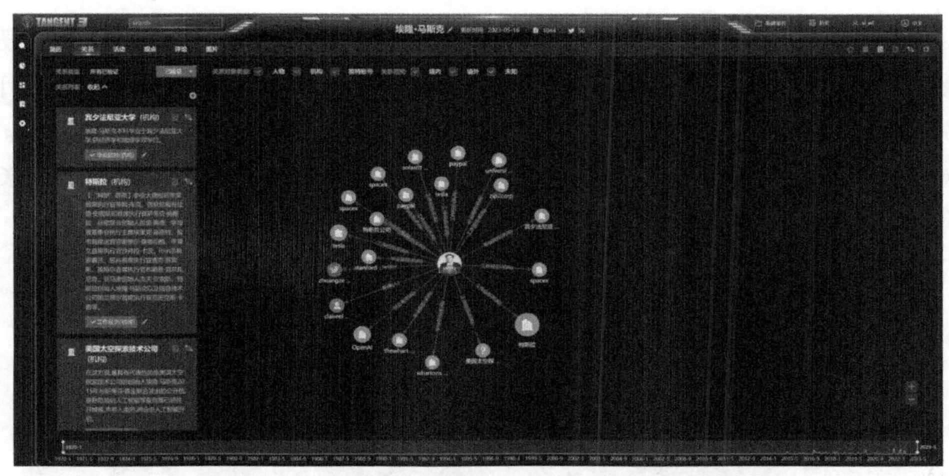

图 6-15　与马斯克相关的机构、人物、账号关系图谱示意

在已构建的情报知识图谱上，天箭系统的情报分析模块能对目标情报涉及的人物进行进一步的数据分析。在图 6-16 中，对马斯克的“人物评论”进行分析得到与其有关联的地点，例如“上海工厂”。若将时间范围设置在 2017 年 1 月及以后，页面则能够展示从 2017 年 1 月开始，马斯克对与中国的企业进行合作充满兴趣的多条证据。

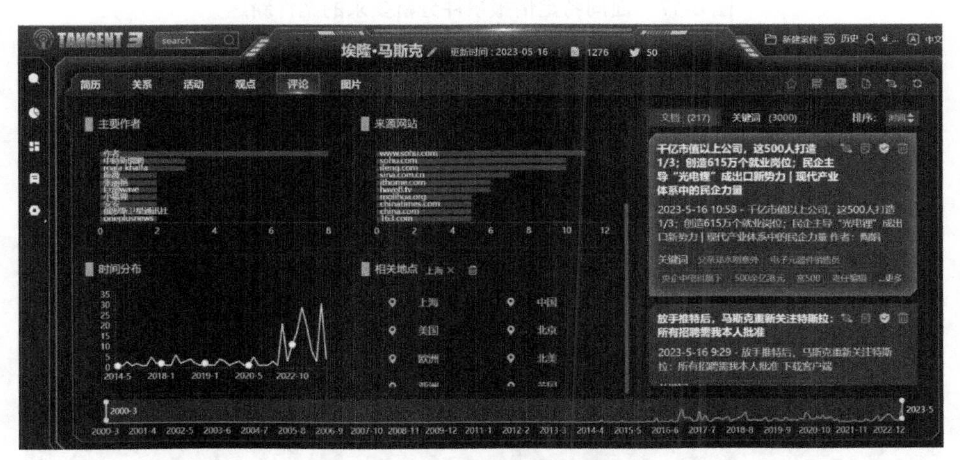

图 6-16　人物评论分析示意

针对频繁时空演化的情报知识，天箭系统向用户提供完全自动的极速更新和数据分析员深度参与的更新功能，为开源知识库和情报知识图谱实时表示的更新和计算提供人为可控的数据保证。

针对全球海量开源情报数据，天箭系统向用户提供快速批量挖掘有价值的情报线索能力，通过页面右上角的按钮，用户可以根据分析事件的要求新建案件，将相关人物和组织添加入案件目标库，并可将有关数据包和报告导出，如图 6-17 所示。对马斯克群体关系特征进行挖掘，主动拓展与发现目标群体中的同地址、同事等账号间相互关联关系，并进行可交互式展示，如图 6-18 所示。

图 6-17　面向特定情报事件分析要求的案件新建

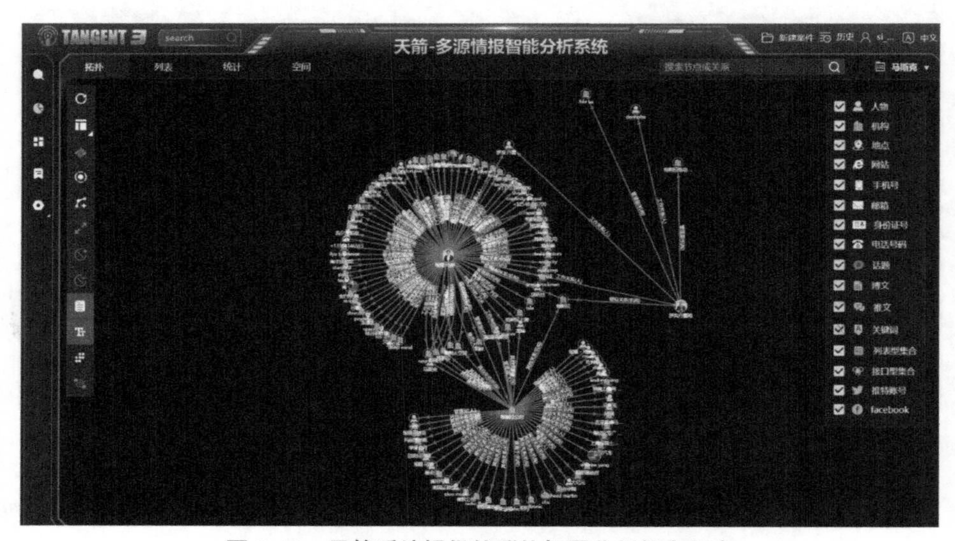

图 6-18　天箭系统提供的群体拓展分析能力示意

注：界面中的“天箭–多源情报智能分析系统”即为天箭系统。

6.5 本章小结

本章主要介绍了 MDATA 认知模型在开源情报分析中的应用，对已有开源情报分析技术进行了详细的介绍，总结其中的优缺点。接下来从开源情报的巨规模、演化性、关联性这 3 个特性出发，本章分析了开源情报分析中面临的问题。针对这些问题，本章提出了基于 MDATA 认知模型的开源情报分析技术，包括面向开源情报时空演化的 MDATA 认知模型知识表示技术、面向巨规模开源情报的 MDATA 认知模型抽取与计算技术、面向情报线索复杂关联的 MDATA 认知模型知识推演与利用技术等。本章还介绍了基于 MDATA 认知模型的开源情报分析系统——天箭系统，把开源情报全面、准确、实时的分析落到了实处。

参考文献

[1] 赵志耘，曾文. “碳达峰、碳中和”目标下的科技情报服务问题解析[J]. 中国软科学，2022(01): 1-6.
[2] 秦荣斌. 浅谈情报要素[J]. 情报杂志，1989(01): 94-95, 93.
[3] 韦炜. 基于要素抽取技术的公安情报信息处理系统设计与实现[D]. 南京：东南大学，2021.
[4] 傅畅. 面向专题应用的开源情报挖掘系统研究与应用[D]. 成都：电子科技大学，2016.
[5] 温萍梅，叶志炜，丁文健，等. 命名实体消歧研究进展综述[J]. 数据分析与知识发现，2020, 4(09): 15-25.
[6] 唐爽，张灵箫，赵俊峰，等. 面向多源数据的可扩展主题建模分析框架[J]. 计算机科学与探索，2019, 13(05): 742-752.
[7] DEERWESTER S, DUMAIS S T, FURNAS G W, et al. Indexing by latent semantic analysis[J]. Journal of the American Society for Information Science, 1990, 41(06): 391-407.
[8] BLEI D M, NG A Y, JORDAN M I. Latent Dirichlet allocation[J]. Journal of Machine Learning Research, 2003, 3(Jan): 993-1022.
[9] JELODAR H, WANG Y L, YUAN C, et al. Latent Dirichlet allocation (LDA) and topic modeling: models, applications, a survey[J]. Multimedia Tools and Applications, 2019, 78(11): 15169-15211.
[10] ZHOU J Y, WANG F Y, ZENG D J. Hierarchical Dirichlet processes and their applications: a survey[J]. ACTA Automatica Sinica, 2011(37): 389-407.

[11] LI D C, DADANCH S Z, ZHANG J Y, et al. Integration of knowledge graph embedding into topic modeling with hierarchical Dirichlet process[C]//Proceedings of NAACL-HLT2019. Stroudsburg: Association for Computational Linguistics, 2019: 940-950.

[12] LIU W, JIANG L, WU Y S, et al. Topic detection and tracking based on event ontology[J]. IEEE Access, 2020(08): 98044-98056.

[13] BLEI D M, LAFFERTY J D. Dynamic topic models[C]//Proceedings of the 23rd International Conference on Machine Learning. New York: ICM, 2006: 113-120.

[14] 吴小兰, 章成志. 基于 DTM-LPA 的突发事件话题演化方法研究: 以 H7N9 微博为例[J]. 图书与情报, 2015, 163(03): 9-16.

[15] 李旭晖, 凡美慧. 大数据中的知识关联[J]. 情报理论与实践, 2019, 42(02): 68-73, 107.

[16] 王东, 李青, 张志刚, 等. 科研人员画像构建方法研究[J]. 情报学报, 2022, 41(08): 812-821.

[17] 徐薇, 窦永香, 李维博. 考虑相似兴趣的科研人员群体画像构建方法[J].情报理论与实践, 2021, 44(11): 166-172, 142.

[18] JIANG X T, WANG Q, WANG B. Adaptive convolution for multi-relational learning[C]//Proceedings of the 2019 Conference of the North American Chapter of the Association for Computational Linguistics: Human Language Technologies. Stroudsburg: Association for Computational Linguistics, 2019: 978-987.

[19] SHANG C, TANG Y, HUANG J, et al. End-to-end structure-aware convolutional networks for knowledge base completion[C]// Proceedings of the 33rd AAAI Conference on Artificial Intelligence, the 31st Innovative Applications of Artificial Intelligence Conference, the 9th AAAI Symposium on Educational Advances in Artificial Intelligence. Menlo Park: AAAI, 2019: 3060-3067.

第7章 MDATA认知模型在网络舆情分析中的应用

在自媒体时代，信息传播规律发生了很大的变化，社交媒体和其他数字渠道让人们更方便地分享信息和互相交流，这使得网络舆情分析变得更加重要。网络舆情分析是一种对网络中的社会信息、事件、情感和态度进行收集、分析、研究和预测的方法。网络舆情分析需要了解整个舆情过程，其中包括网络舆情事件数据的来源、舆情事件发现、舆情演化的趋势。

本章结构如下。7.1 节介绍网络舆情分析的概念和技术背景，包括网络舆情分析的基本概念以及已有技术等。7.2 节介绍基于 MDATA 认知模型的网络舆情分析技术，包括 MDATA 认知模型在网络舆情分析中的三维一体（即网络结构、网络主体和网络客体）模型。7.3 节介绍一个应用案例——基于 MDATA 认知模型的网络舆情分析系统——鹰击系统。7.4 节对本章内容进行小结。

7.1 网络舆情分析的概念与技术背景

7.1.1 自媒体时代的信息传播规律

在互联网和自媒体时代，信息传播的速度和范围大大超出了以往。每个人都可以通过网络表达自己的意见和看法，而这些信息可能引发广泛的关注和讨论。在这样的环境下，网络舆情管理和分析显得尤为重要。在自媒体时代，信息传播呈现出以下特点。

网络社交化：自媒体时代的信息传播不再是传统媒体的单向推送，而是社交化、互动化的过程。用户可以通过网络空间社交媒体平台建立自己的个人账号，生成、发布、分享、转发内容，与其他用户互动、交流意见和看法，这些都已成为信息传播的一部分。微信公众号的传播方式就是一种典型的网络社交化方式。微信公众号可以让用户建立自己的账号、生成和发布内容、与其他用户互动交流，这种社交化的传播方式极大地增强了用户对信息的参与感和互动性，提高了信息的传播效率。

传播速度更快：信息传播的速度快和效率高是自媒体时代的重要特征，用户通过手机、笔记本计算机等设备随时随地生成和发布内容。由于更新速度非常快，因此信息能够迅速反映社会热点事件和舆情。以新浪微博（简称微博）为例，用户可以通过快速发布文字、图片、视频等多种形式的信息，输出自己的观点，实现信息的即时发布，因此，微博也成为舆论场的重要一环，影响着人们的观念和态度。

内容信息量大：在自媒体时代，优质内容成为吸引用户的关键。虽然用户可以通过搜索引擎、社交媒体等渠道来获取信息，但是高质量的内容对他们更有吸引力，因此，制作并分享优质、有价值的内容成为自媒体从业者必须重视的方面。这其中典型的代表是网络问答社区知乎。它是一个以知识分享和交流为主的社交平台，用户在其上分享自己的知识和经验，或者通过提问、回答等方式获取有价值的知识；平台通过严格的审核机制来保证内容的质量和价值。

传播方式更具个性化：自媒体时代的用户需求变得更加个性化。自媒体从业者只有提供符合用户需求的个性化服务，才能够吸引和留住用户。以视频社交软件抖音为例，抖音通过算法推荐符合用户兴趣的视频内容来提高用户的参与度和留存率。同时，抖音还鼓励用户生成原创内容，通过这种打造个性化的内容和风格来吸引和留住用户。

互联网思维：在自媒体时代，互联网思维成为企业和从业者的重要工具。企业需要适应互联网的发展趋势，运用互联网思维去探索、创新和发展自己的业务。从业者则用互联网思维去运营自己的自媒体账号，推广自己的内容，以更好地吸引和服务用户。这方面成功的企业代表是阿里巴巴集团，它是一家典型的采用互联网思维的企业，旗下一系列互联网服务产品——如淘宝、天猫、支付宝等深深地改变了人们的消费和生活方式。同时，阿里巴巴集团也通过自媒体平台进行品牌推广和营销，提高品牌知名度和美誉度。

7.1.2 舆情事件的生命周期

舆情可以被定义为针对某一事件或主题的所持有的倾向性言论及观点，它不是单纯的事件或消息，而是一种社会各界人士对该事件或消息的看法、评论和态度的综合体现。网络舆情通常经历以下几个阶段。

事件爆发阶段：事件发生并引起了一定的关注。

信息传播阶段：相关信息开始在网络上传播，可能会引起更广泛的关注。

舆情形成阶段：公众开始对该事件产生情绪反应，形成一定的舆论。

舆情演化阶段：随着时间的推移，舆情产生新的变化和发展，公众对事件的态度随之发生变化。

舆情消退阶段：事件热度逐渐降低，公众对其关注和讨论逐渐淡化。

我们以2023年4月20日“SpaceX星舰升空后爆炸”（下称“星舰爆炸”）事件为例，介绍舆情从开始到结束的完整过程。当地时间2023年4月20日，美国SpaceX公司研制的新型运载火箭“星舰”在美国得克萨斯州首次试验发射。由于该型号火箭是目前为止最大推力的火箭系统，且具有实现火星移民的潜力，因此该事件受到了世界各国的广泛关注。与该事件相关的话题也开始在互联网上广泛传播，如知乎热搜话题“如何看待马斯克的新型运载火箭”，新浪微博话题“马斯克的运载火箭有哪些突破性的技术”，等等。这些话题的建立使普通群众能够更加广泛地了解事件全貌，进而引发更大范围的讨论。有一些网友批评马斯克的“星链”计划和相关的发射，至此，围绕“星舰”发射的一系列舆情开始形成。

本次试射中，火箭升空2分30秒后姿态失稳并开始旋转，最终解体爆炸。随着事件的发展，舆情开始出现新的变化，例如，一部分网友开始转变立场，从最初的支持马斯克的太空探索转变为开始质疑其试射行为是否为圈钱行为；还有一部分网友开始质疑SpaceX公司的技术是否足够先进。我国多家媒体也发表了相关社论，表示人类的太空探索充满失败与挑战，为SpaceX星舰试射失败表示遗憾，并赞扬了SpaceX公司在探索太空方面的技术创新和勇于探索的精神。之后，该事件逐渐淡化，并退出公众视野。

从这一事件中我们可以看到，舆情事件往往会经历事件爆发，信息传播，舆情形成、演化和消退这几个阶段。随着事件的持续演进，许多与事件相关的话题会出现，因此，网络舆情话题是舆情事件的重要组成部分。

7.1.3 网络舆情分析的概念与已有技术

在线社交网络（简称社交网络）是一种由社会个体集合及个体间的连接关系构成

的社会性结构，包含关系结构、网络群体与网络信息这3个要素，其中，关系结构为网络群体的互动行为提供底层平台，是社交网络的载体；网络群体直接推动网络信息的传播，是社交网络的主体；网络信息是群体行为的诱因和结果，是社交网络的客体。

1. **社交网络的载体**

关系结构是社交网络的载体，也是网络舆情分析需要利用的基本数据形态。结构维分析通过对社交网络节点间相互关系的研究来发现网络虚拟社区的结构特征及其变化规律。

（1）社区

社区：指一些特定的群体，可以是地理上的社区，也可以是具有兴趣、职业等共同特点的群体。社区中的人们会在网络空间中形成自己的互动圈子，进行信息交流和意见表达。社区在网络舆情分析中的作用主要体现在以下两个方面。

一方面，社区是舆情重要的传播媒介。因为社区成员之间存在着共同的价值观和生活背景，所以社区中流传的信息更容易引起共鸣，也更容易被接受和传播。社区成员之间的联系很紧密，这使得信息的传播速度更快，传播效果也更广泛。

另一方面，社区是网络舆情分析的重要研究对象。通过研究社区中的话题、观点和情绪，我们可以深入了解社会舆情的形成和演变过程，揭示社会热点问题的本质和根源。

（2）社区挖掘

社区挖掘是一种网络分析技术，可用于识别网络中的社区结构。在网络舆情分析中，社区挖掘可以用于识别社交媒体上用户间的社交关系，从而更好地了解用户之间的交流和互动。

2. **社交网络的主体**

网络群体是社交网络的主体，社交网络群体分析主要研究用户行为数据、网络情感数据等，揭示个体的影响力、群体活动机理等。

（1）意见领袖挖掘

意见领袖是指在人际传播网络中经常为他人提供信息，同时对他人施加影响的“活跃分子”。他们在大众传播的过程中起着重要的中介作用，或者发挥过滤效果，将信息扩散给其他用户，形成信息传递的再次传播。意见领袖挖掘是社交网络分析中的一个重要问题，许多学者致力于通过社交网络的特征来发现意见领袖。例如，一些学者通过分析用户发布文章的数量、被其他人回复的文章数量、粉丝数量等特征来发现意见领袖[1-3]。然而，由于忽略了网络结构，这些方法可能会遇到信息重叠问题。信息重叠问题意味着所发现的意见领袖可能有许多共同的粉丝，他其实只能影响一小部分人。一些学者通过观察网络结构来发现意见领袖[4-5]，然而，这种方法通常需要花费大量的时间，特别是在处理大型社交网络时，模型的计算性能通常会急剧降低。此外，由于社交网络通常随时间演变，因此如果需要一周或一个月来检测意见领袖，则发现的结果可能已经过时。

Zhai 等人[6]提出了基于兴趣领域和全局测量算法的两种方法，用于在 BBS 中识别意见领袖。Miao 等[7]指出，意见领袖通常具有不同的专业知识和兴趣，因此可以考虑通过一些特征，例如专业知识、兴趣、粉丝数量等来检测意见领袖。一个算法使用不同的网络用户特征来检测意见领袖[4,8,9]。Li 等人[3]开发了一个框架，使用从博客内容、作者、读者和好友关系中提取的信息来识别意见领袖。Duan 等人[8]将聚类算法和情感分析结合起来，以找到意见领袖。Li 等人[9]提出了一个混合框架，用于在线学习社区中意见领袖的识别。

（2）情感分析

情感分析是一种文本分析技术，可用于识别文本中的情感倾向。在网络舆情分析中，情感分析可以用于识别用户在社交媒体上的情感倾向，从而更好地了解用户的态度和观点。近年来，学术界和企业界对情感分析进行了广泛且深入的探索，这里我们主要介绍在网络舆情分析中被广泛使用的情感分类技术。

Pang 等人[10]于 2002 年提出了一种将电影评论分为两类（正面和负面）的方法，该方法使用单个单词或一组单词作为特征。无论是使用朴素贝叶斯算法还是支持向量机（SVM），该方法都表现出相当不错的性能。此外，研究人员还提出了一些特定于情感分类的自定义技术，如基于正面和负面评论中单词的得分函数，以及使用手动编译的特定领域的词语和短语的聚合方法[11]。有研究表明，在情感分析中使用深度学习方法可以提高分类性能，例如使用卷积神经网络和循环神经网络进行情感分析，可以获得更好的分类结果。Turney[12]提出了一种基于无监督学习的情感分析方法，该方法通过一些固定的句法模式来识别表达观点的文本，并进行情感分类。这些句法模式是基于词性标记组合而成的。

（3）用户画像

用户画像是指通过收集、汇聚、分析个人信息，对某人的个人特征，如其职业、经济、健康、教育、喜好、信用、行为等进行分析或预测，形成其个人特征模型的过程。用户画像的研究已取得显著的进展，研究人员采用多种数据源和技术方法来提取和分析个人信息。在数据收集与处理方面，研究人员利用多渠道数据（如社交媒体数据、浏览历史、购买记录等），通过数据挖掘和机器学习技术进行处理，来提取用户的个人特征。在特征选择和表示方面，研究人员使用各种特征选择算法和表示方法，如文本挖掘、情感分析、主题建模等，来识别和提取用户的重要特征。在用户分类与建模方面，研究人员通过对用户数据进行聚类和分类分析，将用户划分为不同的群体，并建立相应的用户模型。

3. **社交网络的客体**

网络信息是社交网络的客体。社交网络信息传播分析主要研究如何在社交网络中快速准确地发现话题，以及话题和信息如何在网络上演变和传播等问题，以直接支撑网络营销、网络舆情分析等应用。

（1）网络舆情

网络舆情，即在互联网上流行的对社会问题不同看法的网络舆论，反映了人们对某一公共事件所表达的认知、态度、情感和倾向性，具有虚拟化、快捷化、多元化、开放性、匿名性、互动性等特点。网络舆情通常由突发性社会公共事件触发，例如自然灾害、重大事故、公共卫生、社会安全、地方经济、社会治理、官吏腐败等事件。

（2）舆情事件

舆情事件是互联网舆情的产生原因，即物理世界中在特定事件和地点发生的事情。舆情事件主要包括事件标号、事件名称、事件描述、事件的开始/结束时间、事件发生的地点等信息。

（3）网络舆情话题

网络舆情话题是某个舆情事件相关报道的集合，也是互联网舆情演化的主要载体。网络舆情话题通常由话题的唯一编号、话题名称、话题描述、话题所属类别、话题开始/结束时间、话题热度、相关事件、意见领袖、相关文档、上位话题、下位话题等基本信息组成。在网络舆情分析中，主题模型往往用于快速获取事件相关舆情的话题分布，帮助人们根据事件类型进行有针对性的分析和应对。主题模型主要分为潜在语义分析、潜在狄利克雷分配。具体的，潜在语义分析是一种用于从大量文本中提取主题的技术。它使用奇异值分解（SVD）来降低文本数据的维数，并将文本表示为向量。这些向量可以用于计算文本间的相似性，从而帮助人们理解文本数据。潜在语义分析通常用于信息检索和自然语言处理等领域，将舆情话题表示为相似的向量，因而可以处理同义词和多义词，但对于处理词序和上下文信息等任务则无法胜任。潜在狄利克雷分配模型是文本集合的生成概率模型，它假设每个文档由多个主题组成，并且每个主题由多个单词组成。与潜在语义分析模型相比，潜在狄利克雷分配模型可以处理已有单词和新添加单词之间的复杂关系，但不能处理同义词和多义词。

（4）舆情溯源

舆情溯源通过信息检索和分析技术，对舆情事件的来源、传播途径、传播范围等进行溯源分析，以了解舆情事件的真实情况和背景。舆情溯源可以更好地理解事件的背景和原因，为网络舆情分析提供更全面的信息。

一般情况下，热点事件的爆发往往伴随很多来源不明的信息，这些信息的来源可能不够可靠，进而影响社交计算的准确性和可靠性，因此，我们需要进行数据来源的追溯和验证。对这些信息的传播链条进行完整的数据获取几乎是一件不可能完成的事情，因此，在部分观测数据缺失的情况下，快速对信息的源头进行定位可以在很大程度上提高舆论治理的水平。一些学者针对社交网络舆情事件的溯源进行了很多有益的研究，例如，在社会计算场景下研究溯源信息如何提高人们的工作协同，以及如何在去中心化的社交网络中构建基于拓扑结构的溯源框架[13-15]。

舆情溯源是近年来一个新兴的研究领域，尽管已经有一些面向通信网络的溯源研究，但面向社交网络的研究依然十分匮乏。如何更加有效地对社交网络多模态数据进行溯源分析，以及如何利用推理分析等技术提升溯源的效果成为当前这一领域的主要问题。

网络舆情分析需要综合运用不同的技术和方法来进行研究和分析。随着社交媒体的不断发展，网络舆情分析成为一个复杂且细致的过程，需要不断地更新和完善分析技术和方法，以适应舆情事件的变化和发展。社交网络大数据的巨大规模，主体、客体、载体的多维关联，以及舆情事件的时空演化，都亟须更加有效的科学分析框架。

7.1.4 网络舆情分析的难点与挑战

1. 大数据的“5V”特性

社会舆情的分析往往伴随着网络空间数据的挖掘，由于舆情的分析具有实效性，如何对大规模网络空间数据进行有效分析成为其中的瓶颈问题。社交网络的数据具有大数据的“5V”特性：第一是体量巨大（Volume），例如新浪微博有超过5亿个用户；

第二是种类繁多（Variety），其中包含文本、图片、视频、语音等数十种数据类型；第三是数据产生速度快（Velocity），例如2015年央视春晚微信摇一摇互动峰值达到8.1亿次每分钟[①]；第四是不准确（Veracity），互联网信息庞杂、多义模糊导致数据模糊；第五是数据中隐含价值（Value）。不仅如此，社交媒体产生的数据还因时间的变化而呈现出高度碎片化的特征，这意味着我们必须在面对海量数据的同时，及时有效地从碎片化的信息中过滤掉大量与舆情无关的内容，如何在这种情况下，从价值密度稀疏的数据里有效分析社会舆情，成为当前亟待解决的问题。

2. 主体、客体和载体的多维关联

随着不同功能社交媒体的不断涌现，社会舆情的发展呈现出去中心化的多源发展态势。这些数据的时空相关性强，用户在不同时间、不同社交媒体上发帖或评论，即使帖子（论坛文章）或评论的内容相近，在有的社交媒体上一呼百应，在有的社交媒体上则反馈甚少。这些特征给网络用户影响力的准确计算带来严峻挑战，同时意味着网络舆情分析需要有针对性地分析不同网络群体在不同网络结构（社交媒体）上的信息传播方式。舆情话题的传播和网络结构（通过意见领袖和社区）密切相关，不同的网络结构会产生不同的舆情影响，导致后续的舆情响应手段也各自不同，因此，网络舆情分析需要将网络结构（载体）、主体、客体等进行多维关联，综合分析。

3. 舆情事件的时空演化

舆情事件中的话题焦点往往会随着事件的进展而发生变化，例如，“星舰爆炸”事件涉及航天科技、人类对太空的探索、创新和实体、资本、文化和商业宣传等诸多话题，这些特征给网络中的话题发现和演化分析带来了巨大挑战。无法快速准确地了解事件的全貌和舆论的基本态度是促使相关研究走向成熟应用的主要障碍。在这种情况下，从碎片化、时变短文本的数据中快速有效地分析话题演化，成为提高实时响应性能的一种极具前景的方案。

7.2 基于MDATA认知模型的网络舆情分析技术

网络舆情分析指对社交网络、参与群体和话题演化进行分析的过程，面临着有效信息价值密度低、话题演化快、难以实时响应等挑战。

---

① 央视网. 春晚摇一摇：央视、微信、观众多方共赢. 2015年3月13日.

我们在 MDATA 认知模型的基础上，对网络舆情分析的一个典型案例进行解构。针对网络舆情时空演化的问题，利用 MDATA 认知模型知识表示法对网络舆情相关的时空特征进行精准获取；针对社交网络数据巨规模的问题，利用 MDATA 认知模型知识获取方法对舆情话题要素进行准确抽取，并将这些要素通过计算表征为话题向量，为后续快速有效的向量计算提供基础；针对舆情演化阶段关联关系复杂的问题，利用 MDATA 认知模型知识利用方法对网络舆情进行高效计算，实现对社区传播趋势的分析，为舆情的监管提供数据支持。基于 MDATA 认知模型的网络舆情分析模型结构如图 7-1 所示。

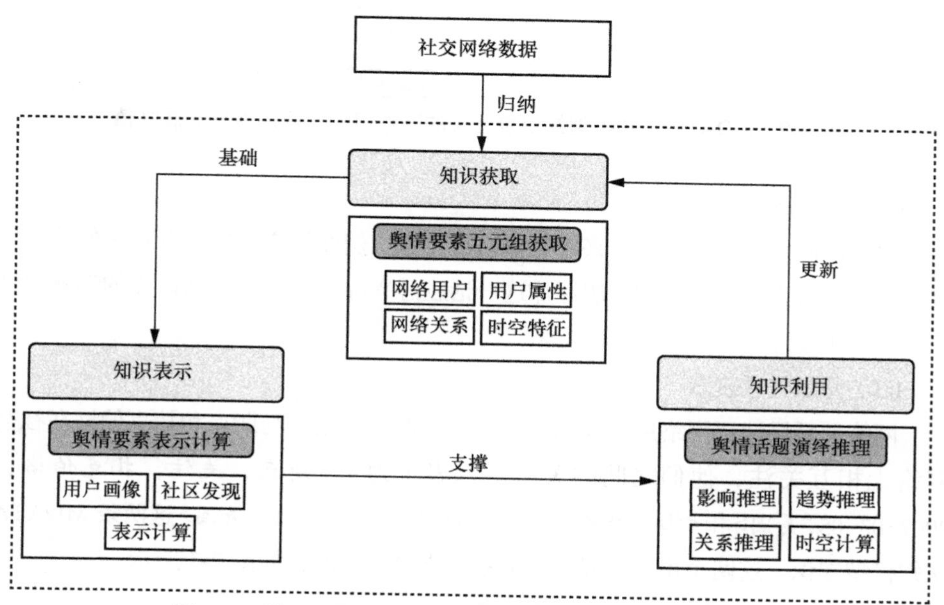

图 7-1　基于 MDATA 认知模型的网络舆情分析模型结构

7.2.1　面向网络舆情时空演化的 MDATA 认知模型知识表示法

网络舆情具有数据海量性和突发性的特征，这给需要快速响应的网络舆情分析带来困难与挑战。传统的网络舆情分析知识表示法通常建立在局部网络分析的基础上，无法快速有效地反馈完整的互联网舆情态势，而 MDATA 认知模型知识表示法融合了时空特征，可以对网络舆情关键要素进行知识表示。我们以“星舰爆炸”事件为例，介绍 MDATA 认知模型知识表示法如何表示网络舆情事件中的社区关系。

（1）网络用户表示

MDATA 认知模型中的网络用户是指参与网络舆情事件传播和扩散的网络用户（下称用户）。例如马斯克在“星舰爆炸”后发声这一事件中，马斯克本人所使用的社交网络账号就是网络用户（本书将其表示为“马斯克”），MDATA 认知模型知识表示法的网络用户、用户属性和属性值如图 7-2 所示。

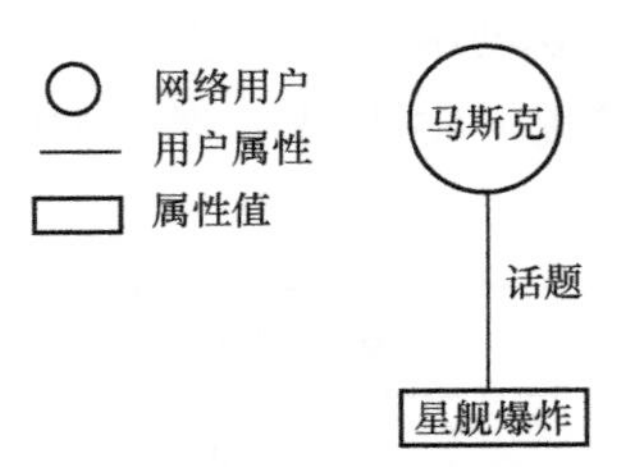

图 7-2　MDATA 认知模型知识表示法的网络用户、用户属性和属性值

（2）用户属性表示

用户属性主要描述用户的兴趣偏好以及特点。例如用户马斯克针对星舰爆炸发表了看法，这表示马斯克对星舰爆炸这一话题感兴趣，于是用户马斯克的话题属性值为“星舰爆炸”。

（3）网络关系表示

网络关系描述了网络用户间的交互关系。例如，用户马斯克和扎克伯格在社交网络上相互关注，他们之间的关系可以表示为<马斯克，关注，扎克伯格，2007-03-05，美国>和<扎克伯格，关注，马斯克，2009-07-05，美国>这两条 MDATA 认知模型知识。这两个用户可以通过关系要素进行关联，如图 7-3 所示。

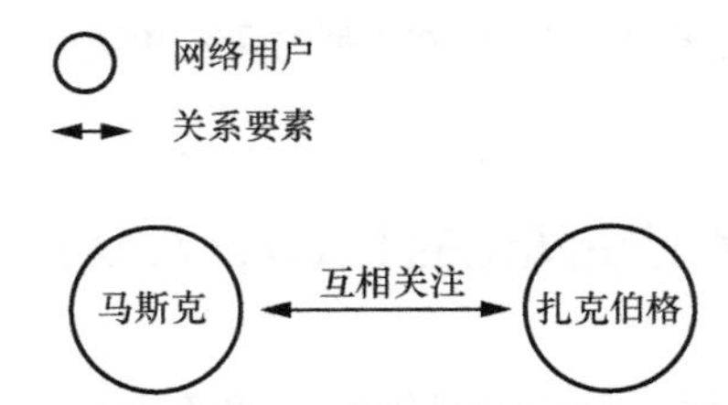

图 7-3　MDATA 认知模型知识表示法在网络舆情分析的关系要素表示

（4）舆情传播时空特征

由于用户产生的社交网络行为包括的关注其他用户、发表个人言论、修改用户属性等具有动态时空特性，因此 MDATA 认知模型五元组<头实体，关系，尾实体，

时间，空间>能够精准地表示网络舆情数据中的用户行为。我们以用户 CNTV[①]转发（传播）马斯克针对“星舰爆炸”事件发布的言论为例，介绍网络舆情传播过程。该例的舆情时空传播如图 7-4 所示。

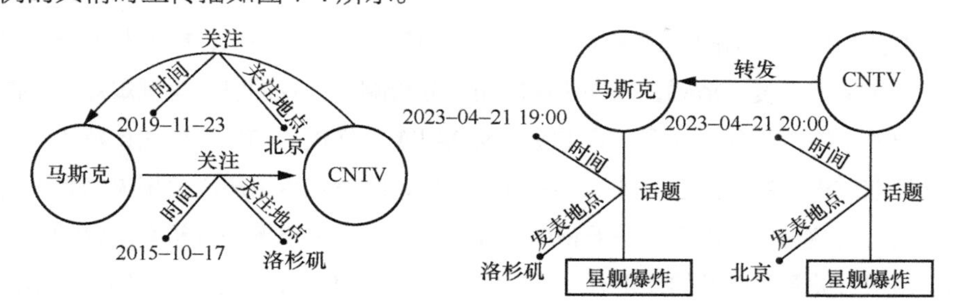

（a）马斯克与CNTV的关注关系　（b）CNTV与马斯克发布的关于星舰爆炸的言论的转发关系

图 7-4　舆情时空传播

首先我们建立用户马斯克和 CNTV 的关注关系，得到两个五元组<CNTV，**关注**，**马斯克**，2019–11–23，**北京**>和<**马斯克**，**关注**，CNTV，2015–10–17，**洛杉矶**>两条知识。图 7-4（a）清楚地表示了这两个用户之间的关系。马斯克对“星舰爆炸”事件发布相关的言论后，CNTV 接收到该言论，并且以新闻的形式进行转发，造成更大范围的传播，这一过程同样具有时空特征，可以在 MDATA 认知模型中被表示为 3 条五元组知识，分别是<**马斯克**，**话题**，**星舰爆炸**，2023–04–21 19:00，**洛杉矶**>、<CNTV，**转发**，**马斯克**，2023–04–21 20:00，**北京**>、<CNTV，**话题**，**星舰爆炸**，2023–04–21 20:00，**北京**>，如图 7-4（b）所示，其中，一条边表示建立了一次关联。通过 MDATA 认知模型知识表示法，我们能够有效地构建舆情事件传播的动态时空演化过程。

7.2.2　面向数据巨规模社区群体的 MDATA 认知模型知识获取法

前文介绍了网络舆情传播要素，提出舆情信息通过社交网络这一载体进行扩散传播。然而，网络用户每天发布的信息量数以亿计，在巨规模数据的前提下，如何准确、及时地反馈可能成为舆情的话题是网络舆情分析最主要也是最重要的科学问题。前文已经介绍 MDATA 认知模型的优势，能够快速有效地解决上述海量时空动态问题。假设用户所处的网络社区和个人的兴趣偏好相对稳定，在短时间内不会发生变化，那么

① CNTV，中国网络电视台。本书以 CNTV 社交网络账号有效期间的数据为分析依据，所得分析结果可能与当下情况稍有出入。

与网络社区和用户画像相关的知识可以通过MDATA认知模型来预先学习和存储，这样不仅能够提高网络舆情分析的响应速度，同时能够使社区传播分析具备可解释性。

1. 网络用户画像技术

用户群体是传播舆情的关键主体。社交网络用户画像作为知识，能够帮助研判用户针对不同舆情的态度、情感，提供快速的用户分析响应。我们以"星舰爆炸"事件中重点用户的画像特征分析为例，简述应用MDATA认知模型知识获取法构建用户画像的自动抽取过程。在"星舰爆炸"事件发生之后，随着重点用户以及相关信息不断地被收集到舆情数据资源库中，基于MDATA认知模型的网络舆情分析系统会随之不断地建立用户、关系和话题的知识五元组。假设已通过MDATA认知模型知识表示法获取了用户马斯克的历史言论以及他已关注的用户的相关知识，那么接下来我们通过实体抽取、关系、属性抽取等知识获取过程不断地累积用户特点，具体过程如下。

（1）实体抽取

对用户马斯克发布在微博上的历史言论中存在的实体进行抽取，获得用户感兴趣的相关实体。例如，我们从图7-5所示用户马斯克的历史言论中，根据归纳算子提取的"中国""航天计划"等舆情话题要素，发现马斯克对航天计划有兴趣偏好。

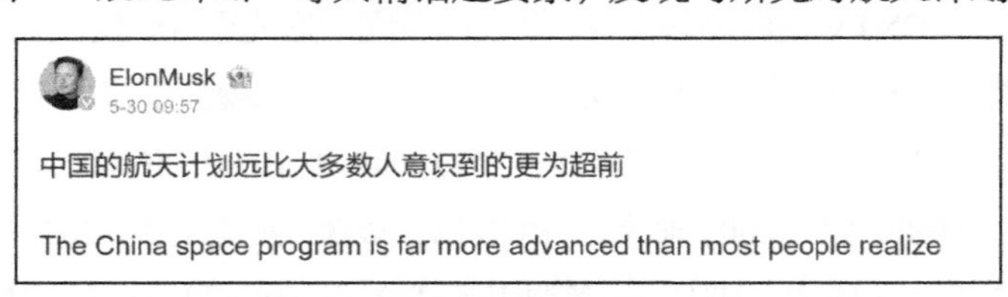

图7-5　用户马斯克发布在微博上的历史言论（部分）

（2）关系、属性抽取

利用MDATA认知模型的属性抽取和关系分析算子，构建与马斯克相关的用户画像要素。属性要素包括马斯克的兴趣、爱好等，关系要素包括马斯克关注的用户和历史互动的圈子。图7-6展示了用户马斯克的微博好友列表（部分）。

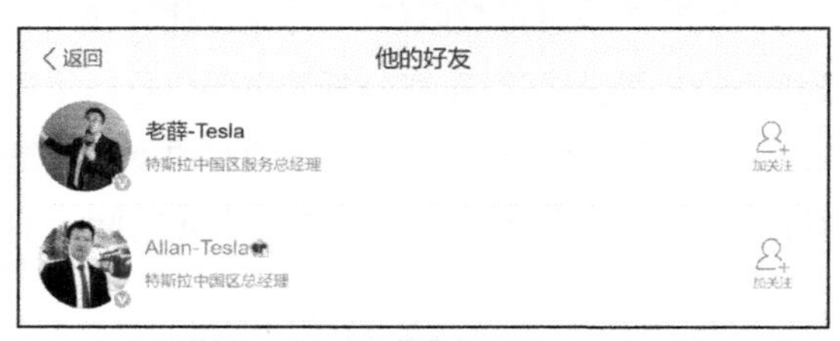

图7-6　用户马斯克的微博好友列表（部分）

经过上述案例可以发现，随着社交网络数据的不断增加，用户马斯克的画像会越来越全面和具体。不断重复基于 MDATA 认知模型的知识获取过程，我们便能够自动获取和生成五元组知识集合，进而构建出基于 MDATA 认知模型的网络舆情数据知识图谱，如图 7-7 所示。该知识图谱能够清晰地表达用户马斯克的邻接关系以及兴趣偏好，为话题是否会在网络社区传播的研判提供底层的数据基础。

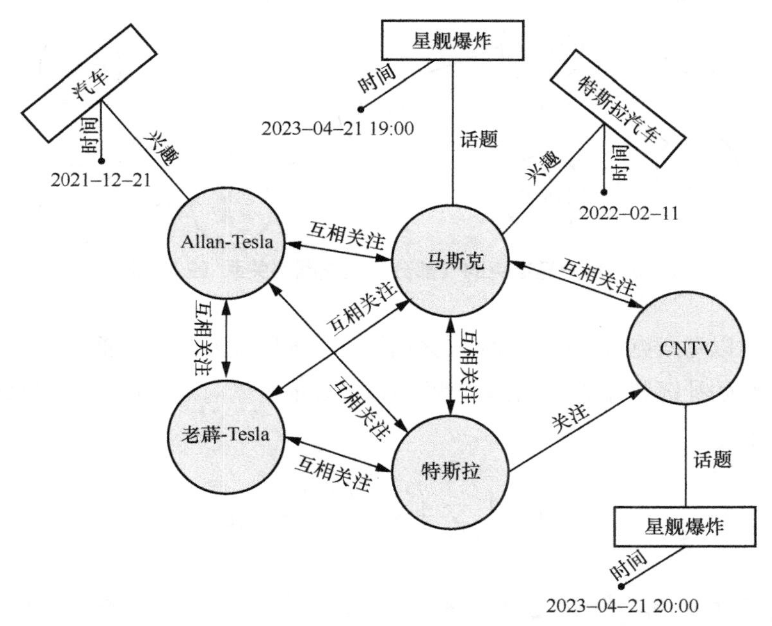

图 7-7 基于 MDATA 认知模型的网络舆情数据知识图谱（局部）

2. 网络社区发现技术

网络社区主要建立在网络用户关系之上，是网络舆情传播的载体。舆情是否会被广泛传播与产生舆情的网络社区有必然的关联。MDATA 认知模型具备强大的知识处理能力，针对相对稳定的网络社区结构可以通过已有技术预先获取用户群体的网络社区结构，并将其作为 MDATA 认知模型知识存储，为快速响应舆情在社区的传播提供基础的背景知识。本质上，网络社区发现技术是通过用户关系网络进行计算的，通常使用相关算法对网络节点的拓扑结构连接紧密程度进行建模。传统的社区分析技术包括贪婪优化算法、谱分析方法、基于模块度的分析方法等。随着深度学习技术进步，基于特征表示的社区分析实现了更准确的社区分析。我们将基于用户马斯克所在的网络社区，以基于模块度[16]的贪心算法为例，介绍网络社区划分的具体过程。

假设对于用户马斯克，我们已经借助知识获取方法累积了相对全面的用户关系和用户属性知识，并利用节点关系抽取算法构成了基于时空的用户关系网络。图 7-8 展示了用户马斯克的（部分）社交网络关系（2 阶邻居）。

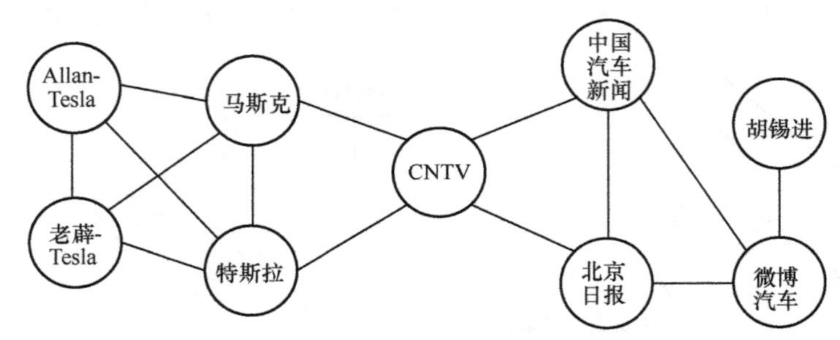

图 7-8　用户马斯克的（部分）社交网络关系（2 阶邻居）

我们对以马斯克为节点的网络社区结构，以模块度为指标，通过贪心算法计算该关系网络的社区划分结果。模块度[16]可以很好地衡量网络划分出的社区结构的社区强度，其定义为

$$Q=\frac{1}{2m}\sum_{ij}\left(A_{ij}-\frac{k_i k_j}{2m}\right)\delta(C_i,C_j) \tag{7-1}$$

其中，A_{ij} 表示复杂网络的邻接矩阵 $\boldsymbol{A}$ 的元素，k_i 表示节点 i 的度数，m 表示所有节点之间的连接数量（边的数量）。在随机图中，边 (i, j) 存在的概率用 $\frac{k_i k_j}{2m}$ 来表示，此时 $\boldsymbol{A}$ 表示网络图 $\boldsymbol{A}$ 中连边的数目；C_i 表示节点 i 所属的社区。模块度的值越接近于 1，表示网络划分出的社区结构的强度越强，也就是划分质量越好，因此，我们可以通过最大化模块度 Q 来获得网络最优的社区划分。针对用户马斯克 2 阶邻居社交网络关系的社区划分步骤如下。

步骤 1：去掉网络中的所有边，将网络的每个节点单独作为一个网络社区，则图 7-8 可被分割为 9 个区域（一共有 9 个节点）。

步骤 2：将网络中的每个节点和已经连通的部分看作一个网络社区，并尝试将还未加入网络的边加到网络中。如果新加入的边连接了两个不同的网络社区，即合并了两个网络社区，则需要重新计算合并后网络社区划分的模块度增量，将增量最大或增量最小的两个网络社区进行合并。具体地，将图 7-8 中 9 个用户分别代入式（7-1）进行计算，通过计算结果可以发现，当边（胡锡进，微博汽车）被加入网络时，所形成的新网络社区划分的模块度增量最大，因此，网络社区{胡锡进}和网络社区{微博汽车}合并后形成了新的网络社区{胡锡进，微博汽车}。

步骤 3：如果网络社区数大于 1，则返回步骤 2 继续迭代，否则执行步骤 4。具体地，对新的 8 个节点继续执行步骤 2，直到网络所有的节点最终合并成一个网络社区。整个过程得到 9 种不同的网络社区划分。

步骤 4：遍历每种网络社区划分对应的模块度的值，选取模块度值最大的网络社区划分作为最优划分。当网络社区被划分成两个社区{Allan-Tesla，老薛-Tesla，特斯拉，马斯克}和{CNTV，中国汽车新闻，北京日报，微博汽车，胡锡进}时，模块度取得最大值，这个结果即为网络社区的最优划分，如图 7-9 所示。

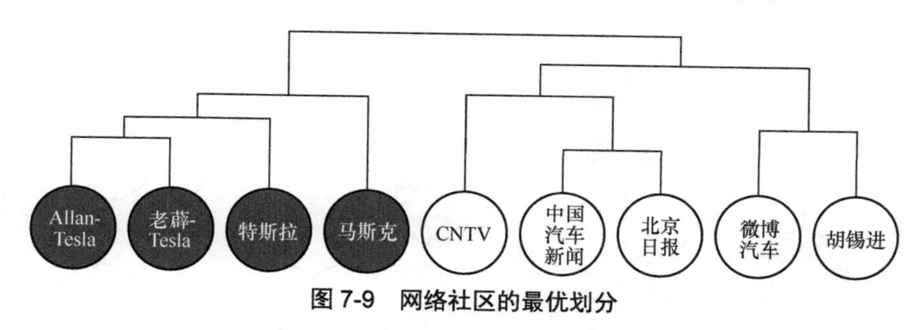

图 7-9　网络社区的最优划分

以上步骤简单地展现了网络社区划分的基本过程，通过运用不同的社区发现算法，确定不同用户所属的兴趣社区，并作为五元组知识存储在 MDATA 认知模型知识库中，为后续舆情话题的发现提供数据计算基础。

7.2.3　面向舆情话题复杂关联的 MDATA 认知模型知识利用法

社区和用户相对是稳定的，而话题作为网络传播的客体，具有海量存在以及爆炸式增长的特性。舆情话题与社区和群体存在复杂的关联关系，为实现快速、准确地发现潜在成为舆情的话题，我们在 MDATA 认知模型知识利用方法的基础上提出了基于 MDATA 认知模型的社区传播趋势分析技术。

在网络舆情分析任务中，基于 MDATA 认知模型的社区传播趋势分析技术能够利用 MDATA 认知模型知识推演方法来推理话题是否会在社区传播。通过知识推演方法来预测话题与所在社区的隐式关联关系，也就是预测话题在社区的传播趋势。基于 MDATA 认知模型的社区传播趋势分析技术主要应用已有的舆情知识（如用户画像和社区结构的嵌入表示），通过 MDATA 认知模型知识利用方法来预测五元组中用户与话题之间的潜在关联关系。

如图 7-10 所示，“星舰爆炸”事件的话题已经在社区 1 中传播（深色节点），并且影响到社区 2 的关键节点（CNTV）。舆情研判希望能够了解“星舰爆炸”这一事件会不会在社区 2 中进行传播和扩散，因为社区 2 的账号和媒体相关，如果扩散势必引起更多的用户响应，使该事件成为舆情事件。这个问题可以转换为“星舰爆炸”话题是否会影响社区 2 用户的转发传播行为，即计算话题的传播概率。

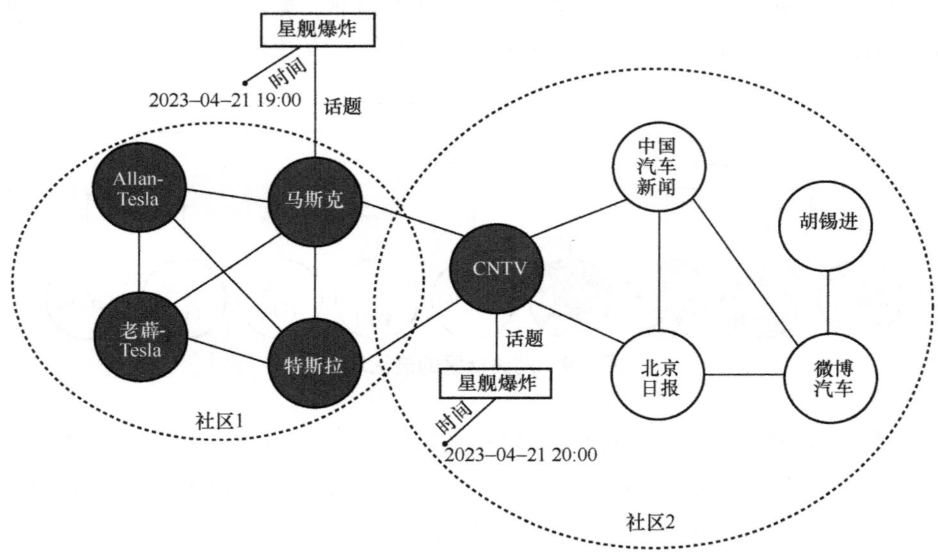

图 7-10 “星舰爆炸”话题传播示意

要全面高效地对上述问题进行建模，就需要将该问题转换为关系推理问题，即<北京日报，？，星舰爆炸，时间，空间>。预测“北京日报”是否会参与“星舰爆炸”话题传播的推演步骤如下。

步骤 1：查表存储的知识库，获取与社区 1 和社区 2 用户画像相关的五元组的嵌入向量，以及两个社区的网络结构。

步骤 2：使用图神经网络学习社区间已经参与话题传播的用户（CNTV）的兴趣偏好，以及用户之间的相互影响力（边的权重），如图 7-11 所示。

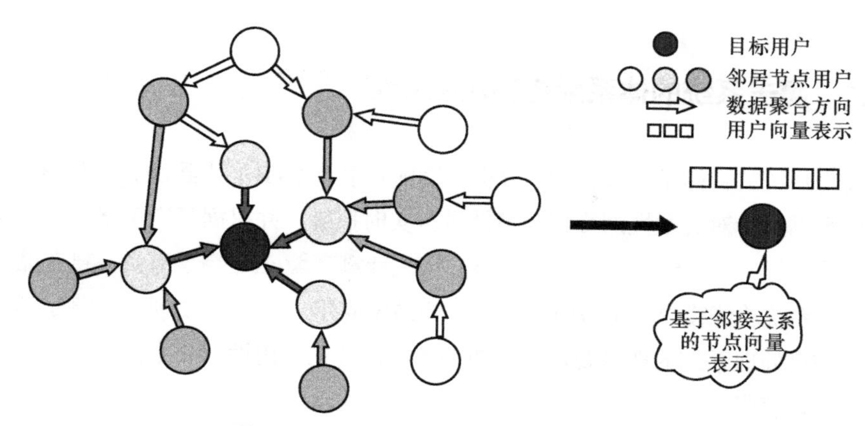

图 7-11　图神经网络节点关系传导示意

步骤 3：使用图神经网络计算用户“北京日报”的邻居节点（包含被感染用户与未感染用户）对用户“北京日报”的影响程度，获得用户“北京日报”的兴趣偏好向量表示。

步骤 4：抽取话题实体“星舰爆炸”的向量表示，通过有监督的深度学习算法训练后，计算两个向量之间的余弦相似度，并以相似度值作为用户转发概率的得分。

步骤 5：如果概率的得分大于阈值，则“北京日报”可能传播“星舰爆炸”话题，即获得完整五元组<北京日报，转发，星舰爆炸，时间，空间>。之后迭代计算社区 2 中所有节点的传播可能性，以此为依据推演“星舰爆炸”话题在社区 2 的传播概率，判定舆情话题在目标社区的传播趋势。

7.3　基于 MDATA 认知模型的网络舆情分析系统——鹰击系统

上一节主要介绍了利用 MDATA 认知模型在进行网络舆情分析中所采用的关键技术，本节将介绍网络舆情分析领域中基于 MDATA 认知模型的网络舆情分析系统鹰击如何实现对境内外主流的微博平台（新浪、腾讯、网易、搜狐、推特）的舆情信息监测，并针对关键人物以及其他自定义事件进行监测和预警。在社交网络大数据分析方面，鹰击系统提供微博舆情监测分析服务，能够从言论倾向、社交关系、事件关联关系、事件发展趋势等多个角度进行深入分析。基于监测和信息分析结果，鹰击系统能够完成定时发帖、智能回应等互动工作。

7.3.1 鹰击系统的体系架构和功能介绍

鹰击系统的目标是能够管理、分析、挖掘太字节（TB）甚至派字节（PB）量级的微博数据，针对突发性网络舆情事件进行实时报警，并根据既定策略进行引导。系统分成4层，从低到高分别为可扩展分布式计算环境/云平台、海量信息存储与处理平台、系统功能模块、微博舆情事件监测系统应用，如图7-12所示。每层都遵循分布式信息处理系统的规格要求，这使得鹰击系统在可用性、安全性、可扩展性等方面具有显著优势。

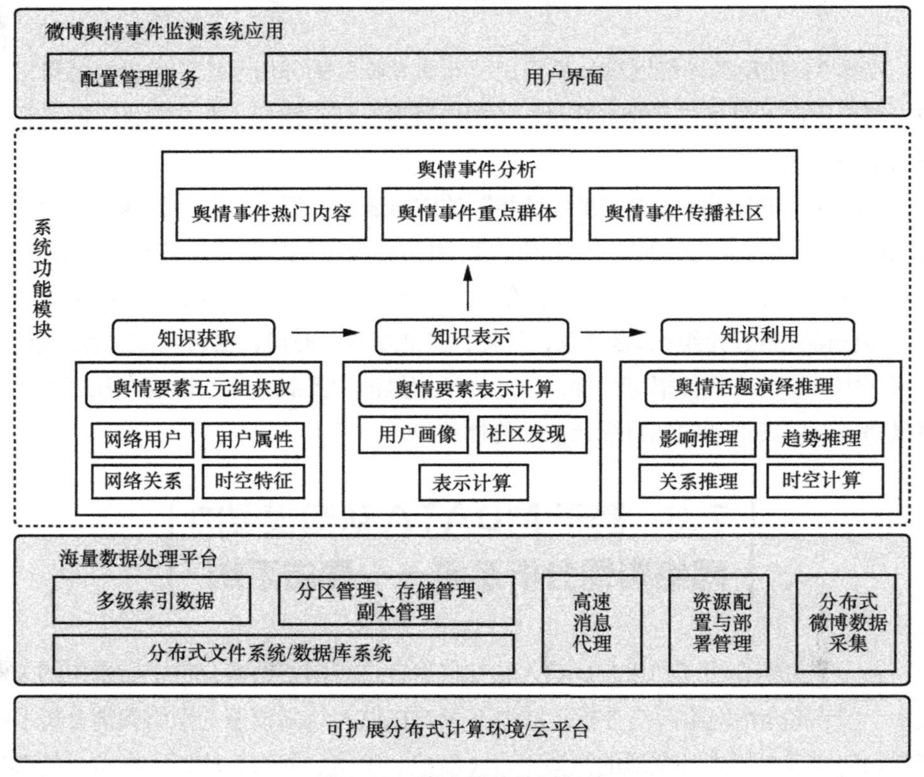

图7-12 鹰击系统体系架构

鹰击系统整合互联网信息采集技术及信息智能处理技术，通过对境内外主流微博平台信息的实时采集和预处理，以及采用自然语言处理和信息智能分析技术，对网络用户及博文进行实时表示学习，实时建立 MDATA 认知模型知识库，并对知识进行存储和索引，服务于 MDATA 认知模型知识利用方法的关联分析，基本满足境内外微博的监测、预警、分析和互动的需求，并具有手机短信预警、邮件提醒等舆情监测的实用功能。该系统能够满足微博平台舆情监测工作中的全面性、准确性、时效性、关联性、持续性、可定制性等方面的需求，确保及时、准确地掌握微博平台的舆情动态。

（1）知识获取模块

知识获取模块支持对微博平台监测人物的用户数据进行社区分析，通过知识获取来建立网络用户偏好，直观地展现交互次数，并且通过统计互动频率来筛选有影响力的用户，同时对所有重点关注的用户进行偏好知识获取，支持对重点用户进行发现和扩展。在用户偏好获取完成后，把相同时空属性的用户及其关联关系通过五元组存储在知识库中，构成更宏观的用户网络关系。另外，鹰击系统通过对重点博主的关联关系进行分析来存储用户社区的互动过程，为舆情事件中的群体发现和社区分析提供基础。

（2）知识表示模块

知识表示模块主要对用户画像和网络社区进行学习表示，并在建立时空索引后将其存储到数据库中。建立有效的用户画像后，该模块针对不同用户所在网络社区进行计算，并实现表示学习下的相关应用场景，其中包括对重点监测社区分析能够实时有效地反馈出舆情事件的主体刻画，为舆情事件的传播分析提供基础。

（3）知识利用模块

知识利用模块能够根据用户输入的微话题，实时采集相关的言论，进而实现对微话题的监测。该模块通过对实时采集数据进行分析，使用 MDATA 认知模型知识利用技术对话题所在的用户社区进行定位关联；同时支持对微博平台上的博文传播路径进行分析，以查看到具体博文的传播次数。该模块在影响层面分析出重点的关键的传播人物和相关的传播链路层数，可满足舆情信息传播分析的基础需求。

7.3.2　鹰击系统的网络舆情监测典型应用及其效果

接下来，本小节以“星舰爆炸”事件为例，以鹰击系统功能模块为切入点，说明如何实现舆情监测分析。首先，鹰击系统以用户关注信息为关键词，以用户输入标签作为舆情事件关键词进行监测。当输入目标话题后，鹰击系统主页会显示 3 栏结果，分别是实时博文监测、事件舆情分析以及分析结果，针对事件的分析栏包含了在 MDATA 认知模型下实现的各种算子/算法，完成对舆情事件的监控以及监测任务。图中分析结果栏能够直接表现出事件传播态势：针对“星舰爆炸”，2023 年 4 月 20 日星舰爆炸后，4 月 21 日左右舆情传播出现高峰。然后根据热点时间来缩小监测范围，并结合趋势分析结果可以得出，爆炸后事件传播在 4 月 20 日 20 时达到峰值，如图 7-13 所示。

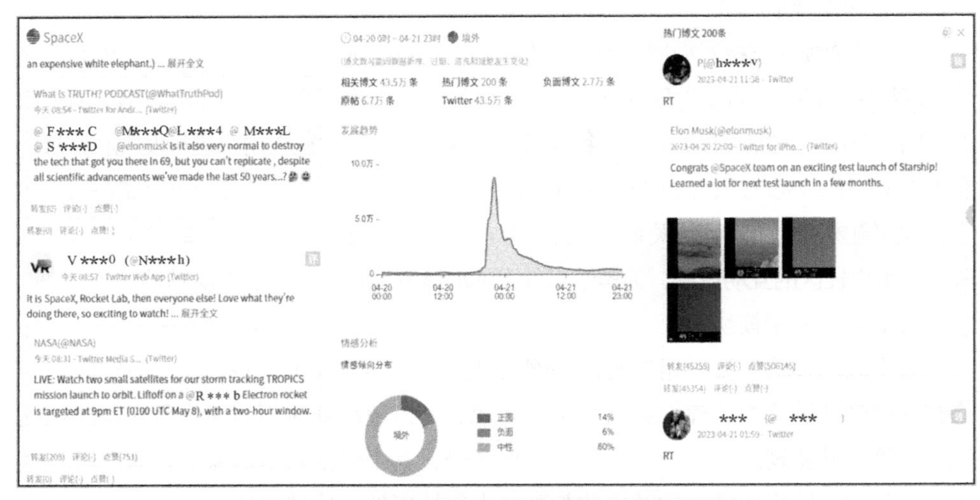

图 7-13 鹰击系统对“星舰爆炸”监测情况

（1）社区分析

面对海量的舆情事件数据，鹰击系统能够快速有效地在所监测事件的背景下完成海量用户的社区分析，以社区圈子模块的视图展现给用户，如图 7-14 所示。该系统利用社区发现技术，根据社区实时动态的检测舆情事件背后活跃的社区来展现活跃用户之间的关联关系，为群体分析提供了直观的分析入口。

（2）用户画像

针对在社区结构中关注的用户群体，重点人物分析模块能够挖掘主要参与事件传播群体并对他们进行分析。如图 7-15 所示，针对关注事件，系统从活跃度、影响力和粉丝数这 3 个维度对影响舆情事件传播的关键群体进行展示，按照不同指标分析不用的影响力用户群体，并且将用户关注的用户添加到社区分析中，不断反馈社区群体，提供更准确的群体信息。

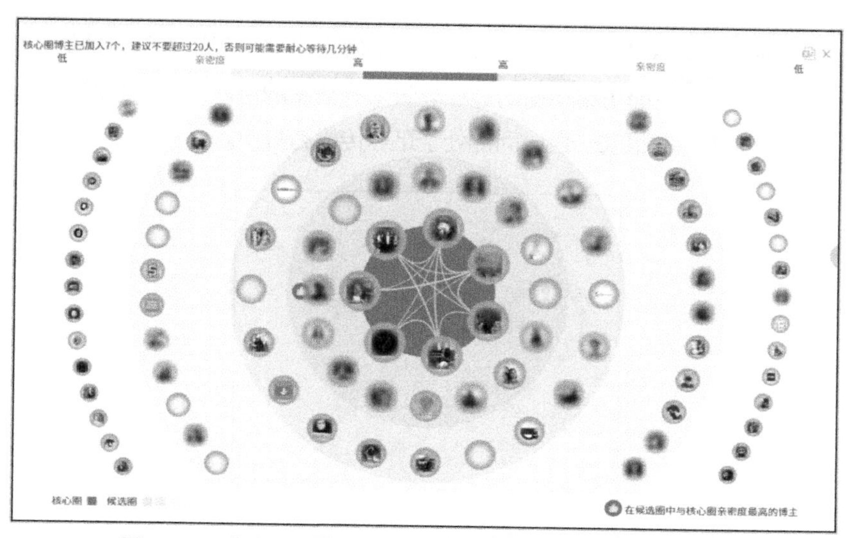

图 7-14　鹰击系统检测对星舰爆炸事件的社区圈子可视化

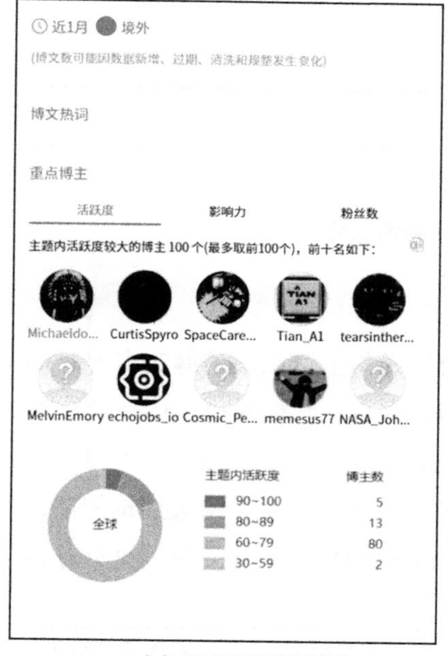

（a）重点用户监测模块

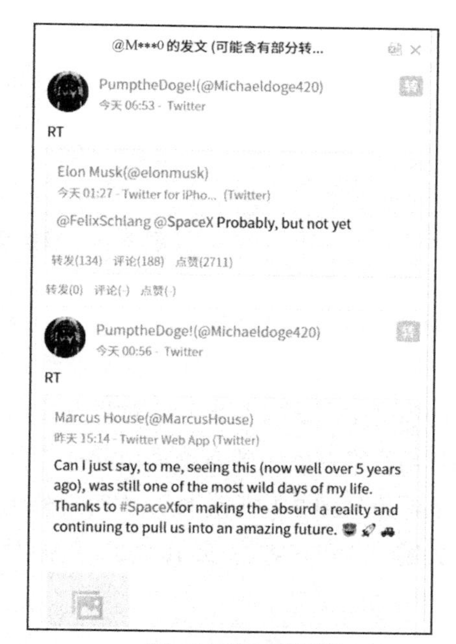

（b）重点博文监测模块

图 7-15　鹰击系统重点人物分析模块

在已有群体分析的基础上，鹰击系统能够以时序过程展示群体情感分布，说明群体针对目标事件下的情绪动态，同时间接反馈了目标事件的舆情趋势。图 7-16 所示的情感分析反映了群体对事件总体的情感分布，能够看出“星舰爆炸”事件的中性评价趋势（84%），但正负面情绪均衡的过程导致带有情感的用户对立较为严重，结合传播趋势图，说明事件在很长一段时间都处于迅速传播趋势中。

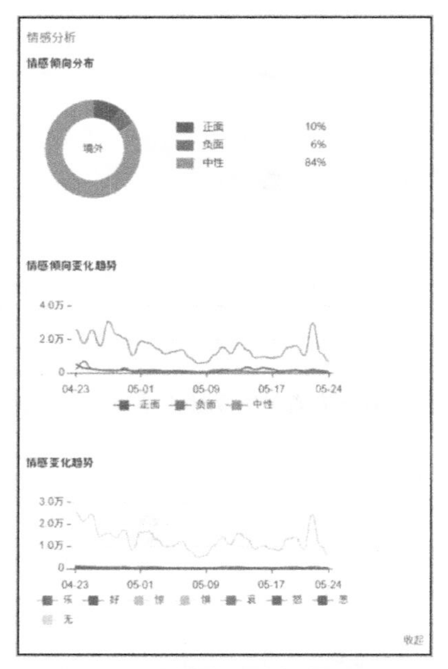

图 7-16　舆情事件传播情感分析

（3）舆情话题分析

鹰击系统能够进行实时博文监测，不断推送与主题相关的博文内容，提供直观的事件语义态势结果。针对重点关注的信息内容，我们对事件传播结构对星舰爆炸后马斯克发表的言论进行分析，研判关键博文的传播路径以及关键节点，得到的结果如图 7-17 所示。从中可以分析出该博文主要产生了两级结构传播，中间的关键节点用户名为 alertatoal。我们对事件的热门博文和博文热词进行分析，得到结果如图 7-18 所示。

以上为鹰击系统部分舆情监测的部分功能展示，在 MDATA 认知模型时空关联技术的全面支撑下，面对海量实时的互联网社交媒体数据，鹰击系统针对“星舰爆炸”的舆情事件能够快速挖掘参与事件爆发传播的社区，并从社区中显示出关键的传播群体以及群体相关的属性，例如关键传播用户和影响力话题的发现；对于舆情事件话题，系统能够快速分析出关键传播博文和传播路径，以及话题在时空上的趋势变化。系统总体依照从知识获取、知识表示、知识关联利用的分析过程，实现舆情事件的监测与研判，应对了网络舆情分析中有效信息价值密度低、舆情话题演化快、需要快速实时响应的困难，为用户快速全面掌握舆情信息、进行决策提供可靠的数据可视化的支撑。

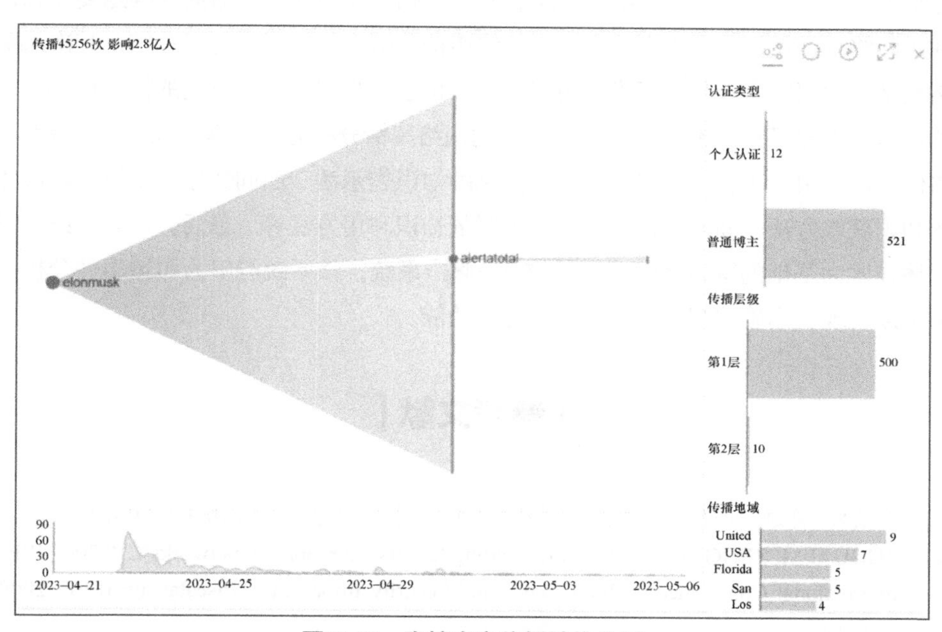

图 7-17 舆情内容传播结构分析

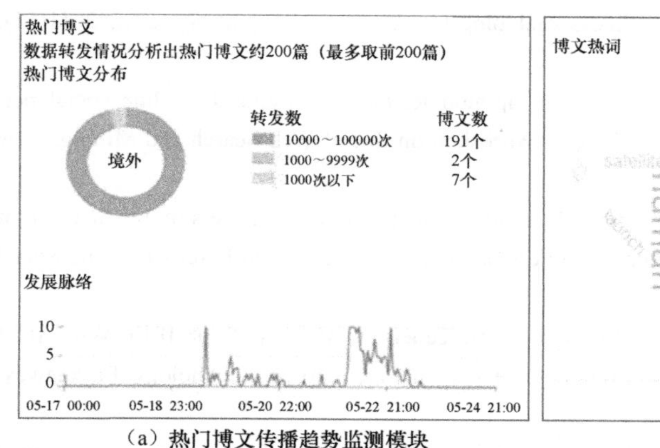

（a）热门博文传播趋势监测模块

（b）热点话题监测模块

图 7-18 热门博文和博文热词的分析结果

7.4 本章小结

本章主要介绍了 MDATA 认知模型在网络舆情分析中的应用，首先对网络舆情分析的概念和技术进行了详细的介绍，其中包括传播规律、生命周期等重要概念，并对网络空间数据和人工智能方法在网络舆情分析中的应用进行了总结；其次从网络舆情事件研究所涉及的三维视角出发，分析了网络舆情分析研究的特点和所面临的难题，提出了基于 MDATA 认知模型的网络舆情分析方法。本章以“星舰爆炸”事件为例，引入了支持网络舆情时空演化的知识表示法、面向数据巨规模社区群体的知识获取方法、面向舆情话题复杂关联的知识利用方法等。最后，本章介绍了以上述技术为基础的网络舆情分析系统——鹰击系统，该系统能够为舆情事件分析提供早期发现、准确挖掘、正确引导的分析功能。

参考文献

[1] 方滨兴, 许进, 李建华. 在线社交网络分析[M]. 北京: 电子工业出版社, 2014.

[2] ZHOU H M, ZENG D, ZHANG C L. Finding leaders from opinion networks[C]// 2009 IEEE International Conference on Intelligence and Security Informatics. Piscataway: IEEE, 2009: 266-268.

[3] LI F, DU T C. Who is talking? An ontology-based opinion leader identification framework for word-of-mouth marketing in online social blogs[J]. Decision Support Systems, 2011(51): 190-197.

[4] BODENDORF F, KAISER C. Detecting opinion leaders and trends in online social networks[C]// Proceedings of the 2nd ACM Workshop on Social Web Search and Mining. New York: ACM, 2009: 65-68.

[5] CHO Y S, HWANG J S, LEE D. Identification of effective opinion leaders in the diffusion of technological innovation: a social network approach[J]. Technological Forecasting and Social Change, 2012, 79(1): 97-106.

[6] ZHAI Z W, XU H, JIA P F. Identifying opinion leaders in BBS[C]// 2008 IEEE/WIC/ACM International Conference on Web Intelligence and Intelligent Agent Technology. Piscataway: IEEE, 2008: 398-401.

[7] MIAO Q L, ZHANG S, MENG Y, et al. Domain-sensitive opinion leader mining from online review communities[C]// Proceedings of the 22nd International Conference on World Wide

Web. New York: ACM, 2013: 187-188.

[8] DUAN J J, ZENG J P, LUO B H. Identification of opinion leaders based on user clustering and sentiment analysis[C]// 2014 IEEE/WIC/ACM International Joint Conferences on Web Intelligence (WI) and Intelligent Agent Technologies (IAT). Piscataway: IEEE, 2014:377-383

[9] LI Y Y, MA S Q, ZHANG Y H, et al. An improved mix framework for opinion leader identification in online learning communities[J]. Knowledge-Based Systems, 2013(43): 43- 51.

[10] PANG B, LEE L, VAITHYANATHAN S. Thumbs up? Sentiment classification using machine learning techniques[C]// Proceedings of the Conference on Empirical Methods in Natural Language Processing. New York: ACM, 2002: 79-86.

[11] DAVE K, LAWRENCE S, PENNOCK D M. Mining the peanut gallery: opinion extraction and semantic classification of product reviews[C]// Proceedings of the 12th International Conference on World Wide Web. New York: ACM, 2003: 519-528.

[12] TURNEY P D. Thumbs up or thumbs down? Semantic orientation applied to unsupervised classification of reviews[C]// Proceedings of the 40th Annual Meeting of the Association for Computational Linguistics. New York: ACM，2002: 417-424.

[13] NIES T D，TAXIDOU I, DIMOU A, et al. Towards multi-level provenance reconstruction of information diffusion on social media[C]// Proceedings of the 24th ACM International on Conference on Information and Knowledge Management. New York: ACM, 2015: 1823-1826.

[14] RIVENI M, BAETH M J, AKTAS M S, et al. Provenance in social computing: a case study[C]// 2017 13th International Conference on Semantics, Knowledge and Grids (SKG). Piscataway: IEEE, 2017: 77-84.

[15] SOUZA C, JÚNIOR J R, PRAZERES C. An ontological model and services for capturing and tracking provenance in decentralized social networks[C]// Proceedings of the Brazilian Symposium on Multimedia and the Web. New York: ACM, 2021: 221-228.

[16] NEWMAN M E J. Modularity and community structure in networks[J]. Proceedings of the National Academy of Sciences, 2006, 103(23): 8577-8582.

第8章
MDATA认知模型在网络空间安全测评中的应用

网络空间安全测评是网络空间安全重要应用方向，是网络空间安全保障的重要手段和方法之一。基于MDATA认知模型的网络空间安全测评具有全面、准确、可量化、全生命周期的测评等特点，本章主要介绍MDATA认知模型在网络空间安全测评中的应用。

本章的结构如下。8.1节介绍已有的网络空间安全测评技术的定义、方法及其特点，包括信息系统安全等级保护、风险评估以及基于实战的网络空间安全测评。8.2节分析目前网络空间安全测评技术面临的主要挑战。8.3节针对这些挑战，重点阐述了基于MDATA认知模型的信息系统安全测评技术，具体包括测评的总体思路和方法、测试构建过程、量化评估方法等。8.4节通过一个测评实例对基于MDATA认知模型的网络空间安全测评过程进行分析和介绍。8.5节对本章进行小结。

8.1 网络空间安全测评技术的研究现状

网络空间安全测评是指参照一定的标准规范要求，对信息系统或其组成要素通过一系列的技术和管理方法，获取评估对象的网络空间安全状况信息，对信息系统的安全性进行测试、评估和认定，并给出相应的安全情况综合判定[1]。

网络空间安全测评是信息技术产品安全质量、信息系统安全运行的重要保障措施，定期开展信息系统的网络空间安全测评有助于相关从业人员对所管理的信息系统的安全性有系统的认识；有助于相关责任方查缺补漏、防患于未然；有利于公安、政府进行监督、检查、管理。网络空间安全测评作为网络空间安全重要且基础的一环，不仅能够保护网络资产安全，而且对保证国家重大基础设施和重点行业信息系统的安全稳定运营有重大意义。

目前常用的网络空间安全测评技术主要有以下3种：信息系统安全等级保护、信息系统风险评估及基于实战的网络空间安全测评。下面我们对这些网络空间安全测评技术的定义、测评的方法和过程分别进行介绍。

8.1.1 信息系统安全等级保护

信息系统的安全保护等级应当根据信息系统在国家安全、经济建设、社会生活中的重要程度，以及信息系统遭到的破坏对国家安全、社会秩序、公共利益以及公民、法人和其他组织的合法权益的危害程度等因素来确定[2]。《信息安全技术 网络安全等级保护基本要求》（GB/T 22239—2019）将信息系统安全保护等级由低到高划分为5级[2]。

具体的安全等级保护测评工作主要由具有相关测评资质的第三方机构负责实施[2]。定级对象的安全主要包括业务信息安全和系统服务安全，与之相关的受侵害客体和对客体的侵害程度可能不同，因此，安全保护等级由业务信息安全和系统服务安全两方面确定。从业务信息安全角度反映的定级对象安全保护等级称为业务信息安全保护等级，从系统服务安全角度反映的定级对象安全保护等级称为系统服务安全保护等级。定级方法的具体流程如下[3]。

首先，确定受到破坏时受侵害的客体：① 确定业务信息受到破坏时受侵害的客体；② 确定系统服务受到侵害时受侵害的客体。

然后，确定对客体的侵害程度：① 根据不同的受侵害客体来评定业务信息安全被破坏对客体的侵害程度；② 根据不同的受侵害客体来评定系统服务安全被破坏对客体的侵害程度。

最后，确定安全保护等级：① 确定业务信息安全保护等级；② 确定系统服务安全保护等级；③ 将业务信息安全保护等级和系统服务安全保护等级中较高的等级确定为定级对象的安全保护等级。

以金融行业为例，行业标准《金融行业信息系统信息安全等级保护实施指引》[4]《金融行业信息系统信息安全等级保护测评指南》[5]和《金融行业信息安全等级保护测评服务安全指引》[6]结合金融行业信息系统的特点和实际需求，给出了金融行业信息系统等级保护的保障对象、基本需求、技术框架、设备管理、运维保障、数据存储等方面的详细介绍。

信息系统安全等级保护有以下特点。

① 已有多年的研究与发展，相关流程、规定标准等较为完善。

② 有相当数量的具有相关测评资质的第三方机构可以提供测评服务。

③ 是合规性测试，不是面向实战的安全测评，无法及时应对新型漏洞和攻击。

④ 主要针对信息系统上线运行前的测评，暂未覆盖信息系统的全生命周期。

8.1.2 信息系统风险评估

信息系统风险评估是指确定在计算机系统和网络中每一种资源缺失或遭到破坏对整个系统造成的预计损失数量，是对威胁、脆弱点以及由此带来的风险大小的评估[7]。信息系统风险评估有助于认清信息安全环境和信息安全状况，提高信息安全保障能力。

根据国家标准《信息安全技术 信息安全风险评估方法》（GB/T 20984—2022）[7]，风险评估主要包括以下阶段。

评估准备阶段。此阶段包括：确定风险评估的目标，确定风险评估的对象、范围和边界，组建评估团队，开展前提调研，确定评估依据，建立风险评价准则，制订评估方案。在此阶段，风险评估组织应形成完整的风险评估实施方案，并获得组织最高管理者的支持和批准。

风险识别阶段。此阶段包括资产识别、威胁识别、已有安全措施识别、脆弱性识别、风险分析等内容。此阶段依据识别的结果计算风险值。

风险评价阶段。此阶段依据风险评价准则确定风险等级。风险评估方法有许多种，概括起来可分为 3 类：定量的风险评估方法、定性的风险评估方法、定性与定量相结合的综合评估方法。

接下来我们介绍一个风险评估的实际案例。詹雄等人[8]依据风险评估理论，提出了一种基于模糊层次分析法的安全风险评估方法，用于评估国家电网边缘计算信息系统的安全性。该文献将信息系统分为设备层、数据层、网络层、应用层和管理层，并为每层提供安全评估项。针对网络空间安全评估，该文献通过层次分析法比较评估项的重要程度，结合模糊综合评价矩阵计算得出网络空间安全的整体评价数值，并利用这些评估结果对网络空间安全进行风险评估。该文献还构建了国家电网边缘计算信息系统的威胁模型，对风险进行分析，并提出了安全加固措施。

信息系统风险评估有以下特点。

① 已有多年的研究与发展，相关流程、规定标准等相对完善。

② 实施方式灵活简单。

③ 以检查、核查为主要评估方式，且没有一套统一的风险评估评价指标，结果受测评人员主观性影响较大。

④ 在实际操作中，主要是面向信息系统的运行阶段的风险评估，未能覆盖信息系统全生命周期。

8.1.3 基于实战的网络空间安全测评

近年来，基于实战的网络空间安全测评指的是由某特定组织机构通过定向邀请的方式招募选手（也称白帽子），对需要测试的信息系统采用在指定时间段和地点按照预先规定的制度进行渗透测试这种方式来确定测试对象的安全性。这是一种针对重要信息系统的网络空间安全测评方法，主要方式可以分为面向实际系统的实战安全测评和基于网络靶场的实战安全测评。此外，我们还会介绍基于 ATT&CK 框架的实战安全测评。

8.1.3.1 面向实际系统的实战安全测评

面向实际系统的实战安全测评是一种安全测评选手对在线运行的实际系统进行攻击和渗透性测试，以发现和评估系统、应用程序等信息产品安全性的方法。这种对实际系统的安全测评往往需要一定体量且具备相关资质的组织来招募人员进行参与，通常耗费巨大的人力、物力资源。

2022 年 8 月 11 日，由广东省人民政府主办，以“夯实安全基座，筑牢安全防线”为主题的“粤盾-2022”广东省数字政府网络安全实战攻防演练活动在广州市拉开帷幕[9]。来自腾讯、360、奇安信、深信服、中山大学等专业安全力量单位组成的 50 支国内顶级网络安全攻击队伍，在这里开展为期 5 天，“24 小时、跨周末”的实兵、实网、实战攻防演练。各队伍按照“区分权重、随机分配、覆盖全部靶标”原则，以广东省 50 个省级部门和 21 个地市，共计 120 个电子政务系统作为重点靶标进行实战演练，全面检验广东省数字政府网络安全能力。

面向实际系统的实战安全测评的特点如下。

① 结果更加全面真实，能够实时发现信息系统的安全问题。

② 可能对真实系统造成干扰，甚至产生严重的攻击后果。

③ 攻击行为不受监控，流程规范性得不到保障。

④ 严重依赖测评人员（受邀的白帽子）的水平。如果测评人员的能力强，则发现的安全问题和风险可能很多，反之则少。在这种测试方法下，我们无法保证安全测试手段的覆盖率，因为问题少不一定意味着信息系统更加安全，所以很难通过这种测试来量化和评估信息系统的安全性。

⑤ 只针对上线运行前的信息系统进行测评，无法覆盖信息系统全生命周期。

8.1.3.2 基于网络靶场的实战安全测评

近年来，随着网络靶场技术的成熟以及相关系统的普及，越来越多的网络空间安全测评选择在网络靶场上进行。基于网络靶场的实战安全测评是一种先搭建需要测评的信息系统的仿真环境，之后由安全测评选手对信息系统的仿真环境进行攻击和渗透性测试，来评估系统、应用程序等信息产品安全性的方法。

2014年7月31日8时，由中国网络空间安全协会（筹）竞评演练工作组主办的XP靶场挑战赛准时开赛，213名通过工作组审核的选手对“靶标”进行攻击[10]。在XP靶场挑战赛作战指挥部内，大屏幕上播放着多款安全产品被攻击的实况，360安全卫士（XP盾甲）、百度杀毒、北信源金甲防线、金山毒霸（XP防护盾）和腾讯电脑管家（XP专属版本）5款国产安全防护软件作为“靶标”，同时接受参赛者的攻击。

基于网络靶场的实战安全测评的特点如下。

① 相较于对实际系统进行测评，在网络靶场上进行测评在形式上更加灵活。网络靶场可控的环境可以极大地释放测试人员的主观能动性，进而有效地拓展测试边界并深入挖掘信息系统中实际存在的安全隐患。

② 在网络靶场中进行渗透测试不会对实际运行的系统造成破坏与产生影响，并且可以对攻击行为进行监控，使整个安全测评更加可控。

③ 部署在网络靶场中的信息系统可以和真实的信息系统进行同步升级，因此，这种方式的测评可以覆盖信息系统的全生命周期。

④ 基于网络靶场的实战安全测评性能依赖网络靶场对真实网络的仿真程度。仿真程度低的网络靶场难以完整、逼真地复现用户使用系统时的所有行为，因此基于

网络靶场的实战安全测评结果和基于真实系统的测评结果可能具有较大的差别，难以发现信息系统所有的弱点和漏洞。

⑤ 测试结果受测试人员主观性影响较大，攻击的覆盖率无法保证。

8.1.3.3 基于 ATT&CK 框架的实战安全测评

ATT&CK 是一个面向网络空间安全的综合性知识框架，通过对攻击生命周期各阶段的实际观察来对攻击者的行为进行理解与分类，目前已成为研究威胁模型和方法的基础工具。随着厂商及企业的广泛采用，ATT&CK 框架已被公认成为解攻击者行为模型的主流标准。基于 ATT&CK 框架的实战安全测评是一种利用 ATT&CK 来指导安全测评选手对信息系统进行攻击和渗透性测试的方法，以发现和评估系统、应用程序等信息产品安全性。

美国的 MITRE 公司每年会针对不同的攻击组织进行模拟，对参加的各个安全厂商的安全产品进行测试，以评估这些产品对特定高级持续性威胁（APT）组织使用的攻击策略和技术的检测及响应能力。在 2023 年的 ATT&CK 第五轮评估中，假想敌人是总部位于俄罗斯的威胁组织 Turla。本次评估的重点是 Linux 技术。

基于 ATT&CK 的实战安全测评有以下特点。

① 攻击方案的全面性可量化，可以通过计算测试方案对 ATT&CK 知识库的覆盖率来计算测试方案的全面性。

② 可以及时覆盖新型漏洞和攻击。

③ 可以深入挖掘信息系统中实际存在的安全隐患。

④ 基于实际系统的测试，攻击行为不受监控，流程规范性得不到保障。

⑤ 西方主导的攻击技战术知识库，具体的攻击技战术详细信息无法掌握，缺乏与真实的攻击方法相关的知识。

8.2 网络空间安全测评面临的挑战

传统的网络空间安全测评方法具有丰富的历史沉淀，以等级保护、分级保护等为代表的合规体系为我国的网络空间安全建设作出了重要贡献，大大提高了系统安全能力的下限。但是，从实际的用户需求出发，网络空间安全测评不仅需要具备全面性和高准确性，还要满足实时测评和可量化的需求，并支持测评信息系统全生命周期的测评。因此，传统的网络空间安全测评方法面临着以下挑战。

网络空间安全测评需要具备全面性。基于实战的网络空间安全测评方法严重依赖测评人员（受邀的白帽子）的水平，如果测评人员能力强，则发现的安全问题和风险可能很多，反之则可能发现的安全问题很少。在这种测试方法下，发现问题少不一定意味着信息系统更加安全，因而测评结果的全面性得不到保障。

网络空间安全测评需要具备准确性。现有的攻击手法逐渐呈现出专业化、体系化和场景化的特征。传统的网络空间安全测评方法通常依赖测试专家的经验，所得检测结果的准确性和针对性往往也依赖专家的水平，这致使各机构间测试效果参差不齐。如果测评方案的制订过程中能使用具有场景针对性的知识库，那么测试方案生成的准确度和响应速度将会得到提高。

网络空间安全测评需要支持实时测评。传统方法的测评通常是基于已知的漏洞和攻击方法，对不断涌现的新的漏洞和层出不穷的新的攻击手段不敏感。传统的网络空间安全测评方法使用公开披露并在漏洞库中记录的漏洞来测试系统的安全性。当新的漏洞被发现或者新的攻击手段出现时，传统方法可能无法及时识别和测评这些漏洞和威胁。

网络空间安全测评需要支持结果可量化。基于实战的网络空间安全测评方法严重依赖测评人员（受邀的白帽子）的水平，因此，在这种测试方法下，我们无法判断安全测试手段的覆盖率，进而无法通过发现问题的多少来衡量信息系统安全性的高低。

网络空间安全测评需要支持全生命周期测评。传统的网络空间安全测评通常在系统出厂后运行阶段进行安全评测，而未对其他阶段的信息系统进行安全测评，难以做到全生命周期测评。2022 年发布的《信息安全技术 信息安全风险评估方法》[7] 引入了生命周期的概念，这正印证了全生命周期测评的重要性。但是，现有的实际测评中还是以出厂后运行阶段的安全测评为主。

8.3 基于 MDATA 认知模型的网络空间安全测评过程

基于 MDATA 认知模型的网络空间安全测评的整体框架如图 8-1 所示，安全测评过程主要分为以下 4 个步骤。

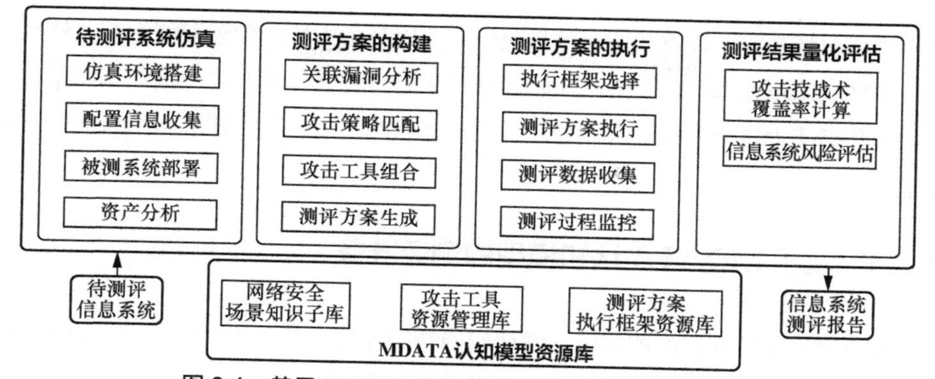

图8-1　基于MDATA认知模型的安全测评的整体框架

步骤1：基于MDATA认知模型的测评准备。首先，搭建安全测评仿真环境。然后，从待测评信息系统的管理员那里获取全局的网络拓扑、网络配置、资产列表、安全防御措施等信息，并按照这些信息将待测评信息系统部署在搭建好的仿真环境中。最后，根据测评信息系统的时间、空间、语义等多维特征从整体网络空间安全知识库中解构出对应场景（如教育场景、企业场景、电力场景、汽车场景等）的网络空间安全特定场景知识子库，为下一步测评方案的构建做准备。

步骤2：基于MDATA认知模型的测评方案构建。首先，将步骤1获取的网络拓扑、网络配置、资产列表、安全防御措施等信息和MDATA认知模型在网络空间安全场景知识子库中进行知识匹配，给出待测评信息系统可能存在的漏洞和弱点。然后，针对待测评信息系统可能存在的漏洞和弱点，利用MDATA认知模型在网络空间安全场景知识子库中进行知识匹配，给出可使用的攻击策略。最后，对MDATA认知模型推荐的攻击策略的关联攻击工具进行组合，给出所有可能的测试方案。

步骤3：基于MDATA认知模型的测评方案执行。首先，测评人员结合MDATA认知模型给出的所有可能的测评方案，以及人工找出的可以实施攻击的攻击点来完善测评方案。然后，测评人员根据MDATA认知模型和测评方案对框架资源管理库进行关联匹配，找出与测评方案相关的执行框架。最后，测评人员执行包含全部可能的攻击路径的测评方案，并对测评结果进行检查和记录。此外，测评人员还应该依托靶场对测评过程进行监控，并对测评过程数据进行收集。

步骤4：基于MDATA认知模型的测评结果量化评估。首先，计算攻击测试中所涉及的攻击战术/技术/子技术的覆盖情况，并对本次测评的信息系统进行风险评估，其中包括资产、弱点和威胁的量化计算，以及攻击检测和阻断能力等。然后，对攻击技战术覆盖率和信息系统风险评估结果进行综合计算，并根据计算结果对信息系统防御能力进行量化分级。最后，给出包含测试过程和上述分析结果的完整测评报告。

8.3.1 基于MDATA认知模型的测评准备

安全测评团队在开始测评前，需要明确待测评信息系统的基本信息、测评目标及测评范围，以为后续开展测评工作提供充分指导。

安全测评启动后，首先构建安全测评的仿真环境，并在仿真环境中按照网络拓扑部署待测评的信息系统。安全测评仿真环境的搭建是一个非常重要的环节，在仿真环境进行安全测评可以确保测试不会对生产环境产生负面影响。此外，对待测评信息系统的仿真程度直接决定了安全测评结果的好坏，因此仿真环境要能够对目标系统的节点内部程序提供多种方式的灵活配置，能够提供网络设备虚拟化、虚拟交换机流量镜像等多种方式来提高目标网络的逼真程度，并提供统一的资源管理，以支撑目标网络的构建。

基于MDATA认知模型的网络空间安全知识子库的构建过程可以描述如下。首先，我们需要对扫描探测的对象收集多维特征（时间、空间和语义）的扫描结果，并利用MDATA认知模型结合这些信息在网络空间安全知识库中进行粗匹配。该知识库包含了多种不同场景的安全知识（例如教育、企业、电力、汽车等领域）和包含由不同国家、不同地区、具有不同攻击资源库和技战术体系的黑客组织所实施攻击的网络空间安全事件。MDATA认知模型通过知识库中同类型场景相关的安全知识和安全事件来构建网络空间安全特定场景知识子库，这样可以减小后期知识匹配的范围，从而提高匹配响应的速度和精确度。

8.3.2 基于MDATA认知模型的测评方案构建

在进行基于实战的网络空间安全测评中，最重要的环节是基于MDATA认知模型的测评方案的构建，它的详细步骤为：利用MDATA认知模型和网络空间安全场景知识子库帮助测评人员收集待测评信息系统可能存在的漏洞和弱点，推荐可使用的攻击及其关联的攻击工具，并对推荐的攻击工具进行组合，生成相应安全测评的技战术方案。此外，MDATA认知模型会对每一步的推荐结果进行规则剪枝，以缩小推荐空间，避免候选测评方案的数量出现指数级增长的情况。每一步的推荐过程描述如下。

首先，测评人员需要利用 MDATA 认知模型对上一步骤获取的目标系统网络拓扑、开放端口及运行相应服务与安全防御措施等信息在构建的网络空间安全场景知识子库中进行知识匹配，以此推荐测评信息系统可能存在的漏洞和弱点。MDATA 认知模型还可以快速地给出测评信息系统可能存在的漏洞和弱点的相关信息（包括漏洞和弱点的类型、CVE 编号、危害程度、攻击方法），从而确定漏洞的可利用性和危害程度，并基于上述的漏洞和弱点详细分析的结果进行威胁建模。这一步需要结合 MDATA 认知模型和经验知识来对推荐的漏洞和弱点进行深入的分析和评估，以确定它们是否存在矛盾，并对存在矛盾的推荐结果予以去除。

然后，针对测评信息系统可能存在的漏洞和弱点，利用 MDATA 认知模型在网络空间安全场景知识子库进行知识匹配，推荐可以被使用的攻击，并结合 MDATA 认知模型从攻击工具资源管理库中检索与其关联的攻击工具。攻击工具包括各种攻击软件和工具，如后门程序、木马程序、暴力破解工具等。这一步需要结合 MDATA 认知模型和经验知识来对推荐的攻击和攻击工具进行深入的分析和评估，以确定它们是否存在矛盾，并对存在矛盾的推荐结果予以去除。

最后，测评人员需要结合 MDATA 认知模型和推荐的攻击及其关联的攻击工具，进行攻击工具的组合和测评方案的规划生成，并得到候选测评方案列表。这一步同样需要结合 MDATA 认知模型和经验知识来对推荐的测评方案进行深入的分析和评估，以确定它们是否存在矛盾，并对存在矛盾的推荐结果予以去除。

8.3.3 基于 MDATA 认知模型的测评方案执行

构建好测评方案后，测评人员利用 MDATA 认知模型和测评方案执行框架资源库推荐的自动化/半自动化的测评框架来执行测评方案。但由于攻击环境和靶标环境的复杂性以及测评对象安全问题的多样性，测评方案自动化执行框架往往是难以实现的。现有的方案多是通过自动化执行和手动执行相混合的半自动方式来执行已生成的、包含全部可能的攻击路径的测评方案。脚本自动执行的目的在于利用工具或脚本自动化地进行漏洞分析和漏洞利用，手动执行的目的在于测评人员通过对测评方案的编排、漏洞的模块化划分、执行过程中的监控等方式保证整体测评方案执行过程中攻击路径的正确性、连贯性和完整性。此外，测评人员还应该依托靶场对测评过程进行监控，以及对测试过程数据进行收集。如下列举了典型的渗透测试和漏洞利用框架，测评人员可以借助这些工具进行半自动的方案执行。

（1）Metasploit

Metasploit 是一款开源的安全漏洞利用和测试工具，集成了多种平台上常见的漏洞和流行的 shellcode。Metasploit V6.3.13 版本包含了 2300 多种流行的操作系统及应用软件漏洞的利用方法。作为安全工具，Metasploit 在安全测试中有着不容忽视的作用，我们可以通过它和现有的 payload 进行自动化测试。

（2）Immunity CANVAS

该框架是 Immunity 公司出品的自动化漏洞利用工具，包含数百个漏洞利用的工具，囊括了 Windows、Linux、UNIX、网络设备、应用软件、中间件等多种操作系统、设备、软件及服务，支持单点测试、多点测试等多种自动化路径测试方法，同时提供详细的日志记录信息。

（3）Brutus

Brutus 是一款基于 Python 开发的功能强大的漏洞利用框架，可以自动化地进行基于网络的漏洞利用测试和基于 Web 的网络侦察活动。该框架采用模块化的开发思路，具备高度可扩展特性，同时采用多任务和多进程架构，因此也具备高性能的特性。

（4）Shennina

Shennina 是一款功能强大的自动化主机渗透和漏洞利用框架。该框架使用人工智能技术实现安全扫描、漏洞扫描和漏洞利用的完全自动化，同时使用智能集群的漏洞利用方式和托管并发设计，实现了高性能运行。Shennina 覆盖的 ATT&CK 框架中的技战术超过了 40 种。

8.3.4 基于 MDATA 认知模型的测评结果量化评估

量化是指将某种事物或概念转化为具体的数值或指标的过程，也称量化分析、定量分析。量化有助于我们更加客观、准确地描述和理解信息系统的安全状态和防御能力。基于 MDATA 认知模型的安全测评从攻击技战术覆盖率、信息系统风险评估这两个方面评估信息系统的安全状态，下面分别介绍这两方面评估值的计算方法。

8.3.4.1 攻击技战术覆盖率

攻击技战术覆盖率表示测评方案模拟攻击所使用的技战术在整个攻击知识库中

的占比，反映测评模拟攻击的全面性。若攻击技战术覆盖率小于阈值，这表示当前测评所选取的技战术存在局限性，无法全面、准确地对信息系统的安全状况进行评估，因此测评无法正常展开。若攻击技战术覆盖率大于阈值，这表示测评可以正常展开，攻击技战术覆盖率可与其他指标一起参与信息系统的安全状况与防御能力的计算。攻击技战术覆盖率包括3个方面：战术覆盖率、技术覆盖率、子技术覆盖率。测评人员和待测评信息系统方人员进行沟通，共同商定本次测评的攻击技战术覆盖率阈值。当攻击技战术覆盖率小于阈值时，结束测评或重新构建攻击；当攻击技战术覆盖率大于或等于阈值时，继续测评。攻击技战术覆盖率的具体计算式如式（8-1）～式（8-4）所示。

$$战术覆盖率 = 模拟攻击使用战术数目 \div 战术数目 \tag{8-1}$$

$$技术覆盖率 = 模拟攻击使用技术数目 \div 技术数目 \tag{8-2}$$

$$子技术覆盖率 = 模拟攻击使用子技术数目 \div 子技术数目 \tag{8-3}$$

$$攻击技战术覆盖率 = 战术覆盖率 \times 战术覆盖率权重 + 技术覆盖率 \times 技术覆盖率权重 + 子技术覆盖率 \times 子技术覆盖率权重 \tag{8-4}$$

8.3.4.2 信息系统风险评估

信息系统风险评估并量化了信息系统的资产、威胁和弱点，并结合本次测评攻击检测和攻击阻断的结果，得到整个系统的风险评估结果。

资产、威胁和弱点是安全风险管理的三要素，它们可以反映信息系统的安全状况。量化信息系统资产可以明确资产的价值、重要性以及关联关系；量化信息系统威胁可以明确信息系统易发生的威胁类型、威胁发生频率；量化信息系统弱点可以明确信息系统中存在的各种漏洞、缺陷和错误。通过量化资产、威胁和弱点可以得到各资产的风险值，进而求得整个信息系统的风险值。信息系统的安全状况可以通过信息系统的风险值和攻击技战术覆盖率的比值来衡量。接下来，我们介绍资产、威胁、弱点的量化计算方法。

（1）资产量化方法

资产[2]是对组织有价值的信息或资源，是安全策略保护的对象。常见的资产主要包括网络设备（如服务器）、应用程序、数据库、网络服务等。根据评估范围涉及的资产，对资产形成资产清单并为资产取值。资产值为人工输入，由评估参与方协商得出。资产值的取值范围为1～5，共5个级别，具体取值可参考文献[2]。

（2）威胁量化方法

威胁[2]是可能对系统或组织造成危害的不期望事件的潜在因素。威胁来自内部或外部，可以是无意的或有意的，也可以是技术性的或人为的。常见的威胁包括网络钓鱼攻击、勒索病毒攻击、蠕虫病毒攻击、木马攻击、分布式拒绝服务攻击、社会工程学攻击等。威胁值最终体现了风险发生的可能性，其取值为 1～5，共 5 个级别，具体赋值可参考文献[2]。

（3）弱点量化方法

弱点[2]是指可能被攻击者利用的网络环境中存在的缺陷、漏洞或错误。弱点可以是技术性的，也可以是非技术性的，例如软件漏洞、配置不规范、人为失误等。弱点值的评定需要考虑两个因素：一个是弱点的严重程度，即一旦发生，对资产本身的破坏程度；另一个是弱点的暴露程度，这和当前的控制力度有关，如果控制得力，弱点暴露程度则会比较低。弱点值最终体现了风险发生的后果。按照弱点被利用后对资产造成的损害，弱点值的取值范围为 1～5，共 5 个级别，具体赋值可参考文献[2]。

信息系统的风险值是信息系统内各资产风险值的总和，其计算步骤为：先计算各资产的风险值，然后对各资产的风险值进行求和。根据表 8-1 所示的风险级别评定表便可得出当前信息系统的风险级别，即安全状态。信息系统风险级别分为低风险（小于或等于 32）、中风险（大于 32 且小于或等于 48）、高风险（大于 48 且小于或等于 80）、极高风险（大于 80）这 4 级。

表 8-1　风险等级评定表

风险级别	风险值
极高风险	大于 80
高风险	大于 48 且小于或等于 80
中风险	大于 32 且小于或等于 48
低风险	小于或等于 32

信息系统风险值具体的计算式如式（8～5）和式（8～6）所示。

$$\text{资产风险值} = \text{资产价值} \times \text{弱点值} \times \text{威胁值} \tag{8-5}$$

$$\text{信息系统风险值} = \sum_{i=1}^{n} \text{资产}\ i\ \text{的风险值} \tag{8-6}$$

8.4 基于 MDATA 认知模型的鹏城网络靶场安全测评实例

鹏城网络靶场是网络空间安全科学研究、评测和分析的大型科学装置。该装置基于软/硬件和网络资源、仿真特定的互联网，供演习导调、平台管理、攻击、防御、裁判五方协同使用，服务安全人才培养、攻防演练、网络空间安全产品评测和网络新技术验证。鹏城网络靶场成功实践了“内打内”“内打外”“外打内”“外打外”四大应用模式，为人才培养和攻防演练、网络基础设施安全检测、信息产品安全测试、开展“护网”行动提供了有力支撑。面向无人驾驶汽车、无人驾驶飞行器（无人机）、轨道交通、国防燃料加注等领域，鹏城实验室基于鹏城网络靶场积极开展研究，提出了安全技术评测方法，建立了测评平台，发挥了安全保障的作用。

8.4.1 基于 MDATA 认知模型的测评准备

我们通过图 8-2 所示的高校场景来介绍基于 MDATA 认知模型的鹏城网络靶场安全测评的具体构建过程，该场景模拟了一种典型的高校网络架构，该架构分为互联网区域、分校区域、高校内部网络区域三大区域。互联网区域包含路由器，并配置有安全测评的测试用机。高校内部网络区域包括外网服务区域、隔离区域、内网区域，其中，外网服务区域部署对外直接提供服务的应用；隔离区域部署数据库等服务器设备；内网区域部署学校内部服务及应用，如人事管理系统、选课系统等。分校区域通过专线对业务系统进行访问。

互联网区域由路由器、防火墙、外网网络组成，设有 Kali（192.168.1.3）和 Win7（192.168.1.4）两台主机作为测评人员测评用机，它们的出口为互联网区域的路由器。互联网区域的路由器上设有目标地址转换策略，能够对 Kali 及 Win7 进行端口映射，用于渗透过程后门及会话建立。同时，两台测评人员操作的主机可以通过防火墙对外开放的端口访问高校内部网络，对高校内部网络进行渗透测试。

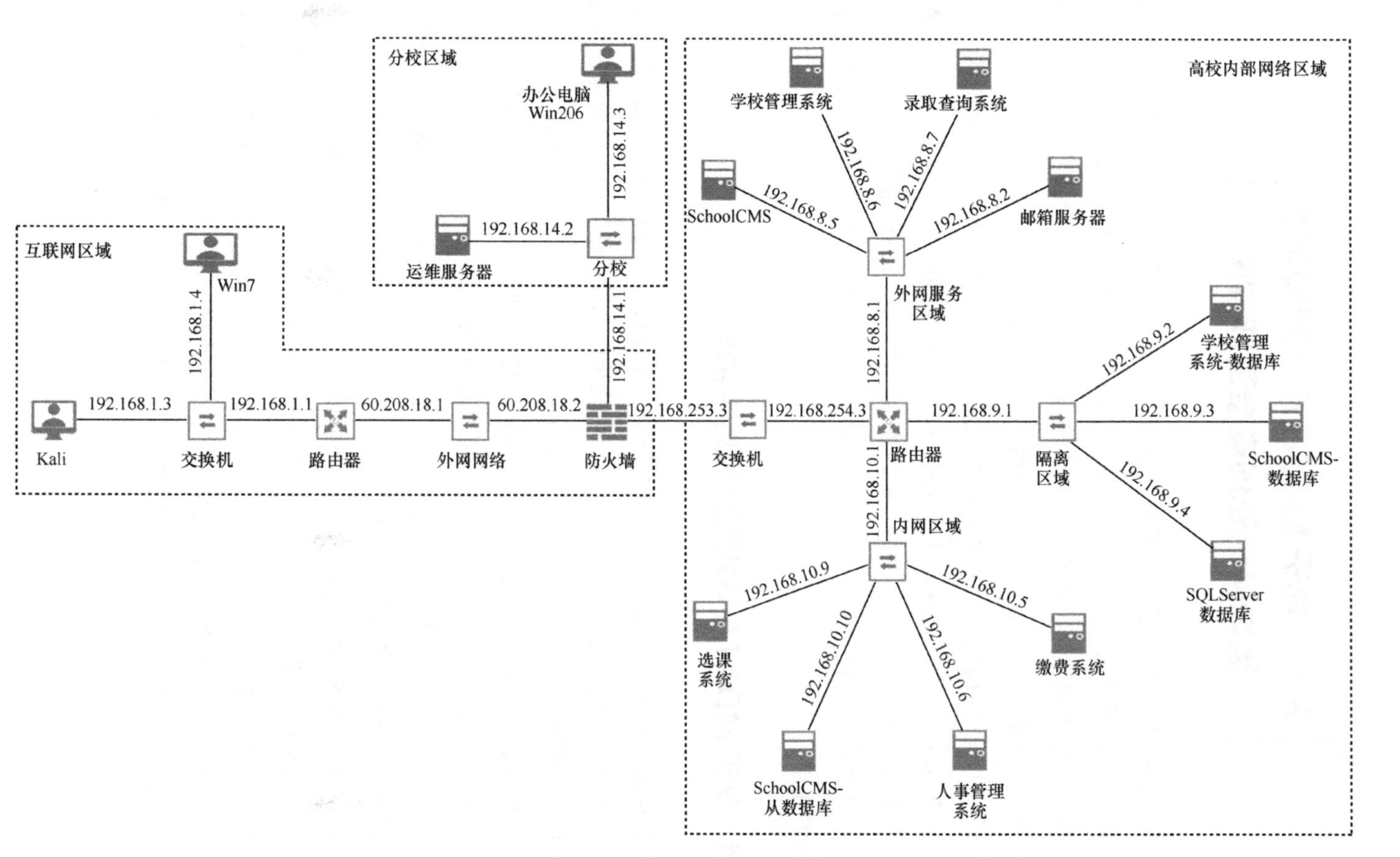

图 8-2　高校场景的网络拓扑

8.4.2 基于 MDATA 认知模型的测评方案生成

为了简洁而不失完整性地描述基于 MDATA 认知模型的安全测评过程，我们选用针对当前测评信息系统中的一个资产节点——SchoolCMS：192.168.8.5——完整的测评过程进行描述。测评人员使用场景知识子库推荐的通用扫描探测工具 Nmap、DirBuster 和一些特定漏洞的扫描工具（如 OpenVAS、Nessus 等）来扫描靶机 IP 开放的端口，以及其上运行的服务和有效 URL，得到结果为：Nmap 扫描到在端口 22、端口 23、端口 80 分别运行了 OpenSSH V5.5、LibSSH V0.8.1、Apache Httpd V2.4.39；端口 53 被开放了，但其上没有任何服务信息。此外，测评人员还获取到靶机的操作系统为 Linux。

测评人员使用 MDATA 认知模型对上述收集到的资产信息在网络空间安全知识库中作知识匹配，发现两个资产存在潜在的渗透风险，分别是资产 LibSSH V0.8.1 存在 CVE-2018-10933 漏洞和 OpenSSH 可能存在弱口令弱点，以及针对这两个漏洞和风险推荐的相关渗透攻击及其关联攻击工具。关于这一节点所收集到的完整资产信息、推荐的漏洞信息和攻击工具信息的知识图谱示例如图 8-3 所示。

漏洞：MDATA 认知模型结合网络空间安全场景知识子库给出以下五元组。

<LibSSH V0.8.1，包含，CVE-2018-10933，2018，NaN>

该资产节点存在 CVE-2018-10933，该漏洞是一个远程命令行认证绕过漏洞，可以通过修改 SSH 请求报文中的认证状态来跳过 SSH 认证阶段，从而在靶机上进行命令行操作。

测评方案 1：MDATA 认知模型结合网络空间安全场景知识子库给出以下五元组。

<CVE-2018-10933，利用，msfvenom，NaN，NaN>

<CVE-2018-10933，利用，BurpSuite，NaN，NaN>

<CVE-2018-10933，利用，exp.py，NaN，NaN>

该漏洞可以利用后门进行渗透，并推荐了 msfvenom、BurpSuite 和 exp.py 这 3 个工具来生成后门，上传后门，并绕过身份认证执行后门。msfvenom 是后门生成工具，根据攻击目标的操作系统或者服务类型生成对应的后门，例如 Linux 后门、Windows 后门、PHP 后门。BurpSuite 可以上传构造的数据包，数据包中可添加木马病毒或者后门的路径。exp.py 是针对漏洞 CVE-2018-10933 的漏洞利用脚本。

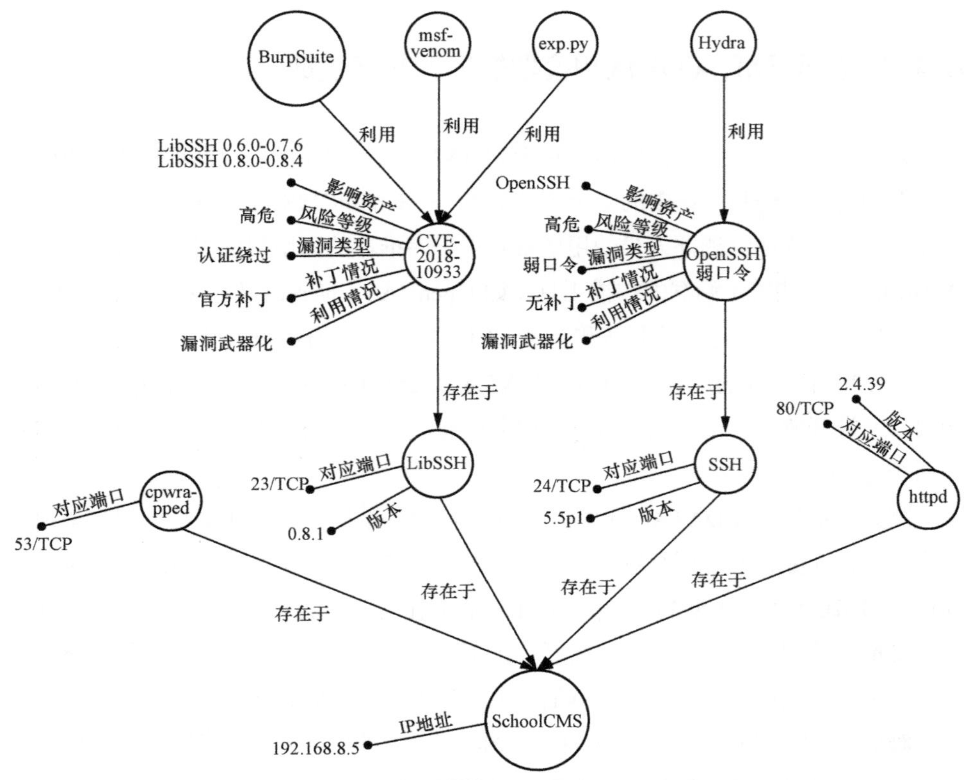

图 8-3 测评节点的漏洞和攻击工具关系的知识图谱示例

弱点：MDATA 认知模型结合网络空间安全场景知识子库给出以下五元组。

< OpenSSH，包含，弱口令弱点，NaN，NaN >

该资产节点存在弱口令弱点，可能存在简易密码如 password、admin123、123456 等。

测评方案 2：MDATA 认知模型结合网络空间安全场景知识子库给出以下五元组。

<弱口令弱点，利用，Hydra，NaN，NaN >

上述漏洞可以利用口令爆破工具进行渗透，并推荐了 Hydra 来对存在弱口令的资产进行爆破。

8.4.3 基于 MDATA 认知模型的测评方案执行

对上述两条测评方案执行之后，通过测评方案 1，我们获得了管理员权限，是由这一组后门生成上传执行工具获得的（msfvenom，BurpSuite，exp.py）；通过测评方案2，并没有完成弱点的突破。进一步地，我们使用 msfconsole、antsword、rdesktop 等工具并结合管理员权限，对目标进行文件管理、虚拟终端控制、数据库管理等操作，进一步发现并控制了 SchoolCMS-数据库和 SchoolCMS-从数据库。至此，我们已经完成了当前靶机的渗透操作。

8.4.4 基于 MDATA 认知模型的测评结果量化评估

本小节我们介绍测评完成后信息系统安全状态的量化评估过程，主要介绍攻击技战术覆盖率（以 ATT&CK 框架 V10 版本为准）的计算。

ATT&CK 框架 V10 版本中共有 14 种战术、188 种技术、379 种子技术，当前场景测评中共模拟构建 14 种战术、85 种技术、84 种子技术，由计算可得攻击技战术覆盖率为 81.11%，即攻击技战术覆盖率大于商定阈值 80%，符合测评要求。

为了简洁而不失完整性地描述信息系统安全状态的量化评估过程，我们选用针对当前测评信息系统中的一条测评路径的量化评估过程进行描述。表 8-2 展示了测评路径中各资产量化情况，该路径涉及的攻击对象有 SchoolCMS、SchoolCMS-数据库、SchoolCMS-从数据库，它们的资产值分别为 2、2、2；根据攻击过程中对各资产进行攻击使用的 ATT&CK 战术，各资产对应的威胁值分别为 5、3、2；根据攻击结果，各资产的弱点值分别为 4、2、3，因此，SchoolCMS、SchoolCMS-数据库、SchoolCMS-从数据库资产的风险值分别为 40、12、12。由此可知，在这条测试路径中，信息系统的总风险值为 64。

表 8-2 测试路径中各资产量化情况示例

资产名称	资产值	威胁值	弱点值	风险值
SchoolCMS	2	5	4	40
SchoolCMS-数据库	2	3	2	12
SchoolCMS-从数据库	2	2	3	12

8.5 本章小结

本章介绍了 MDATA 认知模型在网络空间安全测评中的应用。基于 MDATA 认知模型的网络空间安全测评方法实现了全面、准确、可实时和可量化的信息系统安全测评，并支持测评信息系统全生命周期的测评。在当前安全测评新趋势下，基于MDATA认知模型的网络空间安全测评为安全测评提供了一种新的思路和方法。

参考文献

[1] 蒋建春. 信息安全工程师教程[M]. 2版. 北京: 清华大学出版社, 2020: 379.

[2] 全国信息安全标准化技术委员会. 信息安全技术 网络安全等级保护基本要求：GB/T 22239—2019[S]. 北京：中国标准化出版社, 2019.

[3] 全国信息安全标准化技术委员会. 信息安全技术 网络安全等级保护定级指南：GB/T 22240—2020[S]. 北京：中国标准化出版社 2020.

[4] 中国人民银行. 金融行业信息系统信息安全等级保护实施指引：JR/T 0071—2012[S]. 北京：中国人民银行, 2012.

[5] 中国人民银行. 金融行业信息系统信息安全等级保护测评指南：JR/T 0072—2012[S]. 北京：中国人民银行, 2012.

[6] 中国人民银行. 金融行业信息安全等级保护测评服务安全指引：JR/T 0073—2012[S]. 北京：中国人民银行, 2012.

[7] 全国信息安全标准化技术委员会. 信息安全技术 信息安全风险评估方法：GB/T 20984—2022[S]. 北京：中国标准化出版社, 2022.

[8] 詹雄, 郭昊, 何小芸, 等. 国家电网边缘计算信息系统安全风险评估方法研究[J].计算机科学, 2019, 46(S2): 428-432.

[9] 广东省政务服务数据管理局. “粤盾-2022”广东省数字政府网络安全实战攻防演练活动拉开帷幕[EB/OL]. (2022-08-11)[2023-04-30].

[10] 南婷. 中国网络安全协会组织 XP 系统安全攻防演练[EB/OL]. (2014-08-01)[2023-04-30].

附录

中英对照表

中文	English	缩写
多维数据关联与智能分析	multi-dimensional data association and intelligent analysis	MDATA
通用平台枚举库	common platform enumeration	CPE
高级可持续威胁	advanced persistent threat	APT
执行程序/互动控制	executive-process / interactive-control	EPIC
思维–理性的自适应控制	adaptive control of thought-rational	ACT-R
层级时间记忆	hierarchical temporal memory	HTM
状态运算和结果	state operator and result	SOAR
基于实例的学习理论	instance-based learning theory	IBLT
情景–决策–效用	situation-decision-utility	SDU
分布式拒绝服务	distributed denial of service	DDoS
四维实时控制系统	four-dimensional real-time control system	4D/RCS
统一资源定位符	uniform resource locator	URL
知识表示	knowledge representation	KR
知识管理	knowledge management	KM
谓词逻辑表示法	predicate logic representation	PLR
产生式规则表示法	production rule representation	PRR
知识图谱	knowledge graph	KG
残差网络	residual network	ResNet
平滑倒词频	smooth inverse frequency	SIF
图卷积网络	graph convolutional network	GCN
资源描述框架	resource description framework	RDF
卷积神经网络	convolutional neural network	CNN
循环神经网络	recurrent neural network	RNN
传输控制协议	transmission control protocol	TCP
知识获取	knowledge acquisition	
归纳算子	induction operator	
演绎算子	deduction operator	

命名实体识别	named entity recognition	NER
图形处理单元	graphics processing unit	GPU
张量处理器	tensor processing uni	TPU
自然语言工具包	natural language tookit	NLTK
通用漏洞披露	common vulnerabilities and exposures	CVE
知识利用	knowledge utilization	
子图匹配	subgraph matching	
二叉树三代	interative dichotomiser 3	ID3
均方根误差	root mean square error	RMSE
隐马尔可夫模型	hidden Markov model	HMM
入侵检测系统	intrusion detection system	IDS
入侵防御系统	intrusion prevention system	IPS
入侵指标	indicators of compromise	IOC
应用程序接口	application program interface	API
兴趣点	point of interest	POI
全球定位系统	global positioning system	GPS
个性化搜索引擎	custom search engine	CSE
谷歌云平台	Google cloud platform	GCP
事件对象描述交换格式	incident object description exchange format	IODEF
入侵检测消息交换格式	intrusion detection message exchange format	IDMEF
潜在语义分析	latent semantic analysis	LSA
潜在狄利克雷分配	latent Dirichlet allocation	LDA
层次狄利克雷过程	hierarchical Dirichlet process	HDP
话题检测与跟踪	topic detection and tracking	TDT
事件的检测与跟踪	event detection and tracking	EDT
动态话题模型	dynamic topic model	DTM
最大熵	maxmium entropy	ME
条件随机场	conditional random field	CRF
大语言模型	large language model	LLM
意见领袖	opinion leader	
支持向量机	support vector machine	SVM
网络舆情	Internet public opinion	
舆情事件	public opinion event	
网络舆情话题	public opinion topic	
奇异值分解	singular value decomposition	SVD